ÉLÉMENTS

DE

L'HISTOIRE NATURELLE

DES ANIMAUX

2354 81. — Corbeil. Typ. et stér. Crété.

ÉLÉMENTS

DE

L'HISTOIRE NATURELLE

DES ANIMAUX

PAR

M. A. MILNE-EDWARDS

MEMBRE DE L'INSTITUT,

PROFESSEUR-ADMINISTRATEUR AU MUSÉUM D'HISTOIRE NATURELLE

PREMIÈRE PARTIE

Zoologie méthodique et descriptive

OUVRAGE RÉDIGÉ

CONFORMÉMENT

AUX PROGRAMMES DU 2 AOUT 1880

POUR LA CLASSE DE CINQUIÈME

PARIS

G. MASSON, ÉDITEUR

LIBRAIRE DE L'ACADÉMIE DE MÉDECINE

120, Boulevard Saint-Germain, en face de l'École de Médecine

M DCCC LXXXII

ÉLÉMENTS

DE

L'HISTOIRE NATURELLE

DES ANIMAUX

— CLASSE DE CINQUIÈME —

PREMIÈRE PARTIE

ZOOLOGIE MÉTHODIQUE

ET DESCRIPTIVE

NOTIONS PRÉLIMINAIRES

§ 1. En abordant l'étude de la zoologie, c'est-à-dire l'histoire naturelle des animaux, je laisserai provisoirement de côté l'examen de toutes les questions ardues, dont j'aurais nécessairement à parler en premier lieu si j'étais astreint à suivre ici une marche méthodique. Pour définir le sujet dont je vais m'occuper, je me bornerai à rappeler une chose bien connue de tout le monde, savoir : que les animaux, de même que les plantes, sont des êtres vivants. Ils se distinguent nettement des minéraux parce qu'ils ont tous la faculté de sentir et la faculté d'exécuter des mouvements spontanés, propriétés qui les séparent des plantes, corps chez lesquels il n'y a ni production de mouvements volontaires, ni aptitude à sentir. Les premiers sont des *êtres animés* et ces derniers sont des *êtres inanimés* tout en étant comme les autres des *êtres vivants*.

A. EDWARDS. — Zoologie, 5ᵉ.　　　　　　　　1

Le groupe naturel formé par tous les êtres animés, grands et petits, constitue ce que l'on appelle communément le *Règne animal*, de même que le groupe formé par la totalité des plantes constitue le *Règne végétal* et que l'ensemble des corps, qui ne vivent pas, qui n'ont jamais vécu et qui sont inaptes à vivre constitue le *Règne minéral*. J'ajouterai que souvent on désigne sous le nom de *corps organisés* les corps vivants ou qui ont vécu parce qu'ils présentent intérieurement une structure particulière qui n'existe jamais chez les corps appartenant au *Règne minéral*, et appelés par cette raison des *corps bruts* ou *corps inorganiques*. Je dirai plus tard en quoi cette organisation consiste.

ESPÈCES (1), FAMILLES, CLASSES, ETC. — DIVISION DU RÈGNE ANIMAL EN VERTÉBRÉS ET INVERTÉBRÉS.

§ 2. Je réserve pour une autre partie de ce livre l'exposé des idées que la science attache au mot *espèce*, et pour le moment je me contenterai de dire : 1° que tout animal est un *individu*, c'est-à-dire un corps dont le morcellement porté à un certain degré entraîne la destruction ; 2° que les individus dont la nature est à peu près la même et qui ne diffèrent pas plus entre eux que peuvent différer des êtres nés des mêmes parents, forment un groupe distinct de tous les autres groupes et appelé en zoologie une *espèce* ; 3° que ces espèces diffèrent entre elles tantôt fort peu, d'autres fois beaucoup et qu'à raison des divers degrés de ressemblance ou de parenté apparente qu'elles peuvent avoir les unes avec les autres, on les réunit en groupes appelés *genres*, *familles*, *classes*, etc.

Ainsi malgré les différences considérables qui existent entre une Carpe, un Brochet, une Anguille et un Requin, tous ces animaux sont des Poissons ; ils ont en commun des caractères

(1) Les considérations relatives à l'espèce en général, aux espèces domestiques ou éteintes prendront place dans la 3ᵉ partie de ce traité.

très importants, et par conséquent ils constituent dans le règne animal une *classe* particulière ; il en est de même pour les Insectes ou pour les Oiseaux, et dans chacun des groupes zoologiques constitués de la sorte, la nature semble avoir établi des divisions d'une importance moindre, de façon à constituer des groupes d'un rang secondaire que l'on appelle des *ordres* et des *familles*. Ainsi, parmi les Insectes, les Papillons constituent un ordre particulier et, parmi les Oiseaux, il en est de même pour les Rapaces ou Oiseaux de proie qui, à leur tour, sont les uns des animaux diurnes à plumage raide, les autres des animaux nocturnes à plumage mou, de sorte qu'à raison de ces particularités et de quelques autres caractères, on les considère comme appartenant à deux familles zoologiques bien distinctes. Puis, parmi les Oiseaux de proie diurnes, on distingue diverses espèces de Faucons, diverses espèces d'Aigles, diverses espèces de Milans, etc., etc. Chacun des groupes ainsi composés constitue en zoologie un *genre* particulier ; enfin chaque espèce d'Aigles et chaque espèce de Faucons, telles que l'Aigle commun, l'Aigle royal et l'Aigle criard, ou le Faucon pèlerin, le Faucon hobereau et le Faucon émerillon, est représentée par une multitude d'individus qui sont en quelque sorte autant d'exemplaires d'une même production.

Dans le langage zoologique, les diverses espèces d'un même genre portent un nom commun et, pour les distinguer entre elles, on ajoute à ce nom générique une désignation particulière, comme dans les sociétés humaines nous donnons un nom de famille à toutes les personnes qui descendent d'une même souche, et nous y ajoutons un petit nom, tel que celui de Pierre ou de Paul.

Chacun des groupes d'un rang plus élevé, a reçu aussi un nom spécial, tel que celui de *Gallinacés* qui appartient en commun à tous les oiseaux dont se compose la division naturelle comprenant le genre Coq, le genre Faisan, le genre Paon, le genre Dindon, etc. ; ou bien encore le nom de *Solipèdes* ou d'Équides, pour désigner le groupe formé par le Cheval, l'Ane, le Zèbre, etc.

Il est aussi à noter qu'afin de pouvoir appliquer chacun de ces noms aux objets qu'il est destiné à désigner, les naturalistes en expliquent la signification en indiquant les caractères zoologiques ou particularités matérielles par lesquels ces objets se distinguent de tous ceux appartenant à d'autres groupes.

§ 3. Le nombre des espèces, des genres et même des familles dont se compose le *Règne animal* est immense et, pour faciliter les études zoologiques, il convient de ne pas les examiner tous à la fois, mais de prendre successivement en considération les principaux groupes dont je viens de parler. On peut facilement reconnaître que les animaux sont de deux sortes : les uns ont intérieurement une charpente solide, appelée *squelette* (fig. 1),

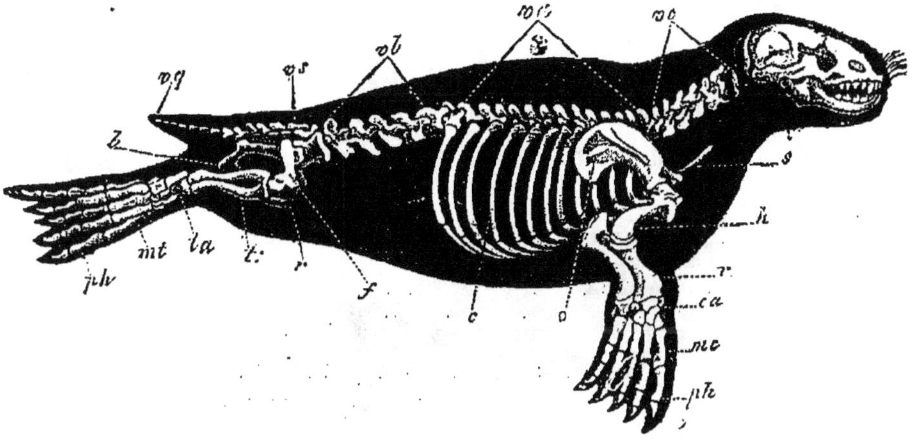

Fig. 1. — Squelette du Phoque (1).

et la partie principale de cette charpente est constituée par une sorte de tige ou de colonne, située sur la ligne médiane du

(1) Le squelette du Phoque sur un fond noir représentant la silhouette de l'animal : *vc*, vertèbres cervicales ; *vd*, vertèbres dorsales ; *vl*, vertèbres lombaires ; *vs*, sacrum ; *vq*, vertèbres de la queue ; *c*, côtes ; *o*, omoplate ; *h*, humérus ; *cu*, cubitus; *ca*, carpe ; *mc*, métacarpe ; *ph*, phalanges ; *fe*, fémur ; *ro*, rotule ; *ti*, tibia ; *ta*, tarse ; *mt*, métatarse.

corps et composée d'une série longitudinale de pièces en général osseuses, que l'on appelle des *vertèbres*. Chez les autres, au
contraire, il n'y a jamais de colonne vertébrale, ni aucune
autre espèce de charpente intérieure ; tantôt leur corps est
mou, et d'autres fois il est pour ainsi dire cuirassé extérieurement par des pièces dures, dépendantes de la peau. Ces différences coïncident avec d'autres particularités de structure et
servent de base à la division du Règne animal en deux sections

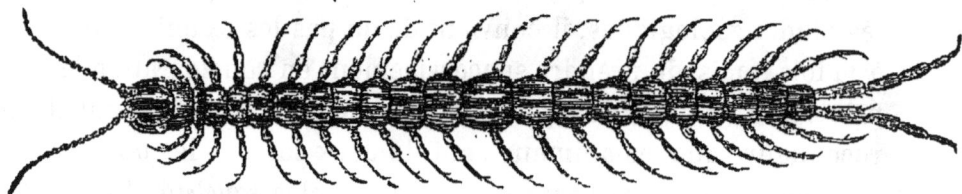

Fig. 2. — Scolopendre.

principales appelées, l'une, le groupe des *Vertébrés*, l'autre, le
groupe des *Invertébrés* (fig. 2).

§ 4. La première de ces divisions comprend : 1° Les *Mam-*

Fig. 3. — Renard.

mifères constitués par tous les animaux qui allaitent leurs petits
et qui, à cet effet, sont pourvus de mamelles, tels que les Qua-

drupèdes à poils (fig. 3), les Marsouins (fig. 4) et les Baleines. L'*Homme* prend place en tête des Mammifères.

Fig. 4. — Marsouin commun.

2° Les *Oiseaux* dont le corps est couvert de plumes, dont les mâchoires sont revêtues d'un bec corné, et les membres antérieurs sont transformés en ailes (fig. 5) ;

Fig. 5. — Gypaète, ou Vautour des agneaux.

3° Les *Reptiles*, animaux dont la peau est couverte d'écailles (par exemple, les Lézards (fig. 6), les Crocodiles et les Serpents) ;

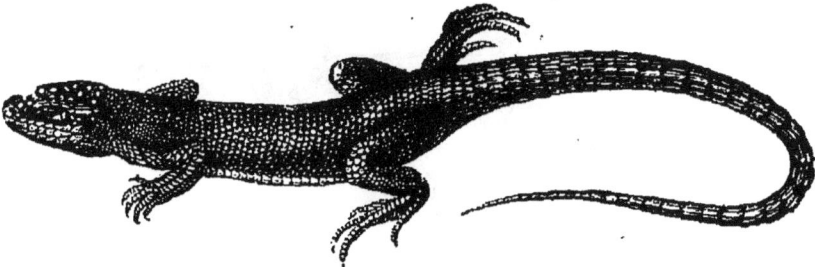

Fig. 6. — Lézard vert piqueté.

4° Les *Batraciens*, animaux qui à certains égards ressemblent beaucoup aux Reptiles, mais qui ont la peau nue, ainsi que cela se voit chez les Grenouilles, les Crapauds et les Salamandres (fig. 7) ;

Fig. 7. — Salamandre aquatique.

5° Les *Poissons*, animaux qui sont conformés pour vivre sous l'eau et qui, en général, ont des nageoires sur le dos, au bout de la queue et sous le ventre aussi bien que sur les côtés du corps (fig. 8).

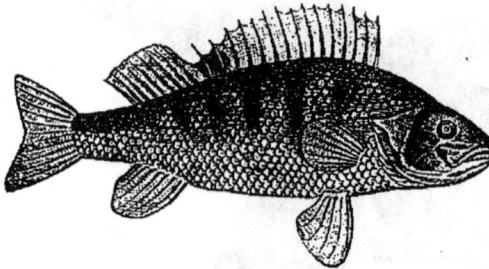

Fig. 8. — Perche.

§ 5. Le groupe des Invertébres se compose d'animaux dont la conformation varie davantage. On y remarque :

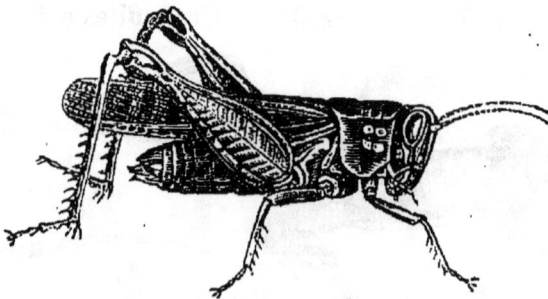

Fig. 9. — Criquet.

1° Les *Insectes* (fig. 9) et beaucoup d'autres animaux articulés, tels que la Scolopendre (voy. fig. 2), les Araignées et les

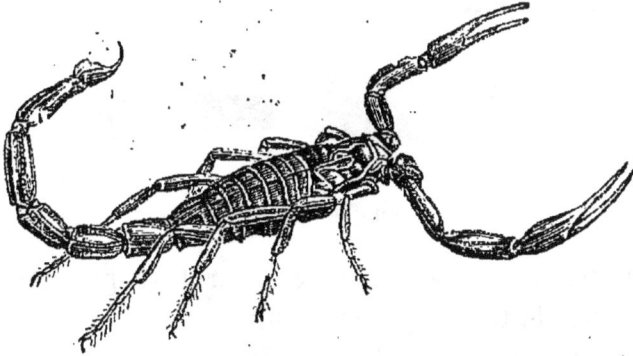

Fig. 10. — Scorpion.

Scorpions (fig. 10), les Cloportes, les Écrevisses et les Crabes (fig. 11) ;

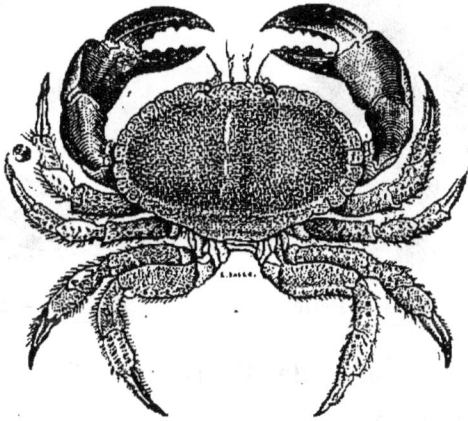

Fig. 11. — Crabe tourteau.

2° Les *Vers*, dont quelques-uns sont pourvus de pattes char-

Fig. 12. — Néréide.

nues (voy. fig. 12), mais dont la plupart n'en ont pas ;
3° Les *Mollusques* dont le corps est parfois mou et nu,
comme cela se voit chez la Limace (fig. 13) et chez le Poulpe

Fig. 13. — Limace.

ou Pieuvre, mais est en général protégé par une coquille
comme chez le Colimaçon et l'Huître ;
4° Les *Animaux rayonnés*, tels que les Étoiles de mer (fig. 14),

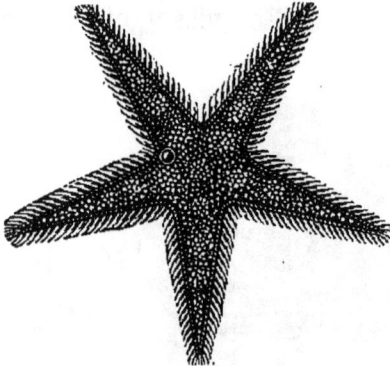

Fig. 14. — Astérie.

Fig. 15. — Actinie.

les Polypes du Corail et des Madrépores (fig. 16), les Anémones
de mer ou Actinies (fig. 15) et les Méduses.

Plusieurs de ces animaux inférieurs, les Coraux (fig. 16), par
exemple, ressemblent tant à des fleurs, qu'au premier abord
on les prit pour des plantes et, à raison de cette circonstance,
on les a désignés sous le nom de *Zoophytes*, mot dérivé du grec
et signifiant **animal plante.**

Enfin 5° les animalcules microscopiques appelés *Infusoires*
(fig. 17) et les Éponges (fig. 18), qui, malgré leur peu de ressemblance avec la plupart des êtres animés, doivent prendre place
dans le règne animal.

1.

Fig. 16. — Corail.

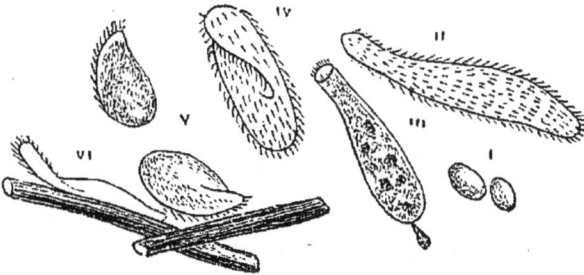

Fig. 17. — Infusoires (1).

Fig. 18. — Éponge.

(1) Divers infusoires ciliés vus au microscope : I, monades ; II, trachélie anas ; III, enchélyde représenté dans le moment où il rejette
des matières fécales ; IV, paramécie ; V, kolpode ; VI, trachélie fascio-
laire marchant sur des végétaux microscopiques.

Dans la première partie de cet ouvrage élémentaire, après avoir donné quelques indications relatives à des caractères communs à tous les animaux, je m'occuperai principalement de la conformation extérieure de ces êtres, de leurs mouvements et des instruments à l'aide desquels ces mouvements sont produits ; je signalerai les particularités les plus intéressantes de leurs mœurs, je ferai connaître leur mode de distribution géographique et je passerai successivement en revue chacune des classes dont le règne animal se compose, en parlant d'abord des Animaux Vertébrés, puis des Animaux Invertébrés. Dans la seconde partie j'étudierai l'anatomie et la physiologie de tous ces êtres, en prenant pour principal exemple l'Homme. Enfin dans la troisième et dernière partie j'examinerai diverses questions de zoologie générale qui touchent à l'histoire ancienne du Règne animal et à celle du globe aux diverses époques géologiques, ainsi qu'à l'histoire philosophique des êtres animés des temps actuels.

DES ANIMAUX VERTÉBRÉS CONSIDÉRÉS D'UNE MANIÈRE GÉNÉRALE. — IDÉE DE LEUR SQUELETTE. — ANATOMIE SOMMAIRE D'UN MAMMIFÈRE COMPARÉE A CELLE D'UN AUTRE VERTÉBRÉ. — PRINCIPAUX APPAREILS ET LEURS FONCTIONS.

§ 6. Tous les Vertébrés se ressemblent par les grandes lignes de leur plan structural, bien qu'ils diffèrent entre eux par des caractères d'une haute importance ; et parmi les traits qui leur sont communs je citerai en première ligne le mode de constitution de leur charpente solide, appareil qui détermine leur forme générale, qui protège leurs organes intérieurs et qui fournit à leurs organes moteurs les leviers ainsi que les points d'appui nécessaires au fonctionnement de ces agents mécaniques.

Cette charpente, comme je l'ai dit précédemment, est constituée par le squelette autour duquel sont disposés tous les principaux organes moteurs de l'économie animale. Ces instruments physiologiques, appelés *muscles* par les anatomistes, forment ce que, dans le langage ordinaire, on appelle la chair des animaux ou la viande. Ils sont cachés sous la peau, mais ne s'y attachent que rarement et ils se fixent presque tous à cette charpente par leurs deux extrémités ; de façon qu'étant susceptibles de se raccourcir sous l'influence de la volonté, ils peuvent tirer sur les parties correspondantes du squelette et en déterminer le déplacement.

Chez quelques Vertébrés de la classe des Poissons, le squelette n'est formé que par des membranes élastiques, et chez d'autres animaux il est constitué par des *cartilages*, qui affectent la forme de lames épaisses très résistantes et flexibles ; mais dans l'immense majorité des cas, il est composé principalement par des os réunis entre eux par des jointures de façon à pouvoir jouer les uns sur les autres.

Les os sont beaucoup plus durs que les cartilages ; ils sont très rigides et ils doivent cette qualité à la présence d'une forte proportion de matières minérales de consistance pierreuse, qui est associée à une substance comparable au cartilage qui en forme la base. Ces matières minérales consistent essentiellement en chaux combinée avec des acides particuliers, dont le plus important est appelé *acide phosphorique* parce qu'il contient du phosphore. Pour constater que les os sont composés ainsi, il suffit de pratiquer deux expériences très simples. Si l'on calcine un os, on détruit sa substance organique et on obtient une matière terreuse, blanche et très friable, qui est composée essentiellement de phosphate de chaux, et si, d'autre part, on soumet un os à l'action prolongée d'un acide, tel que l'acide chlorhydrique, on lui enlève sa matière calcaire, sans attaquer sa substance organique nommée osséine, qui n'a pas changé de forme, mais est devenue flexible et a pris l'apparence d'un cartilage ; le cartilage peut se transformer en *gélatine* ou *colle-forte* par l'effet de la coction dans l'eau et devenir ainsi soluble dans ce liquide. Quelquefois on a recours à ce procédé pour faire du bouillon avec des os, et lors du siège de Paris, lorsque la population de cette ville manquait d'aliments, on en fit usage, mais le produit ainsi obtenu est de fort médiocre qualité.

Les os des Poissons sont en général moins riches en matières calcaires que ne le sont ceux des autres Vertébrés, et on les désigne communément sous le nom d'*arêtes*.

§ 7. Les pièces osseuses du squelette sont très nombreuses et chacune d'elles est revêtue d'une membrane fibreuse nommée *périoste* au-dessous de laquelle se constitue le tissu osseux nouveau, à mesure que l'os grandit. Elles sont réunies par des articulations de façon tantôt à rester mobiles, d'autres fois de manière à ne pouvoir changer leur position relative.

Les articulations immobiles ou *synarthroses* peuvent avoir lieu par simple juxtaposition des surfaces contiguës ou par engrenage, et il arrivera souvent que, par les progrès de l'ossification, des pièces primitivement distinctes se soudent complètement entre elles de manière à constituer un os unique.

Les articulations mobiles sont de deux sortes : dans les unes, appelées articulations par continuité (1), les surfaces de jonction sont unies entre elles par l'intermédiaire d'une couche de substance élastique qui se prête à de petits déplacements; dans d'autres appelées *diarthroses*, ces surfaces restent libres et glissent les unes sur les autres, mais sont maintenues en contact par des liens (ou ligaments) circonvoisins attachés aux deux pièces et par une sorte de manchon fibreux qui engaîne la jointure, et qui est appelé la capsule articulaire. Enfin dans ces articulations les mouvements sont rendus faciles par le poli des surfaces articulaires, et par l'interposition d'une poche

(1) Ou amphiarthrose.

membraneuse, appelée bourse synoviale, qui sécrète un liquide visqueux ou *synovie* servant à lubréfier ces surfaces. Parfois aussi la jointure présente ces deux dispositions et elle prend alors le nom d'articulation mixte.

§ 8. Chez tous les animaux à squelette intérieur, savoir : les Mammifères, les Oiseaux, les Reptiles, les Batraciens et les Poissons, la partie principale et fondamentale de la charpente osseuse est la colonne vertébrale qui porte la tête à son extrémité antérieure (ou supérieure lorsque la position du corps est verticale comme chez l'Homme). Elle s'étend jusque vers l'ex-

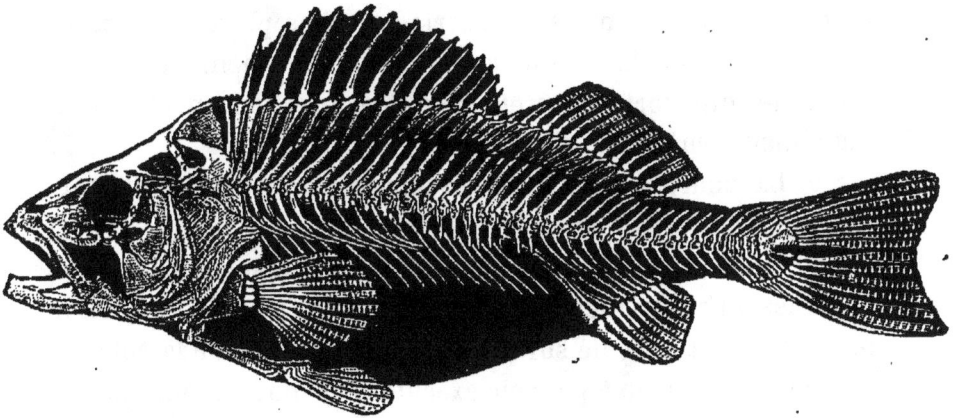

Fig. 19. — Squelette de Perche.

trémité de la queue ; elle fournit directement ou indirectement des points d'appui à toutes les autres pièces constitutives du squelette, et elle se compose d'un nombre considérable de vertèbres rangées longitudinalement en file et articulées ou même soudées entre elles.

Toute vertèbre complète présente deux parties principales : un disque épais appelé le *corps de la vertèbre*, qui en constitue la partie inférieure et est surmonté d'un anneau osseux ; et des prolongements nommés apophyses et dirigés diversement, qui en partent. Les corps des vertèbres sont réunis par synarthrose au moyen d'une rondelle de tissu élastique qui adhère aux deux surfaces osseuses opposées l'une à l'autre, et la série des anneaux vertébraux forme un long tube ou canal verté- bral, qui est en communication avec la cavité du crâne par son extrémité céphalique, et qui sert à loger un gros cordon nerveux très important ap- pelé la *moelle épinière*. Les apophyses qui en nais- sent servent les unes à consolider les articulations ; les autres à fournir des points d'attache aux mus-

Fig. 20. — Vertèbre.

cles moteurs ou à constituer des leviers dont l'utilité est très grande dans le mécanisme des mouvements. Chez le Cheval, animal que je choisirai ici comme exemple, ces espèces de branches sont très fortes et la série de celles placées en dessus sur la ligne médiane du corps formé de même que chez l'Homme, une sorte de crête dentelée que l'on appelle com- munément l'*épine dorsale*.

§ 9. La charpente solide de la tête se compose de deux par- ties : le *crâne* et la *face*.

Le crâne est une boîte osseuse servant à loger le cerveau et quelques autres parties de l'appareil sensitif appelé le système nerveux. Il est articulé sur l'extrémité antérieure de la colonne vertébrale, de façon à pouvoir exécuter des mouvements variés, et sa cavité communique avec le canal tubulaire de cette co- lonne au moyen d'un grand trou ; ses parois sont formées par la réunion d'un nombre considérable de pièces osseuses, et logent dans leur épaisseur, de chaque côté de la tête, toutes les parties essentielles de l'appareil auditif.

La face est en général très solidement unie à la partie anté- rieure et inférieure du crâne ; souvent elle est beaucoup plus volumineuse que celui-ci et elle est creusée de cavités dispo- sées sur trois étages. Celles de l'étage supérieur, appelées *or- bites* et au nombre de deux, sont des fosses profondes, servant à loger les yeux et les dépendances de ces organes ; celles de l'étage moyen, également doubles, constituent les fosses nasales et sont le siège des organes de l'odorat, et chez le Cheval

comme chez tous les autres Vertébrés à respiration aérienne,
elles communiquent non seulement avec l'extérieur par les
orifices appelés *narines*, mais aussi avec la portion adjacente
du canal digestif par une autre paire d'orifices appelés *ar-
rière-narines*. Enfin un étage inférieur de la face est occupé
par la cavité buccale qui est pour ainsi dire le vestibule de l'appareil digestif et qui est limitée en avant ainsi que sur les
côtés par les mâchoires. Ces derniers organes sont au nombre
de deux, placés l'un au-dessus de l'autre et disposés de façon
à pouvoir s'écarter l'un de l'autre ou se rapprocher entre eux
à la manière des branches d'une pince. La mâchoire supérieure des Mammifères est immobile par rapport au crâne ;
mais la mâchoire inférieure n'est attachée au reste de la charpente solide de la tête que par une jointure située de chaque
côté à sa partie postérieure dans le voisinage de l'oreille. Chez
le Cheval, le Chien et beaucoup d'autres Mammifères cette mâchoire est composée de deux os distincts, quoiqu'unis entre
eux par leur extrémité antérieure ; mais chez l'Homme, les
Singes et beaucoup d'autres animaux, ces deux pièces se soudent entre elles dès le jeune âge de façon à ne plus constituer
qu'un os unique dont la forme rappelle celle de la lettre U ou
d'un fer à cheval.

Chez les Poissons, comme nous l'étudierons par la suite, la
charpente solide de la tête se complique davantage, comme on
peut le voir dans une des figures précédentes (fig. 19); mais en
ce moment nous n'avons à nous occuper que des Mammifères
et des autres Vertébrés supérieurs.

§ 10. Chez ces derniers animaux, la partie du corps contenant la portion antérieure de la colonne vertébrale est beaucoup plus étroite que la tête et que le tronc; elle constitue le
cou ; elle est très flexible et sa longueur est parfois très considérable ; par exemple chez le Chameau (fig. 22) et surtout
chez la Girafe, ainsi que chez les Oiseaux appelés Échassiers

parce qu'ils sont hauts sur pattes (le Flamant par exemple, fig. 21), et chez le Cygne.

Dans cette région la charpente solide n'est constituée que par les vertèbres et par quelques petites pièces accessoires;

Fig. 21. — Flamant.

mais dans la région suivante qui renferme la plupart des organes intérieurs appelés *viscères* tels que le *cœur*, les *poumons*, l'*estomac* et les *intestins* (fig. 23), le squelette se complique davantage de façon à circonscrire plus ou moins complètement une ou deux chambres servant à loger ces appareils; chez les Mammifères la première de ces cavités est la poitrine ou *thorax*; la seconde, l'*abdomen* ou ventre, et elles sont séparées entre elles par une cloison charnue nommée *diaphragme*. Latéralement la poitrine a pour charpente solide les *côtes* qui en arrière s'articulent par paires aux vertèbres correspon-

dantes, et en avant sont reliées à un os plat et impair appelé
sternum (1). Les parois de la chambre abdominale ne sont ren-
forcées par des pièces du squelette que du côté dorsal où se
trouve la portion lombaire de la colonne vertébrale et à sa

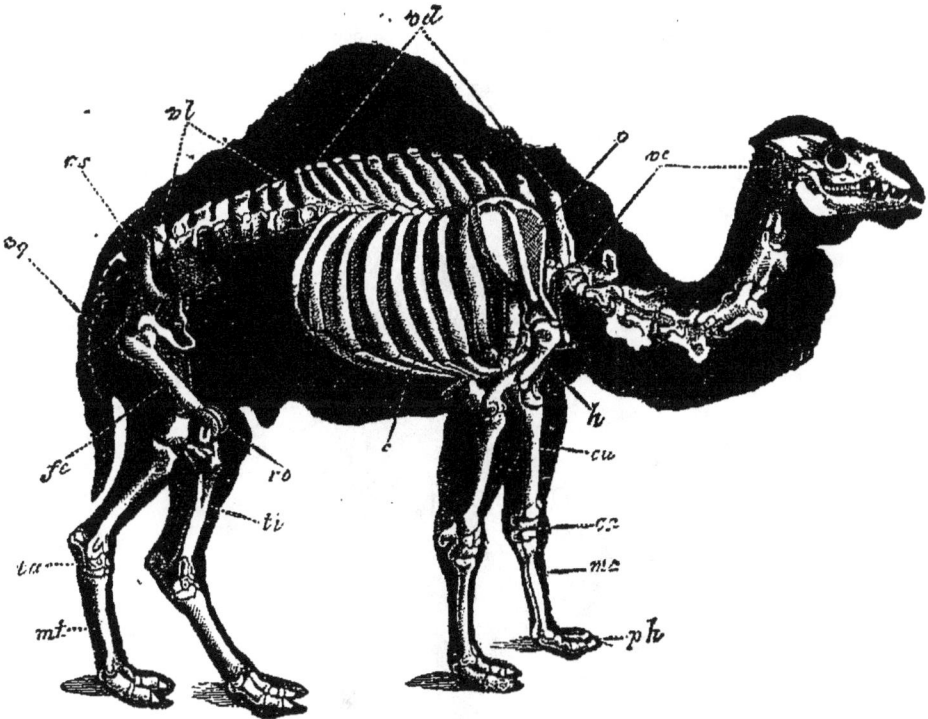

Fig. 22. — Squelette du Chameau (2).

partie postérieure où elle est entourée par une grande ceinture appelée le *bassin*, pièce constituée par les os des hanches
et par une portion de la colonne vertébrale dont les vertèbres
sont soudées entre elles de façon à former un os unique appelé le *sacrum*. La portion qui fait suite au sacrum appartient

(1) Pour donner une idée du mode de disposition de ces cavités
et des organes qui y sont logés, j'emploie ici une figure représentant
l'intérieur du corps d'un singe parce que ces parties y sont plus faciles à mettre en évidence que chez le cheval, et que les principaux
caractères anatomiques sont à peu près les mêmes chez tous les mammifères (fig. 23).

(?) Mêmes lettres de renvoi que pour la figure 1, page 4.

à la queue ; quelquefois elle est très courte et se trouve cachée sous la peau, ainsi que cela a lieu dans l'espèce humaine et chez quelques Singes ; mais d'autres fois elle est très développée et elle peut être utilisée pour la locomotion, comme cela se

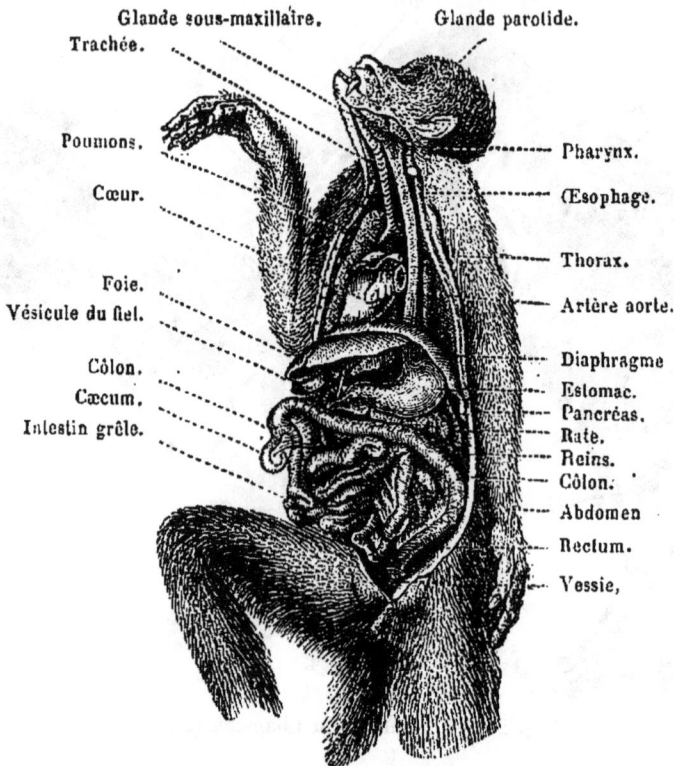

Glande sous-maxillaire.   Glande parotide.
Trachée.

Poumons.   Pharynx.
Cœur.   Œsophage.

Thorax.

Foie.   Artère aorte.
Vésicule du fiel.

Côlon.   Diaphragme
Cæcum.   Estomac.
Intestin grêle.   Pancréas.
                          Rate.
                          Reins.
                          Côlon.
                          Abdomen
                          Rectum.
                          Vessie,

Fig. 23. — Appareil digestif.

voit chez divers Mammifères sauteurs, notamment le Kanguroo, quadrupède de l'Australie (fig. 24).

§ 11. Les membres sont attachés par paires de chaque côté du tronc et presque toujours ils sont au nombre de quatre ; chez les animaux vertébrés il n'y en a jamais davantage ; mais quelquefois ils font plus ou moins complètement défaut ; ainsi les Serpents en sont dépourvus, et parmi les Mammifères il est des espèces qui n'en possèdent qu'une seule paire : les

Marsouins (fig. 4), les Dauphins et les Baleines, par exemple (1).
D'après leur position on les distingue en membres antérieurs
où membres *thoraciques*, et en membres *abdominaux*, qui sont

Fig. 24. — Squelette du Kanguroo.

désignés aussi sous le nom de *membres inférieurs* ou de *membres postérieurs*, suivant que le corps de l'animal occupe une
position horizontale, comme chez le Cheval et le Chien, ou une
position verticale, comme chez l'Homme et quelques Singes.
Leur charpente osseuse se compose d'une portion basilaire
formée par les os des épaules ou os des hanches, et d'une
portion libre, qui fonctionne à la manière d'un levier articulé
et se compose d'une série d'os placés bout à bout et réunis par
des jointures. Ces diverses portions sont : d'abord la cuisse ou
le bras, puis la jambe ou l'avant-bras, et en troisième lieu le
pied ou la main. Ces derniers à leur tour sont subdivisés de
façon à être flexibles et à présenter deux parties principales,
formées l'une par la portion du membre appelée carpe et métacarpe à la main, ou tarse et métatarse au pied ; l'autre par

(1) Chez ces mammifères pisciformes, les membres thoraciques constituent des nageoires en forme de palettes. La nageoire située à l'extrémité postérieure du corps ne correspond pas aux membres abdominaux des quadrupèdes et n'est constituée que par la peau, un tissu
fibreux et la partie terminale de la colonne vertébrale.

les doigts ou les orteils. Chacun de ces leviers est constitué par plusieurs pièces osseuses articulées bout à bout, et en général la portion digitale, au lieu d'être représentée par un doigt unique, comme chez le Cheval, est formée par une rangée de cinq de ces appendices terminaux placés parallèlement comme cela se voit chez l'Homme. Tous ces os sont désignés par des noms particuliers : ainsi on appelle *humérus* l'os du bras, et *fémur* l'os de la cuisse ; *radius* et *cubitus* ou *tibia* et *péroné*, deux os placés côte à côte, soit à l'avant-bras, soit à la jambe ; et *phalanges* les os des doigts.

§ 12. Les parties molles qui entourent la charpente solide dont je viens de parler ou qui sont logées dans les diverses cavités ménagées dans l'intérieur du squelette, sont principalement :

1° L'appareil tégumentaire constitué par la peau et ses dépendances ;

2° Le système musculaire qui, au lieu d'être attaché uniquement à la face interne du système cutané ou à d'autres parties molles comme chez les animaux invertébrés, est presque en entier juxtaposé au squelette et disposé de façon à en faire mouvoir les différentes parties les unes sur les autres;

3° L'appareil digestif composé de la bouche, de l'estomac, de l'intestin, du foie et de beaucoup d'autres organes au moyen desquels l'animal fait subir à ses aliments des modifications indispensables à leur utilisation pour le service de la nutrition ;

4° L'appareil respiratoire dont la partie la plus importante non seulement chez tous les Mammifères, mais aussi chez les Oiseaux, les Reptiles et les Batraciens, est constituée par les *poumons* et se trouve logée dans la poitrine ou cavité du thorax ;

5° L'appareil circulatoire servant à distribuer le sang dans toutes les parties de l'organisme et constitué principalement par le *cœur* et des tubes rameux appelés *artères* et *veines*;

6° L'appareil sécréteur servant à séparer du fluide nourricier divers produits, tels que l'urine, le lait, la salive ou les larmes et constitué essentiellement par des organes appelés *glandes*;

7° Le système nerveux formé par le cerveau, la moelle épinière, une multitude de cordons rameux appelés nerfs et affectés au service de la sensibilité, du travail mental, etc.;

8° Les organes des sens, tels que les yeux, l'appareil de l'ouïe, l'appareil olfactif, etc., instruments qui sont en quelque sorte des parties complémentaires du système nerveux et ne sont aptes à fonctionner que s'ils sont en relation avec lui.

Ces indications très sommaires relatives au mode d'organisation, soit du Cheval ou de l'Homme, soit de tout autre animal vertébré, peuvent suffire pour le moment; mais dans la troisième partie de cet ouvrage nous aurons à reprendre l'étude de chacun des appareils que je viens d'énumérer et à en examiner la composition et le mode de fonctionnement.

Laissant donc de côté pour le moment l'anatomie des Mammifères, je passerai à l'examen des principaux caractères extérieurs de ces animaux considérés d'une manière générale, caractères qui nous sont fournis en partie par leur système tégumentaire et par les organes servant à l'allaitement des nouveau-nés.

CLASSE DES MAMMIFÈRES, LEURS CARACTÈRES ESSENTIELS. TÉGUMENTS, ALLAITEMENT, ETC.

§ 13. Dans l'étude des sciences il ne faut jamais se contenter d'assertions; la parole du maître doit toujours être accompagnée de preuves. Par conséquent il ne me suffit pas d'avoir dit que tous les animaux rangés par les zoologistes dans la classe des Mammifères sont, en ce qui est le plus essentiel, de même nature que la Vache, le Cheval, le Chien ou l'Homme, malgré les différences de forme ou de facultés qu'ils peuvent présenter, il me faut démontrer cette vérité.

Chacun sait que les animaux ont continuellement besoin de respirer, et nous savons tous par notre expérience personnelle que l'interruption de cette fonction produit promptement un malaise extrême ; ce sentiment ne tarde pas à être suivi d'accidents graves : il y a perte de connaissance, asphyxie, puis la mort arrive infailliblement si la respiration ne se rétablit pas ; mais le besoin d'air n'est pas également grand pour tous ces Êtres : la petite quantité qui se trouve en dissolution dans l'eau de la mer, ainsi que dans celle des lacs et des rivières, suffit pour l'entretien de la vie de certains animaux, tels que les Poissons, tandis que tout quadrupède, de même que l'Oiseau, se noie lorsqu'il reste un certain temps dans l'eau sans pouvoir prendre dans l'atmosphère l'air dont il a besoin pour respirer. Or, les Vertébrés qui vivent si différemment ne sont pas constitués de la même manière ; tous ceux qui respirent comme nous le faisons ont à l'intérieur de leur corps des organes appelés *poumons* dans lesquels ils renouvellent l'air à chaque instant. Les Vertébrés qui respirent au moyen de l'eau ont une structure très différente ; au lieu d'avoir des poumons, ils sont pourvus d'organes appelés *branchies* (fig. 25), qui baignent dans l'eau et en extraient l'air nécessaire pour l'entretien de la vie. Dans les circonstances ordinaires nous ne voyons pas l'air qui est tenu en dissolution dans l'eau ; mais si on fait chauffer ce liquide on aperçoit une multitude de petites bulles s'en échapper longtemps avant que l'ébullition ne commence, et si l'on plonge un Poisson dans de l'eau purgée d'air par l'action de la chaleur, on le voit s'y asphyxier et périr comme le ferait un animal pulmoné. Il y a donc entre les Vertébrés terrestres et les Vertébrés à respiration aquatique une première différence essentielle suivant qu'ils ont des poumons ou qu'ils ont des branchies ; les Quadrupèdes, de même que les Oiseaux et les

Serpents, sont des animaux pulmonés, tandis que les Poissons
sont des animaux branchifères, et cette différence de structure

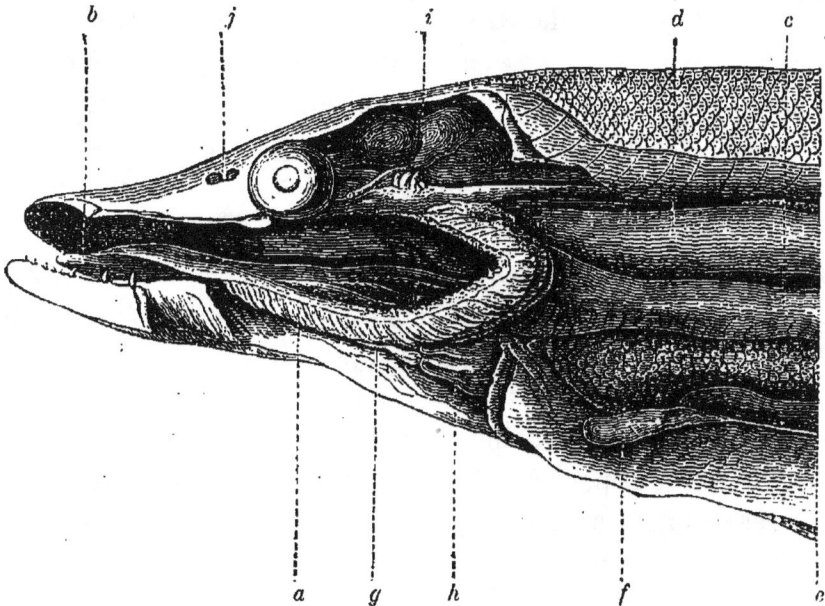

Fig. 25. — Brochet (1).

qui correspond à une différence essentielle dans la manière de

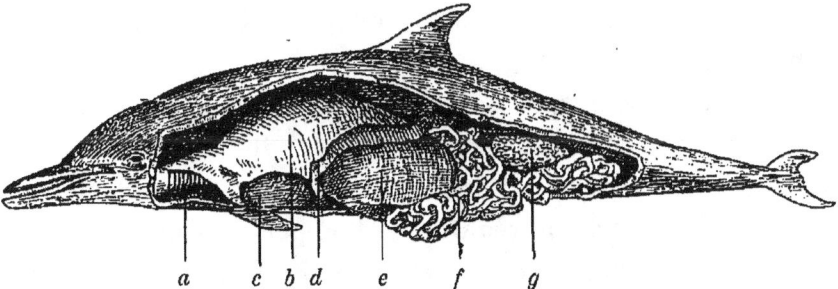

Fig. 26. — Dauphin (2).

vivre, a beaucoup plus d'importance que ne saurait l'avoir une
particularité de forme.

(1) Brochet ouvert : *a*, branchies ; *b*, langue ; *c*, estomac ; *d*, vessie
natatoire ; *e*, ovaires ; *f*, vésicule du fiel ; *g*, cœur ; *h*, artère bran-
chiale ; *i*, cerveau ; *j*, narines.
(2) Dauphin ouvert : *a*, tube aérien ou trachée artère ; *b*, poumons ;
c, cœur ; *d*, diaphragme ; *e*, foie ; *f*, intestin ; *g*, reins.

C'est pour cette raison et pour d'autres sur lesquelles j'aurai aussi à insister que les zoologistes disent : le Marsouin, le Dauphin (fig. 25), la Baleine, tout en ayant l'apparence des Poissons, n'en sont pas et doivent être rangés à côté des Phoques, du Chien, du Cheval et des autres quadrupèdes ordinaires dans le groupe appelé classe des Mammifères.

L'existence des poumons ou l'existence des branchies coïncide toujours avec d'autres particularités très importantes dans la structure intérieure des animaux vertébrés, notamment dans le mode de conformation du cœur, mais pour le moment je n'entrerai dans aucun détail à ce sujet.

§ 14. Les Mammifères ne sont pas les seuls vertébrés qui soient organisés pour respirer dans l'air atmosphérique et qui, à cet effet, soient pourvus de poumons ; parmi les animaux qui leur ressemblent sous ce rapport, il y en a qui ont à peu près la même conformation extérieure que la plupart de ces êtres, tout en étant de nature très différente et devant par conséquent ne pas être rangés dans la même classe. Ainsi les Lézards et les Grenouilles sont des quadrupèdes comme le Cheval, le Chien et le Lièvre, et les anciens zoologistes les classaient dans la même division du règne animal et les distinguaient soigneusement des Serpents qui, pour ces auteurs, étaient les seuls vertébrés composant le groupe des Reptiles. Cependant dans une classification naturelle cela n'est pas admissible, car le Lézard ne diffère en réalité que fort peu du Serpent et, de même que la Grenouille, il se distingue des Quadrupèdes à mamelles par des caractères d'une haute importance. Pour constater une de ces dissemblances essentielles, il suffit de poser la main sur un Mammifère quelconque puis sur une Grenouille ou un Lézard : on s'aperçoit immédiatement que les premiers sont des animaux qui produisent en eux-mêmes assez de chaleur pour avoir une température élevée et à peu près constante malgré les variations atmosphériques, tandis que les derniers sont sensiblement à la même température

que l'air ambiant, en hiver aussi bien qu'en été; ils ne produisent pas assez de chaleur pour avoir une température propre, et pour cette raison les naturalistes les appellent des
animaux à sang froid, tandis qu'ils appellent les Mammifères
des *animaux à sang chaud*. A cet égard les Mammifères ressemblent aux Oiseaux, tandis que tous les autres vertébrés
ainsi que les invertébrés sont des animaux à sang froid.

TÉGUMENTS.

§ 15. Cette différence dans la nature des animaux en entraîne avec elle une autre qu'il est également intéressant de
noter. Les animaux à sang froid, tels que les Lézards, les Serpents, les Grenouilles et les Poissons, peuvent subir sans incon-
vénient un grand abaissement de température, quelques-uns
d'entre eux peuvent être gelés sans périr; le froid les engourdit, mais ne les tue pas, tandis que les animaux à sang chaud
meurent toujours lorsque le froid extérieur est assez intense
pour faire baisser la température intérieure de leur corps au-
dessous d'un certain degré; en produisant de la chaleur ils
résistent plus ou moins bien au refroidissement; mais cette
puissance a des limites étroites, et pour eux il importe beaucoup de pouvoir conserver la chaleur développée dans leur
organisme.

Or, la constitution naturelle des animaux est toujours en
rapport avec les besoins de ces êtres; par conséquent les
animaux à sang chaud, c'est-à-dire les Mammifères et les
Oiseaux, sont en général pourvus de vêtements propres à les
garantir contre l'action trop intense du froid extérieur, tandis
que les vertébrés à sang froid n'ont rien de semblable; leur
peau est nue ou garnie d'écailles, et ils n'ont ni *poils*, ni
plumes.

Ces deux espèces d'appendices tégumentaires sont effectivement caractéristiques, les uns de la classe des Mammifères, les

autres de la classe des Oiseaux, et ils sont les uns comme les autres très bien appropriés à l'usage que je viens d'indiquer ; car non seulement ce sont des corps mauvais conducteurs de la chaleur, mais ils sont disposés de façon à maintenir emprisonnée à la surface du corps une couche d'air, qui ne se renouvelle que difficilement et qui, une fois chauffée par son contact avec le corps, contribue aussi à préserver la peau du refroidissement que l'atmosphère tend à y produire.

Les Oiseaux sont les seuls vertébrés qui soient pourvus de plumes ; et tout vertébré à poil, qu'il soit quadrupède ou bipède, est un mammifère. Le système pileux peut manquer plus ou moins complètement chez quelques-uns de ces animaux ; mais presque toujours il est représenté soit par une fourrure épaisse, soit par des cheveux ou par des poils, tels que ceux désignés sous le nom de cils ou moustaches.

L'appareil tégumentaire constitué par les appendices de ce genre mérite donc de fixer particulièrement l'attention des naturalistes, non seulement sous le rapport du *pelage*, c'est-à-dire du mode de coloration de ce revêtement, mais aussi sous le rapport de la structure et du mode de reproduction des poils, des modifications qu'ils peuvent présenter, des circonstances qui influent sur leur développement et des usages auxquels nous pouvons les employer.

Avant de pousser plus loin l'examen des caractères essentiels de la classe des Mammifères et de nous occuper de la manière dont ils nourrissent leurs jeunes en les allaitant, nous étudierons le système tégumentaire de ces animaux.

§ 16. **Poils et cheveux.** — Ces appendices naissent dans l'épaisseur de la peau et poussent par leur base de façon à faire saillie en dehors et à s'allonger continuellement tout en restant implantés dans cette membrane. Ils se développent dans autant de petites capsules ou fossettes creusées dans la partie principale de la peau appelée le *derme* ou le *chorion* (fig. 27) ou se prolongeant même au-dessous de cette membrane et con-

tenant au fond une petite saillie conique appelée papille ou
bourgeon pileux. Ils sont produits par cette papille et ils ont
beaucoup d'analogie avec la pellicule (nommée *épiderme*, qui
recouvre le chorion et qui est insensible comme eux) dont

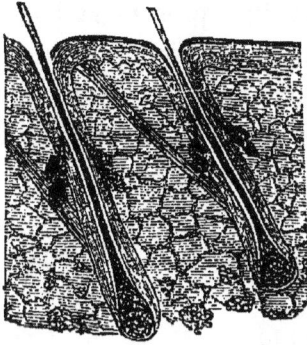

elle est couverte. Ce sont des produits du même genre que les ongles,
les sabots et les gaînes dont sont
revêtues les cornes de divers Quadrupèdes, tels que les Bœufs et les Chèvres.

Lorsqu'on observe au microscope
un poil ou un cheveu on voit que
ce corps est constitué par un tube de
substance cornée, en général à peu
près cylindrique et renfermant un

Fig. 27 (1).

tissu d'apparence spongieuse qui inférieurement encapu-
chonne le bourgeon pileux et constitue un renflement mou
appelé la *racine du poil*. Les dimensions et la conformation de
ces appendices tégumentaires peuvent varier beaucoup, non
seulement d'un animal à un autre, mais aussi sur les diverses
parties du corps d'un même animal ; et souvent à raison de ces
particularités on les désigne sous des noms différents, tels
que, *duvet, jarre, laine, soies* et *piquants*. Ainsi les longues
épines dont le Porc-épic est armé sur le dessus du corps ne
sont que des poils rigides et excessivement développés.

Nos cheveux sont des produits analogues, quoique grêles et
très flexibles, et le fin duvet que l'on aperçoit presque partout

---

(1) Coupe verticale de la peau humaine vue au microscope : *a*, l'épiderme qui tapisse les parois des follicules aussi bien que la surface
libre du *derme; b*, le chorion ; *c*, petites glandes sébacées qui sécrètent
une matière grasse servant à lubréfier le poil et à le préserver de l'action nuisible de l'eau ; *d*, de petits faisceaux charnus logés dans l'épaisseur du derme et disposés de façon à pouvoir en se contractant faire
dresser le poil correspondant : les anatomistes les désignent sous le
nom de *muscles horripilateurs*.

sur la surface de la peau humaine est constitué par des filaments de même nature quoique d'une ténuité extrême. Chez la plupart des Mammifères il y a des poils de deux sortes : du jarre et du duvet. Le jarre consiste en poils raides et assez longs pour cacher le duvet moelleux qui est situé près de sa base et qui est éminemment propre à conserver la chaleur animale, tandis que le revêtement superficiel formé par le jarre sert principalement à empêcher la peau d'être trop facilement mouillée par l'eau ambiante ou altérée par le contact d'autres corps étrangers (1). En général les poils tombent au moins une fois par an et sont remplacés par des poils nouveaux qui naissent dans les mêmes capsules. Ce renouvellement de l'appareil tégumentaire peut avoir lieu partout à la fois et constituer ce que l'on appelle communément la *mue* chez les animaux de la classe dont l'étude nous occupe ici. Souvent le nouveau vêtement ainsi formé ne diffère pas notablement de l'ancien dont l'animal se dépouille; mais d'autres fois il s'en distingue non seulement par son épaisseur, mais aussi par son mode de coloration.

§ 17. La couleur des poils, de même que la couleur des cheveux, dépend principalement de la présence de matières grasses qui se trouvent dans le tissu spongieux intérieur de ces appendices épidermiques, et qui sont elles-mêmes diversement colorées. On peut s'en assurer en faisant bouillir des poils bruns ou rouges dans de l'alcool ; car l'huile qui les colore étant susceptible d'être dissoute par ce liquide peut être enlevée de la sorte, et les poils traités ainsi deviennent d'un blanc sale. Lorsque les cheveux blanchissent naturellement c'est parce que l'huile rousse, brune ou noirâtre qui les colorait précédemment ne se produit plus, et se trouve remplacée par un liquide incolore ou par de l'air. C'est aussi parce que cette

(1) Ces deux sortes de poils se distinguent très facilement sur la peau d'un lapin ou d'un lièvre.

2.

graisse se combine facilement avec du plomb ainsi qu'avec
d'autres matières étrangères qu'on parvient à teindre de diverses nuances tous ces corps.

Le froid est défavorable à la production de ces matières
grasses colorées, et il arrive souvent que le poil d'hiver n'en
contient pas, tandis que le poil d'été en est très chargé, et les
changements qui en résultent dans le pelage de certains quadrupèdes sont parfois très remarquables. Ainsi l'Écureuil commun de nos bois, qui en été est d'un roux brun, devient grisâtre en hiver ; dans les régions boréales ce changement de
couleur est complet, et la dépouille de ce joli petit animal
constitue une des pelleteries que les fourreurs désignent sous
le nom de *Petit-gris*. Dans quelques pays du nord, au Canada
par exemple, les Écureuils restent toujours gris, et d'autres quadrupèdes, dont le pelage est d'un brun roux en été deviennent
complètement blancs chaque hiver : quelques Lièvres et certains
Renards sont dans ce cas. Il est aussi à noter que les animaux
dont le pelage est d'une couleur intense, par exemple d'un
brun rouge, d'un jaune foncé ou tacheté de noir, sont généralement des habitants de pays chauds, et que presque toujours
c'est le dessus du corps seulement qui est coloré, tandis que
le ventre est blanc (1), circonstance qui, paraît être en rapport
avec l'action stimulante que la lumière exerce sur les fonctions de la peau.

La température atmosphérique influe d'une manière encore
plus marquée sur l'épaisseur du revêtement pileux et sur la
proportion relative du jarre et du duvet. Chez les animaux qui
vivent constamment dans les régions très chaudes, la fourrure
est sèche, peu fournie et dépourvue de duvet ; tandis que
dans les climats très froids le jarre recouvre une couche épaisse
de duvet moelleux, et toutes les parties du système pileux de·

(1) Une disposition inverse s'observe par exception chez certains
mammifères, le blaireau par exemple.

viennent longues, flexibles et douces au toucher. Pour constater les effets du froid sur les téguments des Mammifères, il suffit d'observer les différences qui existent entre la robe de nos Chevaux en été et en hiver, et c'est en raison de ces effets que les pelleteries fournies par les animaux de la Sibérie et de l'Amérique boréale, où les hivers sont à la fois des plus rudes et des plus longs, sont les plus estimées comme objet d'habillement. Une peau de Martre de France, par exemple, n'a que fort peu de valeur, tandis que les peaux de Martre de Sibérie se vendent très cher ; il résulte de la même circonstance que la chasse des animaux à pelleterie n'est pratiquée que pendant la saison froide. J'ajouterai que les corps volumineux se refroidissent moins vite que les corps d'une petite taille et que par conséquent un revêtement pileux, épais et parfait, est plus nécessaire aux petits Mammifères qu'à ceux dont la taille est très grande ; aussi presque tous les animaux les mieux pourvus sous ce rapport sont-ils peu volumineux ; ils dépassent rarement la taille de notre Chat domestique.

Nous croyons donc que le développement du système pileux est en rapport avec le besoin de conserver dans l'intérieur de l'organisme la chaleur produite par les divers Mammifères, et comme l'utilité des vêtements constitués par cet appareil tégumentaire est très grande, celui-ci ne manque presque jamais. Dans l'immense majorité des cas on en aperçoit tout au moins des vestiges, et la constance du caractère fourni par l'existence de poils est telle qu'un de nos naturalistes les plus éminents, Blainville, a préféré le nom de *Pilifères* à celui de Mammifères pour désigner le groupe naturel constitué par tous les vertébrés à sang chaud qui ne sont pas emplumés. Cette substitution de nom n'était pas heureuse, car il y a quelques grands animaux de cette classe dont la peau est complètement nue, le Marsouin et la Baleine par exemple, et par conséquent pour caractériser d'une manière absolue cette grande division du règne animal, il faut prendre en considération quelque

autre particularité, or ce trait distinctif nous est fourni par
le mode d'alimentation des nouveau-nés, qui sont allaités
par la mère. En effet ni les autres Vertébrés ni les Invertébrés ne sont sustentés de la sorte. Les animaux qui pendant la première période de leur existence sont destinés à
vivre en tétant le lait fourni par leur mère, sont tous pourvus d'organes spéciaux à l'aide desquels le lait est produit ;
ces organes sont des *mamelles*.

ALLAITEMENT, LAIT, MAMELLES.

§ 18. Le lait est un aliment des plus parfaits. De même que
l'œuf des oiseaux, il renferme sous un petit volume toutes les
matières nécessaires pour constituer une bonne ration nutritive, et ces matières s'y trouvent dans un état de grande division, qui les rend faciles à être ingérées dans l'estomac et à
être digérées.

Un aliment complet doit contenir en certaines proportions les
matières suivantes : 1° des substances dont la composition est
à peu près la même que celle de la viande, et que les chi-
mistes appellent des matières organiques azotées ; 2° du sucre
ou des matières susceptibles d'être facilement transformées en
sucre ; 3° des natures grasses, et 4° certains sels minéraux. Or
le lait présente ces caractères, il contient : 1° du *caséum* qui est
une matière azotée fort analogue à l'albumine contenue dans
le blanc de l'œuf et à la fibrine de la viande ; 2° une matière
appelée sucre de lait ; 3° un corps gras qui est le beurre et 4°
des sels semblables à ceux qui entrent dans la composition du
sang. Toutes ces substances, à l'exception du beurre, sont presque entièrement en dissolution dans de l'eau, dont elles ne trou-
blent guère la transparence ; mais le beurre y forme une multitude de corpuscules globulaires qui flottent dans ce liquide,

(1) Mot dérivé du mot latin *Caseum*, fromage.

le rendent opaque, et y constituent ce que l'on appelle communément une *émulsion*, comparable à celle que l'on obtient
quand on mêle du sirop d'orgeat avec l'eau, ou que l'on agite
de l'huile avec un liquide un peu gluant. Le caséum, lorsqu'il
est seul n'est pas soluble dans l'eau ; il le devient quand il est
associé à de la soude, substance minérale qui se trouve dans
le lait; mais en présence d'un acide tel que du vinaigre, la
combinaison soluble ainsi formée se détruit et le caséum se
sépare sous la forme de grumaux blancs. Or par l'action de
l'air sur le sucre du lait, cette dernière substance donne facilement naissance à un acide appelé *acide lactique*, et ce produit, en s'emparant de la soude dont je viens de parler, détermine la solidification du caséum qui se dépose sous la forme
d'un caillot (1). C'est ce qui a lieu toutes les fois que le lait se
caille, et le produit solide ainsi obtenu constitue le fromage
blanc; mais le fromage ordinaire est une substance différente
obtenue par la fermentation du caséum.

Lorsque le lait est dans son état naturel, les corpuscules microscopiques formés par le beurre restent en suspension dans
le liquide ambiant, et ne se réunissent pas entre eux parce
que chacune de ces espèces de gouttelettes est enveloppée par
une couche très mince de caséum qui l'isole ; mais en agitant
violemment le tout comme dans l'opération du *barattage*, on
détermine la réunion de ces globules, et de la sorte le beurre
à l'état solide se sépare en presque totalité du liquide ambiant ;
celui-ci désigné alors sous le nom de *petit-lait*, contient en dissolution du sucre de lait, ainsi que du caséum. Par le repos
les globules graisseux du lait frais, étant plus légers que le
liquide ambiant, tendent à gagner la surface et y forment une
couche très riche en beurre que l'on appelle la *crème;* mais le

---

(1) Cette transformation du sucre de lait en acide lactique dépend
principalement de l'action de corpuscules végétaux microscopiques qui
sont charriés par l'atmosphère et qui se multiplient très rapidement
lorsqu'ils se trouvent dans le lait.

lait qui reste au-dessous contient encore une quantité très considérable de beurre et peut encore servir à la fabrication d'un fromage de qualité médiocre.

§ 19. Le lait est produit dans des glandes particulières nommées *glandes mammaires*, et il est à noter que ces organes existent chez les individus des deux sexes quoiqu'ils ne deviennent aptes à sécréter ce liquide que chez les femelles, et cela seulement pendant un certain laps de temps après la naissance des jeunes qui doivent profiter de cette sécrétion. Chaque glande mammaire se compose de petits sacs membraneux dont partent autant de canaux qui se réunissent successivement entre eux de façon à former des conduits de plus en plus gros et à donner à l'appareil un aspect comparable à celui d'une grappe de raisin : les agrégats ainsi constitués sont entourés de beaucoup de graisse, et les canaux qui en naissent vont aboutir au dehors, au sommet d'un mamelon. Quelquefois, chez la Vache par exemple, ces conduits évacuateurs se réunissent en un réservoir commun où le lait s'amasse, pour en sortir ensuite par un seul canal. Mais en général chaque glande mammaire débouche à l'extérieur par plusieurs petits orifices, et d'ordinaire le mamelon (appelé pis chez la vache) est très saillant, de façon à pouvoir être facilement saisi par la bouche du jeune Mammifère lorsque celui-ci veut téter.

Les mamelles sont disposées par paires à droite et à gauche de la ligne médiane du corps et leur nombre est en rapport avec le nombre des petits qui naissent à la fois et qui doivent en faire usage. Ainsi chez les Mammifères qui n'ont qu'un petit, il n'y a qu'une seule paire de mamelles ; tandis que chez les espèces dont la fécondité est plus grande, il y a deux ou trois paires de ces organes ou même plus. Leur position varie ; en général ils sont placés sur la poitrine comme chez les Singes ou sous le ventre comme chez la Vache et la Chèvre, mais quelquefois ils sont situés plus loin en arrière, comme cela se voit chez la Jument, les Marsouins et les Baleines.

Enfin chez certains quadrupèdes l'appareil mammaire au lieu d'être à découvert comme d'ordinaire est placé au fond d'une poche formée par deux replis de la peau du ventre et soutenue par des muscles ainsi que par une paire de branches osseuses insérées à la partie antérieure du bassin. Les animaux chez lesquels ce mode d'organisation existe sont appelés des *Marsupiaux*, et l'espèce de bourse ainsi constituée sert à loger les petits pendant pendant toute la durée de l'allaitement. Les Sarigues (fig. 28), qui sont des animaux propres à

Fig. 28. — Sarigue.

l'Amérique, et les Kanguroos, qui habitent l'Australie, sont des animaux constitués de la sorte.

La succion au moyen de laquelle le jeune Mammifère tète le sein de sa nourrice est produite automatiquement par un mécanisme analogue à celui qui fait monter l'eau dans une pompe aspirante. Le mamelon étant introduit dans la bouche et les lèvres s'étant fermées autour de cet organe, la langue se contracte et fait office de piston. Il en résulte un vide dans la cavité buccale, et à cause de ce vide le lait y afflue par l'effet de la pression exercée sur la mamelle par l'atmosphère ou par toute autre cause similaire. Aussi tous les animaux de cette classe sont-ils pourvus de lèvres charnues et contractiles, sinon à l'âge adulte, au moins pendant le jeune âge, tandis que des organes du même genre n'existent presque jamais chez les autres Vertébrés. Il y a bien quelques Mammifères qui à l'état adulte ont à la place de lèvres un bec corné qui ressemble beaucoup à un bec d'oiseau, les *Ornithorhynques* de l'Australie par exemple, mais en naissant leur bouche ne présente pas ce mode d'organisation anormale, et les lèvres sont conformées à peu près comme d'ordinaire.

L'appareil lactogène n'existe que chez les animaux de la classe dont l'étude nous occupe, et il ne manque chez aucun d'entre eux. C'est pour cette raison qu'on les désigne sous le nom de *Mammifères*.

Ces animaux diffèrent encore de tous les autres vertébrés par des caractères très importants, tels que le mode de conformation du cerveau, la structure du cœur et celle des organes de la respiration et la manière dont cette fonction s'effectue; mais en ce moment je ne parlerai pas de ces particularités anatomiques et physiologiques.

PRINCIPALES VARIÉTÉS DE FORME DES MAMMIFÈRES.

§ 20. Il y a toujours dans le Règne animal une certaine relation entre le degré d'importance d'une particularité organique et son degré de constance ; ce qui est sujet à varier beaucoup est toujours peu important, tandis que les organes fondamentaux

restent à peu près les mêmes, chez les êtres dont la nature
est similaire. Ils fournissent, par conséquent, au zoologiste
des indications précieuses pour l'appréciation du degré de
parenté que les diverses espèces ont entre elles. Or, les caractères dont je viens de parler ont beaucoup plus d'importance
que n'en a la disposition des membres ou la forme générale
du corps. On ne doit donc pas s'étonner si, sous ce dernier rapport, il y a parmi les Mammifères des variations très grandes,
suivant qu'ils sont organisés pour vivre à terre ou dans l'eau,
pour fouir le sol, pour grimper aux arbres ou pour poursuivre
au vol la proie nécessaire à leur alimentation.

Effectivement certains Mammifères, sans être des animaux
de même nature que les Poissons, leur ressemblent presque
complètement par leurs formes extérieures, le Marsouin (fig. 4),
le Dauphin (fig. 26) et les Baleines, par exemple ; et il en est
d'autres qui, tout en étant dépourvus de plumes et ayant le
corps couvert de poils, ressemblent aux oiseaux en ce qu'ils
possèdent des ailes; les Chauves-souris (fig. 49) présentent ce
mode d'organisation, bien que sous tous les autres rapports
elles ne diffèrent que fort peu de divers quadrupèdes ordinaires, tels que la Musaraigne (fig. 57). Enfin il y a aussi
des Vertébrés qui sont d'une tout autre nature tout en étant
des Quadrupèdes comme la plupart des Mammifères, par exemple, le Lézard et les Grenouilles.

Mais les différences dans la conformation des membres, tout
en n'ayant aucune influence notable sur la nature essentielle
des Mammifères, entraînent à leur suite des différences de
valeur secondaire dont l'étude n'est pas sans importance, et
les particularités de ce genre, jointes aux caractères organiques en rapport avec le régime alimentaire, permettent aux
zoologistes de répartir les animaux en un certain nombre de
groupes naturels appelés ordres, familles et genres dont
l'étude doit maintenant nous occuper.

§ 21. L'espèce humaine doit, en considération de son organisation physique, prendre place parmi les mammifères, mais sa supériorité est incontestable, et pour la mettre en évidence on doit former deux sous-classes, celle des *Bimanes* ou *Hétéropodes* et celle des *Homopodes*. Chez les Bimanes, ne comprenant que l'espèce humaine, les membres antérieurs sont terminés par des mains et uniquement affectés à la préhension et au toucher, les membres postérieurs servent seuls à la locomotion. Chez les homopodes, tous les membres servent à la locomotion ; tantôt, et c'est le cas le plus général, ils sont au nombre de quatre et ces animaux sont quadrupèdes, tantôt ils sont réduits à une seule paire par suite de l'atrophie des membres postérieurs comme chez la baleine ; on se sert avec avantage de ce caractère pour établir deux sections parmi les homopodes : 1° celle des *Tétrapodes* ou quadrupèdes, et celle des *Ihthcyomorphes* ou mammifères à forme de poisson.

Les tétrapodes sont divisés à leur tour en mammifères ordinaires ou *Eugénètes* et en mammifères *Marsupiaux* ou didelphes. Chez les premiers le bassin ne s'articule qu'avec la colonne vertébrale, tandis que chez les seconds il porte en avant les os marsupiaux (fig. 28) disposés au-dessous de l'abdomen ; leur peau se replie d'ordinaire de manière à former une poche où les jeunes restent plus ou moins longtemps enfermés. Parmi les mammifères quadrupèdes ordinaires ou eugénètes, les uns sont *onguiculés* (fig. 30 et 31), c'est-à-dire qu'ils ont les doigts terminés par des ongles ou des griffes, les autres ont les doigts enfermés dans des sabots, ces derniers sont *ongulés*. Enfin les caractères des dents et du tube digestif, l'existence ou l'absence d'ailes permettent d'établir parmi

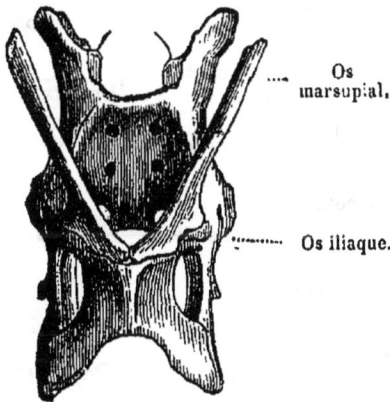

Fig. 29. — Bassin de Marsupial.

ces mammifères un certain nombre d'*ordres* qui se trouvent

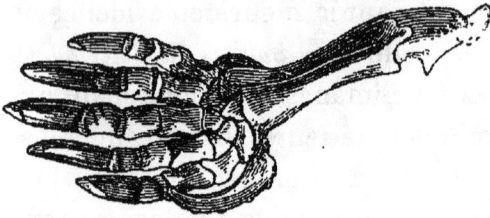

Fig. 30. — Patte antérieure de Taupe. Fig. 31. — Main postérieure de Singe.

indiqués dans le tableau suivant :

MAMMIFÈRES.

1ʳᵉ SOUS-CLASSE.

HÉTÉROPODES dont les membres antérieurs sont uniquement affectés à la préhension et au toucher, et les membres postérieurs à la locomotion. ...... *Bimanes.*

2ᵉ SOUS-CLASSE.

HOMOPODES dont tous les membres servent à la locomotion.

SECTION DES TÉTRAPODES OU QUADRUPÈDES.

Eugénètes ou à bassin normal. Pas de poche abdominale.
- Onguiculés.
  - Quatre mains.......................... *Quadrumanes.*
  - Pas de mains.
    - Dentition complète.
      - Des ailes............. *Chiroptères.*
      - Pas d'ailes.
        - Molaires hérissées de pointes. *Insectivores.*
        - Molaires tranchantes........ *Carnassiers.*
      - Des nageoires........ *Amphibiens.*
    - Dentition incomplète.
      - Des incisives... *Rongeurs.*
      - Pas d'incisives. *Edentés.*
- Ongulés.
  - Estomac multiple...................... *Ruminants.*
  - Estomac simple.
    - Une trompe........... *Proboscidiens.*
    - Pas de trompe.
      - Plusieurs doigts. *Pachydermes.*
      - Un doigt...... *Solipèdes.*

Didelphes à bassin pourvu d'os marsupiaux, une poche abdominale.
- Dentition normale..... *Marsupiaux.*
- Pas de dents......... *Monotrèmes.*

SECTION DES ICHTHYOMORPHES. — Corps à forme de poisson, membres antérieurs en nageoire, pas de membres postérieurs........... *Cétacés.*

De cette manière, lorsqu'on sait à quel ordre appartient un animal, on connaît déjà beaucoup des particularités de son organisation. On sait, par exemple, qu'un carnassier a une respiration aérienne, pas d'os marsupiaux ; qu'il est couvert de poils, pourvu de deux paires de membres, que ses membres sont onguiculés, et que sa dentition est complète.

1re SOUS-CLASSE : HÉTÉROPODES OU BIMANES.

§ 22. Il existe sous le rapport du développement intellectuel une différence incommensurable entre l'homme et les mammifères ordinaires, aussi quelques naturalistes ont-ils proposé de le placer dans un règne à part, le *Règne humain*. Cette distinction motivée au point de vue psychologique ne l'est plus au point de vue zoologique où l'on ne doit s'occuper que de l'examen de l'organisation ; mais on reconnaît en se basant sur les caractères des membres que l'homme doit occuper parmi les mammifères un rang spécial et former une sous-classe, celle des Hétéropodes, parce que chez lui la préhension et le toucher, dont les relations avec l'intelligence sont si intimes, ne s'exécutent qu'à l'aide des mains, tandis que les membres postérieurs sont affectés à la marche.

Quelles que soient les variétés que peut présenter l'espèce humaine, elle paraît être unique et sortie d'une même souche; en effet, deux espèces différentes ne produisent que très difficilement entre elles, et le produit est infécond. L'homme, au contraire, quelle que soit sa race, se croise facilement, et les produits sont féconds. — Les races naturelles auxquelles l'espèce humaine a donné naissance sont assez nombreuses; on y distingue quatre types principaux :

1° Le type *caucasique* ou race blanche ;
2° Le type *mongolique* ou race jaune ;
3° Le type *éthiopique* ou race noire ;
4° Le type *américain* ou race rouge.

2e SOUS-CLASSE : HOMOPODES EUGÉNÈTES.

§ 23. Les Mammifères qui, de même que nous, sont pourvus

de deux paires de membres, présentent dans le mode de conformation de la portion terminale de ces organes des différences très considérables, parmi lesquelles je citerai en premier
lieu la disposition de leurs ongles qui, au premier abord, peut
paraître de minime importance, mais en a réellement beaucoup. Chez les uns, le Cheval, le Bœuf et la Chèvre par exemple, l'extrémité des pattes est, ainsi que je l'ai dit précédemment, engaînée dans un grand ongle creux appelé sabot et
par conséquent ne peut servir ni à l'exercice du sens du toucher, ni à la préhension des corps étrangers tels que les aliments. Chez d'autres l'ongle ne recouvre qu'en dessus l'extrémité des doigts dont la partie inférieure est très sensible et très
propre à servir comme instrument tactile. De là une première
distinction à établir entre les Mammifères à sabots que l'on
appelle aussi Mammifères *ongulés* et les Mammifères qui au
lieu de sabots ont de petits ongles presque plats, comme les
nôtres, ou des griffes comme celles des Chiens, des Chats et
des Lapins et qui sont désignés pour cette raison sous le nom
de Mammifères *onguiculés*.

DIVISION DES MAMMIFÈRES HOMOPODES ONGUICULÉS.

Ordre des Singes.

§ 24. Les Singes de même que les Chiens sont des animaux
onguiculés ; mais ils se distinguent de ces derniers par d'autres caractères très importants qui résultent du mode de conformation de leurs doigts.

Chez les Chiens, les Chats ainsi que chez les autres quadrupèdes du même ordre, les doigts ne sont constitués que pour
servir à la locomotion ou pour arrêter une proie, tandis que chez
les Singes la partie terminale des membres est organisée à peu
près comme le sont nos mains, et constitue des instruments
préhenseurs ; les doigts sont longs et très flexibles, enfin l'un

de ces organes (le pouce) est opposable aux autres, c'est-à-dire susceptible de se placer en opposition avec ceux-ci et de constituer avec eux une espèce de pince. Quelquefois le pouce des membres antérieurs est rudimentaire, mais aux membres postérieurs il présente toujours cette disposition (fig. 31), de façon que ces animaux sont des *Quadrumanes* au lieu d'être comme les Hommes des *Bimanes*.

Les Singes sont des animaux grimpeurs, très vifs et d'une agilité extrême. Ils se tiennent sur les arbres plus qu'à terre, et s'élancent de branche en branche en s'y accrochant avec leurs quatre mains ; pour s'y suspendre, plusieurs d'entre eux se

Fig. 32. — Sajou à gorge blanche.

servent aussi de leur queue, qui est alors préhensile, c'est-à-dire susceptible de s'enrouler autour des objets qu'elle doit saisir (fig. 32). Ils sont essentiellement frugivores, et leurs dents sont appropriées à ce genre de régime ; de même que dans l'espèce humaine, il y a sur le devant de la bouche à chaque mâchoire

quatre dents tranchantes appelées incisives et une paire de
dents pointues appelées dents canines ; puis des dents mâchelières dont la surface préhensible est large et bosselée, de façon à être très apte à écraser les aliments (fig. 34).

Le mode de distribution géographique de ces animaux est
fort remarquable. Ils paraissent être originaires de trois régions tropicales situées, l'une à l'est et comprenant les grandes
îles de la Malaisie (Bornéo, Java et Sumatra), la Péninsule malaise, l'Indo-Chine et le Japon ; une seconde occupant tout le
continent africain et la troisième comprenant toutes les parties
chaudes de l'Amérique méridionale ; mais ils ne s'étendent que
peu sur les terres contiguës, et ils manquent dans la totalité de
l'Europe, excepté sur la pointe sud de l'Espagne qui n'est sépa-
rée de l'Afrique que par le détroit de Gibraltar, dans toute
l'Asie septentrionale, en Australie et dans le reste de l'Océanie, enfin dans toutes les parties de l'Amérique qui se trouvent
au nord du Mexique.

Il est également à noter que les espèces varient dans les
divers pays habités par les Singes et que les animaux de cet
ordre qui se trouvent dans le nouveau continent se distinguent
de ceux de l'ancien monde par des caractères très marqués. Les

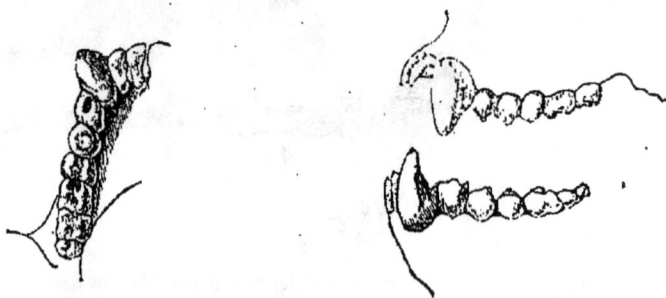

Fig. 33 (1). — Dents de Singe d'Amérique.   Fig. 34. — Dents de Singe d'Afrique.

singes américains ont tous, en avant des grosses dents mâchelières, trois paires de petites molaires (fig. 33), au lieu de deux

(1) Moitié de la mâchoire supérieure d'un singe américain, garnie
de trois grosses molaires, de trois petites molaires, d'une canine et de
deux incisives.

paires comme chez les Singes de l'ancien monde (fig. 34) et chez
l'Homme ; la plupart d'entre eux ont en même temps, à chaque
mâchoire et de chaque côté, trois grosses molaires de manière
à avoir en tout 36 dents, tandis que chez leurs semblables de
l'ancien monde il n'y a jamais plus de 32 dents en tout. Ces
derniers n'ont jamais la queue prenante, particularité qui est
très commune chez les espèces du nouveau continent ; celles-ci
ont les narines séparées entre elles par une cloison très large,
tandis que chez les précédents cette cloison est mince ; enfin
c'est seulement chez les Singes de l'ancien monde que parfois
la bouche est en communication avec des poches appelées
abajoues et servant à emmagasiner les provisions que ces animaux veulent emporter avec eux pour les manger à loisir.

Le groupe des Singes se compose donc de deux familles zoologiques bien distinctes : les Singes de l'ancien continent dont
le système dentaire est à peu près semblable à celui de l'homme,
et les Singes du nouveau continent qui ont de chaque côté et
à chaque mâchoire une petite molaire en plus.

SINGES DE L'ANCIEN MONDE.

§ 25. **Singes anthropoïdes.** — La plupart des singes ont
une longue queue, mais chez plusieurs espèces cet organe
fait complètement défaut, et parmi ceux-ci il en est qui ressemblent beaucoup à l'homme par la conformation générale
de leur corps, et qui, par cette raison, ont été appelés des Singes
anthropomorphes ou *anthropoïdes*. Tels sont les Chimpanzés, les
Gorilles, les Orang-Outans et les Gibbons.

Le *Chimpanzé*, désigné par quelques naturalistes sous le nom
d'*Homme des bois*, habite la partie occidentale de l'Afrique qui
avoisine la côte de Guinée. Il peut se tenir presque verticalement pour marcher, surtout en s'aidant d'un bâton. Dans son
jeune âge, son museau est peu proéminent, son crâne est volumineux par rapport à la face, il est facile à apprivoiser, et

il est même très intelligent ; mais en grandissant il ne se perfectionne pas et ressemble de moins en moins à l'espèce humaine, par ses facultés aussi bien que par son aspect. Sa taille est d'environ 1 mètre 26 centimètres et son corps est couvert de poils noirâtres (fig. 35).

Le *Gorille* est beaucoup plus grand et plus robuste ; il diffère davantage de l'Homme par la plus

Fig. 35. — Chimpanzé ou Troglodyte.

Fig. 36. — Tête de vieux Gorille.

grande longueur de ses bras, par ses oreilles petites, par la proéminence de son museau (fig. 36), par la grosseur de ses crocs (ou dents canines) et par son naturel féroce. Ce singe appartient exclusivement au Gabon et à la partie adjacente de l'Afrique équatoriale ; son poil est d'un brun noir.

L'*Orang-Outan* (nom qui en langue malaise signifie *Homme de la forêt*) atteint aussi une taille élevée ; ses jambes sont très courtes, mais ses bras sont si longs,

Fig. 37.
Tête d'Orang-Outan.

qu'il peut s'en servir pour marcher sans ployer notablement son

3.

corps ; sa peau est recouverte de longs poils roux et il paraît avoir un goître (fig. 37), car il porte sur le devant du cou une grande poche sous-cutanée qu'il gonfle en y faisant entrer de l'air. Il se tient habituellement sur de grands arbres, et s'y construit un nid avec des branches cassées et des feuillages. Il se sert aussi de branches cassées comme de projectiles pour éloigner les hommes dont le voisinage lui déplaît, et lorsqu'on l'attaque, il se défend avec rage et inflige à ses ennemis de cruelles morsures, car ses dents sont très fortes (fig. 40). Mais dans le jeune âge il est très sociable et non moins intelligent que le Chimpanzé. Il habite exclusivement Bornéo et la partie occidentale de Sumatra.

Les *Gibbons* ressemblent beaucoup moins à l'Homme ; ils ont les formes grêles, les membres antérieurs extrêmement longs, le cerveau moins parfait que les espèces dont je viens de parler ; ils sont moins intelligents ; mais ils ne s'abrutissent pas autant en arrivant à l'âge adulte. Ils vivent en troupes nombreuses et ils habitent le continent indien ainsi que toutes les grandes îles de l'extrême Orient.

§ 26. **Singes ordinaires.** — On désigne sous le nom de *Magots* d'autres Singes qui sont également dépourvus de queue, mais ne sont pas anthropomorphes ; ils marchent à quatre pattes dans une position horizontale, ils sont pourvus d'abajoues et leur dernière dent molaire à la mâchoire inférieure est conformée d'une manière différente. Ils habitent l'Algérie ainsi que les parties avoisinantes du nord de l'Afrique, et on en voit aussi sur les rochers de Gibraltar. Ce sont les seuls Quadrumanes qui se trouvent en Europe.

Des Singes dont la queue est en général très longue, mais dont la conformation est la même que celle des Magots, sont les *Macaques*, très nombreux dans le sud de l'Asie et dans les îles de l'archipel indien. Les *Guenons* ou *Cercopithèques* sont au contraire des Singes africains. Leurs formes sont très légères, leur queue est très longue et leur pelage présente souvent des couleurs fort belles.

Les *Cynocéphales* ou Singes à tête de chien sont des animaux à formes trapues dont le museau est beaucoup plus développé que chez les espèces précédentes et dont les dents canines sont très puissantes (fig. 42).

Ils habitent l'Afrique, et l'un d'eux (l'Hamadryas) se trouve aussi en Arabie. La plupart de ces animaux ont une queue bien développée ; mais chez celui qui est désigné sous le nom de *Mandrill* (fig. 38), cet organe est extrêmement court. Cette espèce se fait aussi remarquer par le mode de coloration des joues qui présentent de chaque côté du nez une série de bourrelets d'un bleu vif.

Fig. 38. — Cynocéphale mandrill.

Il est aussi à noter que chez la plupart des Cynocéphales la partie postérieure du corps est tuméfiée en manière de coussin et d'un rouge intense.

§ 27. En résumé, on voit que les Singes de l'ancien monde diffèrent beaucoup entre eux ; que le même individu, en grandissant, change d'aspect et de caractère ; que dans le jeune âge la partie de la tête où se trouve le cerveau, c'est-à-dire le crâne, est beaucoup plus grande relativement à la face que chez l'adulte. Chez celui-ci, la partie de la face occupée par les organes de l'odorat et du goût, ainsi que par l'appareil dentaire, devient de plus en plus saillante, et en même temps l'intelligence, la docilité, l'éducabilité de ces animaux diminuent. Il semble donc y avoir une certaine relation entre les facultés de ces êtres et la conformation de leur tête. Or, ces deux genres de différences s'observent lorsqu'on compare entre eux les Singes dont le corps est placé, comme chez l'Homme, verticalement pendant la

marche, et ceux dont le corps occupe alors une position horizontale, comme chez les quadrupèdes ordinaires.

Chez ces derniers, le museau devient de plus en plus prédo-
minant, les mâchoires grandissent considérablement, le front
est de plus en plus surbaissé et fuyant, et, d'une manière correspondante, les facultés mentales diminuent progressivement
en même temps que le caractère devient de plus en plus brutal.
Pour constater le premier de ces faits, il suffit de comparer la
tête osseuse d'un Orang-Outan très jeune (fig. 39) à celle du

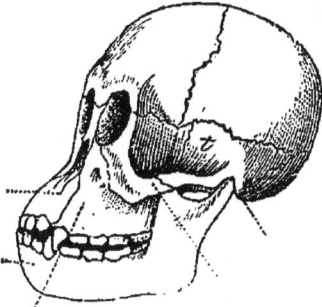

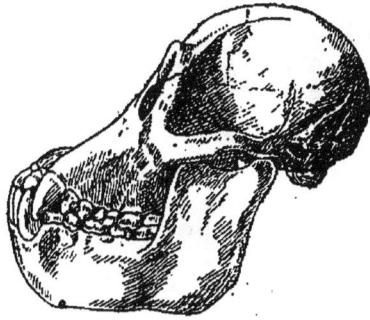

Fig. 39. — Crâne de jeune Orang-Outan.   Fig. 40. — Crâne d'Orang-Outan adulte.

même animal à l'âge adulte (voy. fig. 40), et, pour se convaincre de l'exactitude de ce que je viens de dire concernant les
différences de conformation entre les diverses espèces, il suffit
de jeter les yeux sur les figures ci-jointes qui représentent,

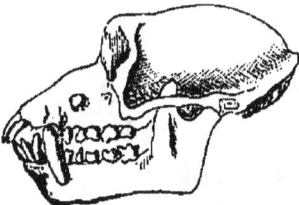

Fig. 41. — Crâne de Macaque.   Fig. 42. — Crâne de Cynocéphale
                                                    mandrill.

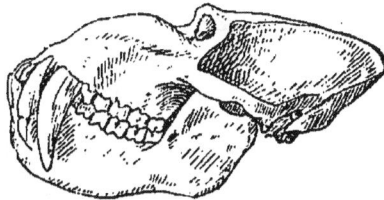

d'une part, un Singe anthropomorphe (fig. 39 et 40), d'autre part
dn Macaque (fig. 41) et en dernier lieu un Cynocéphale (fig. 42).

Pour bien apprécier des différences de cet ordre dans la

conformation de la tête, on emploie ordinairement la mesure de l'*angle facial*, c'est-à-dire de l'angle formé par la rencontre de deux lignes droites, dont l'une, horizontale, correspond à la base du crâne en passant par le trou de l'oreille et par l'extrémité inférieure de la mâchoire supérieure, tandis que l'autre, en partant de ce dernier point, va s'appuyer sur le front. Chez l'Homme de la race blanche (fig. 43), l'angle ainsi formé est

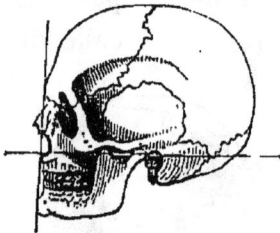

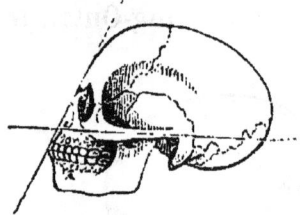

Fig. 43. — Crâne d'homme de race blanche.   Fig. 44. — Crâne de nègre.

presque droit : il est d'environ 80 degrés, et chez les nègres (fig. 44) il est d'environ 70 degrés. Mais chez les Singes, il n'est jamais aussi ouvert, et il varie entre 65 et 30 degrés. Ces mesures font connaître d'une manière approximative le degré de développement relatif du cerveau, car cet organe, qui est l'instrument au moyen duquel tout travail mental est effectué, remplit, avec ses dépendances, la totalité de la cavité du crâne.

SINGES DU NOUVEAU MONDE.

§ 28. Les Singes américains sont également très nombreux et constituent plusieurs genres bien distincts. Chez la plupart, les dents molaires sont au nombre de six paires et la queue est prenante ; par exemple, chez les *Sajous* (voy. fig. 45), les *Atèles*, appelés aussi Singes-araignées à cause de la longueur excessive de leurs pattes, et les *Alouates* ou *Singes-hurleurs*. Ces derniers sont remarquables par leurs cris assourdissants et par le grand développement de l'appareil vocal constitué par le larynx.

Les *Ouistitis* (fig. 46) sont de jolis petits quadrumanes qui

Fig. 45. — Sajou à barbe blanche.

se distinguent des autres genres américains par le nombre de leurs dents molaires qui est de cinq seulement à chaque mâ-

Fig. 46. — Ouistiti à pinceau.

choire et de chaque côté, dont trois prémolaires et deux molaires.

Aucun Singe américain n'est organisé d'une manière aussi parfaite que le sont les Singes anthropomorphes de l'ancien monde et aucun ne ressemble autant à l'Homme ; parmi ces animaux, il y a d'ailleurs des indices de dégradation intéressants à signaler. Ainsi, chez plusieurs d'entre eux, les espèces de mains qui terminent les membres antérieurs, tout en étant propres à saisir les objets, parce que les doigts sont assez longs et assez flexibles, ne représentent plus une pince à deux branches, car le pouce disparaît ou devient trop court pour pouvoir s'opposer aux autres doigts, ainsi que cela se voit chez les *Atèles* et les *Ouistitis* (fig. 46).

Une autre particularité organique, qui au premier abord paraît n'avoir que peu d'importance, mérite d'être signalée ici, car elle est aussi une marque d'infériorité. Chez les Singes de l'ancien monde, les ongles sont toujours minces, larges et à peu près plats, disposition qui est très favorable à l'exercice du sens du toucher au moyen de l'espèce de pelote flexible et très sensible constituée par la portion terminale de la face inférieure de chaque doigt ; mais chez plusieurs Singes américains, les ongles ne sont pas conformés de la sorte ; ils constituent des griffes, et il en résulte que les mains cessent d'être bien appropriées à leurs fonctions comme instruments du toucher. Or, le toucher est un des sens les plus utiles à tout être animé. Si nous avions à nous occuper ici de l'anatomie des animaux, j'aurais montré aussi que le cerveau des Singes américains est en général moins bien organisé que le cerveau des Singes de l'ancien monde et que c'est chez les Singes anthropomorphes que cette partie du système nerveux ressemble le plus au cerveau humain.

Ordre des Lémuriens ou Makis.

§ 29. Jusque dans ces derniers temps, les zoologistes ont rangé dans le groupe naturel formé par les Singes d'autres quadrumanes

qui sont très abondants dans l'île de Madagascar et qui sont appelés des Makis ; mais, depuis que l'on a mieux étudié la structure
intérieure de ces mammifères et leur histoire physiologique,
on a pu constater qu'ils en diffèrent trop profondément pour

Fig. 47. — Maki à front blanc avec son petit.

être classés dans le même ordre, et on en a formé une division
particulière comprenant non seulement les animaux dont je
viens de faire mention, mais aussi quelques autres espèces
analogues qui appartiennent presque toutes à la même grande
île africaine. On désigne ces animaux sous le nom commun de

Lémuriens. Ils ont tous les membres terminés par des mains, mais leur cerveau, leur appareil dentaire, leur tube digestif, indiquent chez eux de grandes ressemblances avec les Mammi-

Fig. 48. — Aye-aye.

fères herbivores. Les *Indris*, les *Makis* (fig. 47), les *Galagos*, les *Loris paresseux* et l'*Aye-aye* (fig. 48) appartiennent à ce groupe.

Ordre des Chauves-souris ou Chiroptères.

§ 30. Les naturalistes rangent à côté des Singes inférieurs les Chauves-souris, parce que ces animaux sont aussi des Mammi-fères onguiculés conformés pour vivre de fruits ou d'Insectes, et qu'ils ont comme tous les animaux dont je viens de parler les mamelles situées sur la poitrine, caractère qui n'existe pas chez la plupart des autres Quadrupèdes.

La particularité structurale la plus importante parmi celles que nous présentent les Chauves-souris consiste en une trans-formation de leurs membres antérieurs en *ailes* propres au vol. Sous ce rapport elles ressemblent à des oiseaux, et lorsqu'on les voit de loin faisant dans l'air de rapides évolutions, on peut les confondre avec ceux-ci ; mais en les examinant de plus près on reconnaît que ce sont, non des animaux emplumés, mais des animaux à poils, qu'elles sont mammifères et que leurs ailes sont formées par des pattes dont les doigts sont pour la plupart excessivement allongés et recouverts par un repli de la peau, à peu près comme le sont les doigts chez les Oiseaux palmipèdes, tels que les Canards et divers Quadrupèdes nageurs dont j'aurai bientôt à parler.

La grande voile ainsi constituée s'étend de chaque côté du corps, depuis les épaules jusqu'aux pattes postérieures et en gé-

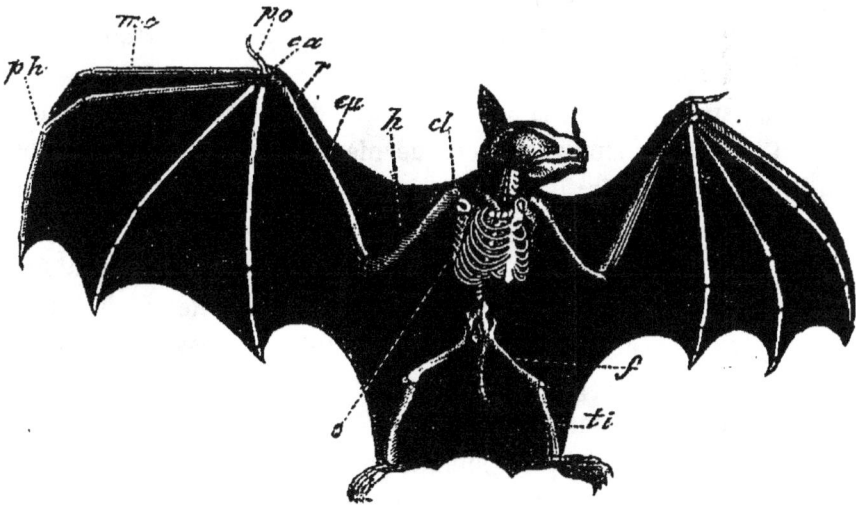

Fig. 49. — Squelette de Chauve-souris (1).

néral se prolonge même entre ces derniers organes, de manière à embrasser la queue (fig. 49); mais ni le pouce des membres antérieurs ni les doigts des pattes de derrière ne s'y trouvent compris, et lorsque les ailes sont reployées contre les flancs, l'animal se sert de ces organes pour marcher ou pour se suspendre aux branches des arbres, et alors il ressemble beaucoup à un quadrupède ordinaire (fig. 50).

(1) *cl*, clavicule ; *h*, humérus ; *cu*, cubitus ; *r*, radius ; *ca*, carpe ; *po*, pouce ; *me*, métacarpe ; *ph*, phalanges ; *o*, omoplate ; *f*, fémur ; *ti*, tibia.

Les Chauves-souris ou *Chiroptères* (1) sont de deux sortes :
les unes se nourrissent de fruits, les autres se nourrissent d'Insectes qu'elles attrapent au
vol, et de même que chez les
autres Mammifères ces différences dans le régime coïncident avec certaines particularités dans la conformation des dents. Chez toutes
les Chauves-souris, il y a,
comme chez les Singes et
chez l'Homme , des dents

Fig. 50. — Oreillard marchant à terre.

incisives, des dents canines et des dents molaires, et chez les
Chiroptères frugivores, ces dernières dents portent des tubercules émoussés ; tandis que chez les Chauves-souris insectivores
elles sont hérissées de cônes à pointe aiguë.

§ 31. Les **Chauves-souris frugivores**, appelées aussi *Rous-
settes* ou *Pteropus*, n'habitent que l'Inde, les îles de la Malaisie
et de l'Océanie, l'Australie et les autres terres dont les côtes
sont baignées par l'océan Indien. Il n'en n'existe ni dans les
parties centrales, boréales et occidentales de l'Asie, ni en Europe ni en Amérique. Quelques-uns de ces animaux ont environ
un mètre d'envergure ; ils se reconnaissent facilement à la
forme de leur tête qui ressemble à celle d'un petit Renard, à la
petitesse de leurs oreilles et à l'absence d'une membrane entre
leurs pattes de derrière, enfin leur queue n'existe pas ou est
d'une extrême brièveté.

§ 32. Les **Chauves-souris insectivores** sont beaucoup plus
nombreuses et plus répandues. On en trouve dans toutes les
parties chaudes ou tempérées des deux mondes. Elles sont
toutes de petite taille. Pendant le jour elles ne se montrent pas

---

(1) Le mot de Chiroptère ou Chéiroptère vient de deux mots grecs
signifiant main et aile.

et restent cachées dans des retraites obscures; mais au crépuscule elles se mettent en chasse et poursuivent au vol les
Insectes dont elles se repaissent; en hiver elles restent enfer-
mées dans les cavernes, les clochers des églises, les vieilles
tours et autres retraites analogues, où elles dorment d'un profond sommeil. Pendant toute la saison froide, lorsqu'elles sont
ainsi en léthargie, elles ne prennent aucune nourriture; leur
respiration devient extrêmement lente et leur température
propre s'abaisse beaucoup; mais sous l'influence de la chaleur
du printemps, elles reprennent leur vie active sans avoir souffert de ce long jeûne.

Ces animaux nocturnes n'ont pas besoin de lumière pour
éviter les obstacles qu'ils rencontrent en volant; un naturaliste
italien du siècle dernier nommé Spallanzani s'en est assuré
expérimentalement; il a constaté qu'ils se dirigent avec leur
dextérité ordinaire non seulement dans les lieux où l'obscurité
est profonde, mais aussi lorsque leurs yeux ont été crevés, et
on pense qu'ils se guident alors d'après les sensations différentes produites par les chocs de l'air contre la surface de leurs
ailes membraneuses, dont la sensibilité est exquise, et suivant
que ce fluide cède facilement aux impulsions données par ces
rames ou qu'il est répercuté par quelque corps solide avoisi-
nant.

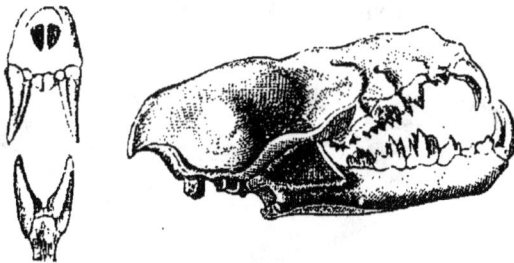

Fig. 51. — Crâne de Vampire.

Quelques-unes de ces Chauves-souris ne se contentent pas
d'Insectes et s'attaquent à l'Homme, au cheval et à d'autres
Quadrupèdes de grande taille dont elles percent la peau et dont

elles sucent le sang. Un de ces animaux sanguinaires appelé *Vampire* habite l'Amérique méridionale et détermine souvent chez ses victimes des hémorrhagies dangereuses ; sa bouche est armée de longues canines (voyez fig. 51) et sa langue est hérissée de pointes aiguës qui la font ressembler à une râpe.

Chez la plupart des Chauves-souris la tête ne présente aucune particularité remarquable ; mais chez beaucoup de ces animaux (le Vampire par exemple) le nez porte des appendices cutanés en forme de feuilles qui leur donnent un aspect très bizarre (fig. 52), et certaines espèces ont les oreilles démesurément grandes ainsi que d'une struc-ture très compliquée. En effet, outre l'espèce de grand cornet acoustique formé par le pavillon de l'oreille, elles ont parfois, au-devant du trou auriculaire, un ap-pendice foliacé ou oreillon qui est disposé de façon à pouvoir s'appliquer sur cet orifice et à boucher l'entrée de l'appareil au-ditif (fig. 52 et 53).

Fig. 52. — Tête de Vampire.

Il existe en France plusieurs espèces de Chauves-souris, par exemple l'*Oreillard* (voyez fig. 50 et 53), la *Pipistrelle* et la *Bar-*

Fig. 53. — Chauve-souris oreillard.

bastelle qui sont communes dans les habitations rurales, la *Noc-*

tule qui se cache dans le creux des vieux arbres, la *Sérotine* et le *Vespertilion murin* qui se fourvoient souvent dans l'intérieur de nos maisons ; enfin les *Rhinolophes* ou Chauves-souris fer-à-cheval, qui se distinguent des précédentes par l'existence de feuilles nasales, tandis que les autres espèces dont je viens de faire mention appartiennent toutes à la section des *Gymnorhines* (caractérisée par l'absence d'appendices nasaux). Pour les distinguer entre elles, il suffit d'avoir égard au nombre de leurs dents qui est de 38 chez les Murins et les autres Vespertilions, de 36 chez les Oreillards, de 34 chez les Noctules, les Pipistrelles et les Barbastelles, enfin de 32 seulement chez les Sérotines ; puis d'examiner les oreilles qui chez les Barbastelles sont réunies entre elles sur le front, tandis que chez les Pipistrelles et les Noctules elles sont complètement séparées, et enfin de noter que l'oreillon est de forme arrondie chez ces derniers et pointu chez les Pipistrelles.

Les Oreillards se font remarquer par l'énorme développement de leurs oreilles qui sont de la grandeur du tronc de ces animaux.

Les habitants de la campagne se plaisent souvent à poursuivre et à tuer les Chauves-souris ; mais ils ont tort, ces animaux sont utiles en détruisant beaucoup d'Insectes nuisibles à l'agriculture ; ils mangent les larves aussi bien que les Insectes ailés, et ils font de ceux-ci une grande consommation. On a vu une Pipistrelle dévorer en un seul repas 70 mouches communes, et une Noctule capturer en très peu de temps une douzaine de Hannetons.

Ordre des Insectivores.

§ 33. Dans le langage zoologique le nom d'INSECTIVORES est appliqué à un groupe naturel de Mammifères qui ressemblent aux Chauves-souris ordinaires par leur régime ainsi que par leur système dentaire, les molaires étant larges et hérissées de pointes coniques (fig. 54), mais qui n'ont pas de véritables ailes. Un de ces animaux appelé *Galéopithèque* peut se soutenir un peu en l'air au moyen de parachutes formés par des pro-longements de la peau des flancs qui s'étendent des pattes antérieures aux pattes posté-rieures et à la queue (fig. 55) ; mais ces organes ne peuvent servir qu'à ralentir leur des-cente à terre lorsqu'ils s'é-lancent d'un point élevé, et ils ne sont pas propres au vol.

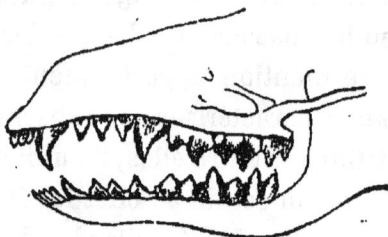

Fig. 54. — Dents d'un insectivore.

Tous ces quadrupèdes sont de petite taille et la plupart sont, comme les chauves-souris, des *animaux hibernants*, c'est-à-dire des animaux qui passent la plus grande partie de l'hiver dans un sommeil léthargique très profond.

Ils constituent plusieurs genres bien distincts entre eux et dont les plus intéressants à connaître sont les Hé-rissons, les Musaraignes et les Taupes.

§ 34. Les **Hérissons** se font remar-quer par l'armure épineuse dont tout le dessus ·de leur corps est garni (fig. 56). Elle est formée par une mul-titude de piquants qui sont très soli-dement implantés dans la peau du dos, et disposés de façon à pouvoir se coucher en s'inclinant en arrière ou à se dresser. Lorsque l'animal est

Fig. 55. — Galéopithèque.

menacé de quelque danger, il se roule en boule et en tirant sur la peau du dos au moyen d'un large muscle dont la surface interne de cette membrane est tapissée, il s'en enveloppe tout entier comme dans une bourse ; les épines raides et aiguës dont elle est couverte se relèvent en même temps et se trouvent dirigées dans tous les sens.

C'est à raison de cette circonstance que l'on a donné à ces mammifères le nom de *Hérissons*. Ils vivent à terre, dans les

Fig. 56. — Hérisson.

haies et les broussailles ou entre des pierres, ils ne sortent guère de leurs retraites que pendant la nuit, et, aux approches de la saison froide, ils se cachent dans des trous qu'ils creusent profondément en grattant le sol avec les ongles robustes dont leurs doigts sont armés. Ils se nourrissent principalement d'insectes, mais ils mangent aussi des fruits et se montrent avides de chair ; ils dévorent aussi les serpents, même les vipères.

§ 35. Les **Musaraignes** sont aussi des animaux fouisseurs et nocturnes, qui vivent d'Insectes et de Vers ; mais elles sont beaucoup plus petites que les Hérissons ; leur poil est doux et flexible sur le dos aussi bien que sur le reste du corps, et, par leur forme ainsi que par leurs allures, elles ressemblent beaucoup à des souris, mais il est toujours facile de les distinguer par la petitesse de leurs oreilles et de leurs yeux ainsi que par leur dentition. Elles tirent même leur nom de cette ressemblance, car le mot musaraigne vient du latin (*Mus araneus*) et signifie souris des sables.

L'espèce la plus commune en France est appelée vulgairement *Musette* (fig. 57) ; elle se réfugie souvent dans les écuries, et les gens de la campagne s'imaginent que sa morsure est très dangereuse pour les chevaux et les mulets ; mais ce préjugé n'a aucune base et ces petits quadrupèdes ne sont nullement venimeux.

Fig. 57. — Musaraigne musette.

Une autre espèce du même genre, la Musaraigne d'eau, fréquente les bords des ruisseaux et nage facilement, quoique ses doigts ne soient pas palmés et soient pourvus seulement d'une bordure de poils raides.

Dans les Pyrénées on trouve un petit animal dont les mœurs sont analogues, mais dont l'organisation est encore plus favorable à la vie aquatique, car la queue, au lieu d'être ronde ou quadrilatère comme chez les Musaraignes, est comprimée latéralement en forme de rame. Ces In-

Fig. 58. — Desman.

sectivores, appelés *Desmans*, sont également remarquables par la forme de leur museau qui simule une petite trompe (fig. 58).

§ 36. Les **Taupes** sont des animaux à formes trapues, dont l'organisation est adaptée à un mode de vie complètement souterraine (fig. 59). Leurs pattes postérieures ne présentent dans leur conformation rien de remarquable ; mais leurs pattes antérieures constituent chacune une sorte de bêche très puissante

et très bien disposée pour fouir (fig. 60). Elles sont très courtes, le pied qui les termine est très large en dehors, et armé de
grands ongles fort solides et constituant autant de petites lames

Fig. 59. — Taupe.

propres à creuser le sol. Il y a aussi dans la structure de la
charpente osseuse de ces pieds fouisseurs des dispositions particulières qui contribuent à y donner beaucoup de solidité, et

Fig. 60. — Patte antérieure de Taupe.

tout, dans l'organisation
des autres parties du
membre, est également
favorable à la puissance
d'action de ces organes.
Aussi les Taupes peu-
vent-elles creuser la
terre avec une grande rapidité et y pratiquer de longues
galeries qui leur servent de demeure. Les petits monticules
appelés *taupinières* sont formés par les déblais provenant
de ces travaux souterrains, et comme une obscurité complète
règne dans les couloirs ainsi préparés, leurs habitants n'ont
pas d'yeux et sont complètement ou presque complètement
aveugles. Ces singuliers animaux se nourrissent principalement d'insectes terricoles, tels que les larves de Hanneton
désignées vulgairement sous les noms de *Mans* ou de *Vers
blancs*, et il arrive souvent qu'en poursuivant leur proie, les
Taupes coupent quelques racines ; les taupinières qu'elles

font à la surface du sol gênent les faucheurs, et sont d'un aspect désagréable dans nos jardins, aussi les paysans détruisent-ils impitoyablement ces petits quadrupèdes et la chasse de taupes est-elle devenue un métier pour des hommes appelés *Taupiers.* Au lieu de tuer les Taupes il faudrait tenter leur multiplication dans les lieux cultivés qui sont infestés par les *Vers blancs,* car les dégâts causés par ces larves sont bien plus nuisibles aux cultivateurs que ne peuvent l'être les effets produits par le passage des Taupes, il y a là un préjugé dont la science doit faire justice.

§ 37. Dans les autres pays on connaît diverses espèces d'Insectivores plus ou moins semblables aux taupes. Ce sont en Afrique les Chrysochlores dont les poils ont des reflets chatoyants; en Amérique les Condylures dont le museau se termine par une sorte de groin étoilé. A Madagascar les Tanrecs représentent nos hérissons; en Algérie et dans d'autres parties du continent africain on trouve des Musaraignes à pattes postérieures très longues que l'on désigne sous le nom de Macroscélides, enfin aux Indes il existe quelques insectivores qui vivent dans les arbres et ressemblent beaucoup à des Écureuils, ce sont les Cladobates ou Tupaias.

Ordre des Rongeurs.

§ 38. Par leurs formes extérieures, ainsi que par la structure de leur cerveau et par beaucoup d'autres caractères, les Insectivores dont l'étude vient de nous occuper ressemblent beaucoup aux souris, aux rats et aux autres quadrupèdes onguiculés dont se compose le groupe naturel désigné sous le nom d'ordre des Rongeurs; mais le régime et la disposition de l'appareil masticateur de ceux-ci sont très différents de tout ce que nous avons vu, soit chez les Insectivores et les Chiroptères, soit chez les Singes. Il n'y a pas comme chez ces animaux trois sortes de dents, les canines manquent et les mâchelières ou molaires sont séparées des incisives par un espace vide ; quant à ces dernières dents elles prennent un grand développement et constituent sur le devant de la bouche un instrument sécateur fort puissant (fig. 61). A la mâchoire inférieure il n'y a toujours que deux de ces dents coupantes, et presque toujours il en est de même à la mâchoire supérieure ; ces incisives sont très longues, arquées, taillées en biseau à leur extrémité libre et disposées de façon qu'en se rencontrant, elles constituent une sorte de pince coupante qui a la propriété de s'aiguiser spontanément par le fait de son usage. En fonctionnant, ces incisives s'usent sans cesse, mais en même temps elles s'allongent par leur base, et l'usure de leur extrémité libre se fait d'une manière inégale, parce que leur surface antérieure est formée par une couche de substance très dure appelée *émail,* et que derrière cette lame, le tissu dentaire ou *ivoire,* étant moins résistant, se détruit plus facilement; le biseau terminal reste donc toujours tranchant, et à mesure que ces dents s'usent par le haut, elles s'accroissent par leur base. Pour constater que les choses se passent de la sorte il suffit d'observer les changements qui se produisent dans la conformation des incisives d'un lapin ou d'un lièvre, lorsque par suite de la cassure de l'une de ces dents, celles des deux mâchoires cessent de se rencontrer et par conséquent, ne se détruisent plus par le bout ; elles s'allongent alors d'une manière monstrueuse et celles de la mâchoire inférieure arrivent parfois à toucher le dessus de la tête (voyez fig. 62).

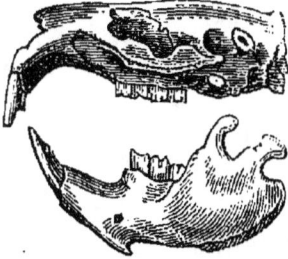

Fig. 61. — Tête d'un rongeur.

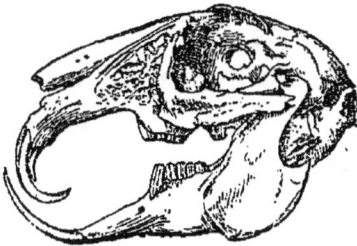

Fig. 62. — Dents monstrueuses de Lapin.

Les dents molaires présentent aussi une structure particulière qui est caractéristique de cet ordre de Mammifères onguiculés. Elles sont terminées par une surface large, triturante, qui présente des lignes saillantes formées par des replis transversaux de l'émail, disposés de manière à constituer une sorte de râpe ou de meule (fig. 63). Ces animaux se nourrissent principalement ou même exclusivement de substances végétales très dures, telles que l'écorce des ar-

Fig. 63. — Dents molaires d'un rongeur.

bres, les racines, les noix et, pour les entamer, ils les grignotent au moyen de petits mouvements répétés des dents incisives, puis ils broient plus complètement entre leurs molaires les particules détachées de la sorte. Quelques Rongeurs sont omnivores, les Rats par exemple, et alors leurs dents incisives sont plus ou moins aiguës au lieu d'être terminées par un bord très large comme chez les espèces lignivores, telles que le Castor.

Il est aussi à noter que chez ces animaux le pouce n'est jamais opposable aux autres doigts; que ceux-ci sont courts et que souvent ils ne sont pas au nombre de cinq comme chez tous les Mammifères dont j'ai parlé jusqu'ici.

Les Rongeurs sont extrêmement nombreux et forment plusieurs familles zoologiques très distinctes; par exemple celle des LÉPORIENS (Lièvres et Lapins), celle des ÉCUREUILS, celle des RATS, celle des CAMPAGNOLS, celle des CASTORS, celle des PORCS-ÉPICS et celle des COBAYES.

LÉPORIENS

§ 39. **Les Léporiens** se distinguent de tous les autres Rongeurs par l'existence de quatre dents incisives à la mâchoire supérieure, les unes grandes et situées en avant, les autres très

petites et placées derrière celles de la première paire (fig. 64).
Chez les autres Rongeurs il n'y a qu'une seule paire de dents
incisives à la mâchoire supérieure aussi bien qu'à la mâchoire
inférieure. Les épaules des Léporiens sont
dépourvues de clavicules. Ces animaux
sont faibles, timides et ne peuvent que difficilement se soustraire à leurs ennemis,
si ce n'est par la fuite ; ils ne peuvent
grimper aux arbres, mais ils sont très
bien organisés pour la course ; leurs pattes postérieures sont notablement plus

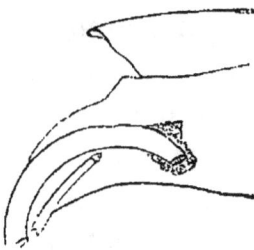

Fig. 64. — Incisives supérieures de Lièvre.

longues que celles de devant et très puissantes, ce qui leur
permet d'exécuter une série de bonds qui les font avancer
très rapidement. Il est aussi à noter que leurs oreilles sont très
grandes, dressées et fort mobiles, disposition qui est favorable
à la finesse de l'ouïe, et leur permet de reconnaître facilement
l'approche d'un ennemi. Du reste ils sont fort stupides et ne
sont doués d'aucun instinct remarquable.

Les *Lapins* creusent dans le sol des terriers très profonds qui
leur servent de demeure et c'est dans ces galeries souterraines
qu'ils élèvent leurs petits dont la faiblesse est extrême au moment de la naissance, car alors ils sont aveugles et presque
nus, aussi leur mère prépare-t-elle pour leur usage, au fond d'un
terrier creusé dans ce but, un nid composé d'herbes sèches et
d'une couche de duvet qu'elle arrache de la peau de son ventre.

Les *Lièvres* ont des mœurs un peu différentes ; au lieu d'être
sociables comme les Lapins, ils vivent solitairement et ne creusent pas de terriers, mais se contentent d'un sillon ou de quelque autre retraite analogue exposée au nord pour leur demeure d'été et au midi pour leur demeure d'hiver. Aussi en
venant au monde leurs petits sont-ils déjà protégés contre le
froid par une fourrure épaisse et ils ont les yeux ouverts ; ils
ne tètent que pendant trois semaines à un mois et aussitôt après
ils se séparent de leurs parents ; ils atteignent leur taille en

un an, et la durée extrême de leur vie est d'environ huit ans.

Quoique leur croissance ne s'achève qu'au bout d'un an, les Lapins peuvent déjà se multiplier à l'âge de 4 ou 5 mois. Leur fécondité est très grande, et si en général les Lièvres n'ont que deux ou trois petits par portée, les Lapins en ont souvent six ou même huit, et au lieu de n'avoir qu'une seule portée par an ils en ont six ou sept, tandis que les lièvres ne mettent bas que deux fois, d'abord vers la fin de mars et finalement en août. Enfin les jeunes lapins ne se séparent pas de leurs parents et les individus de plusieurs générations forment ainsi des familles nombreuses dans lesquelles les vieux mâles maintiennent une certaine discipline.

Les Lièvres de même que les Lapins sont des animaux fort doux, et ils se laissent même apprivoiser assez facilement quand ils sont jeunes, mais ils ne sont pas susceptibles de domestication, et dès qu'ils sont en liberté ils retournent à la vie sauvage. Les Lapins au contraire sont faciles à domestiquer d'une manière complète. On voit donc qu'il peut y avoir chez des animaux dont la conformation est à peu de chose près la même des différences physiologiques très considérables, et au nombre des particularités organiques qui distinguent entre eux les Lapins et les Lièvres je citerai : 1° la couleur de la chair qui est blanche chez les premiers, d'un brun rouge très foncé chez les seconds, et la longueur des oreilles et des pattes postérieures qui est plus grande chez les Lièvres que chez les Lapins.

On désigne sous le nom de *Lapins clapiers*, les Lapins domestiques qui sont élevés en captivité, et on appelle *Lapins de garenne* ceux qui vivent dans des terriers, en pleine liberté ou dans des enclos. Ces Lapins sauvages sont plus petits que les clapiers. Parmi ces derniers il y a des races différentes caractérisées par la longueur plus ou moins grande du poil ou par d'autres particularités de même importance. Le Lapin angora en est un exemple, et il est à remarquer que c'est principalement parmi les clapiers que le pelage est le plus variable.

Les différences de couleur sont parfois très considérables et elles dépendent principalement de ce que le poil au lieu d'être d'un brun grisâtre comme d'ordinaire est en partie ou en totalité noir ou blanc. L'absence de matière colorante dans les poils coïncide avec une imperfection analogue de l'intérieur des yeux, dont le fond est alors rouge.

Sur divers points du globe on trouve plusieurs autres espèces ou variétés de Lapins et de Lièvres. Une des plus remarquables parmi ces dernières est le *Lièvre variable* qui habite le nord de l'Asie, la Russie, les hautes et froides montagnes des autres parties de l'Europe; d'un gris fauve en été, il devient en hiver entièrement d'un beau blanc, sauf la queue qui reste grisâtre et le bout des oreilles qui est toujours noir. Sa fourrure est fort épaisse et très employée en pelleterie pour imiter l'Hermine.

ÉCUREUILS OU SCIURIDES

§ 40. Les **Écureuils** de même que les Léporiens appartiennent à l'ordre des Rongeurs ; mais ce sont des animaux essentiellement grimpeurs et leur queue, au lieu d'être fort courte comme dans la famille dont je viens de parler, est très

grande, très poilue, susceptible de se relever au-dessus du corps en forme de panache (fig. 66) et apte à remplir le rôle d'un balancier pour aider ces petits quadrupèdes à rester en équilibre quand ils s'élancent de branche en branche sur les arbres où ils établissent leur résidence.

Fig. 65. — Écureuil volant.

Plusieurs de ces animaux, qui habitent soit l'Amérique septentrionale, soit l'Asie centrale et méridionale, sont particulièrement bien organisés pour ces exercices d'acrobates, car ils sont munis de parachutes semblables à ceux des Galéopithèques, et ces plis cutanés leur permettent de franchir de grandes distances en descendant obliquement vers la terre ; on les appelle communément les *Écureuils volants* ; il n'en existe pas en France ; mais dans l'est de l'Europe ainsi qu'en Amérique on en trouve qui sont connus sous le nom de *Polatouches* (fig. 65) et dans le sud de l'Asie il y a d'autres espèces beaucoup plus grandes que l'on appelle des *Pteromys*.

L'*Écureuil commun* (fig. 66) habite nos bois et s'y fait remarquer par sa vivacité, la grâce de ses mouvements et la singularité de ses allures. Au repos, il se tient presque verticalement, assis

Fig. 66. — Écureuil ordinaire.

sur son train de derrière, et se sert de ses pattes antérieures comme de mains pour porter ses aliments à sa bouche et les y maintenir pendant qu'il les grignote, mais ces organes ne sont pas des mains, ils n'ont pas de doigts opposables, le pouce manque, et pour saisir les objets l'animal est obligé de se servir à la fois des deux membres. C'est en s'accrochant aux aspérités des écorces à l'aide des griffes constituées par leurs ongles que les Écureuils grimpent aux arbres ; ils sont craintifs, curieux, mais peu intelligents et c'est l'instinct qui les guide dans presque tous leurs actes. Ainsi, sans comprendre l'utilité de la prévoyance, ils font pendant l'été des provisions pour se nourrir pendant la mauvaise saison, époque à laquelle ils ne trouvent plus ni les noix ni les autres fruits dont ils ont besoin.

Certaines espèces d'Écureuils peuvent aussi emmagasiner des aliments dans leur bouche, car elle est pourvue d'aba-joues analogues à celles dont j'ai déjà fait mention en parlant de quelques Singes de l'ancien continent. Ces animaux savent aussi se construire des nids dans les trous des arbres et ils se servent de ces retraites non seulement pour s'y cacher pendant la plus grande partie de la journée et pour y élever leurs petits, mais aussi pour s'y renfermer pendant l'hiver. Dans cette saison, ils s'engourdissent et dorment presque constamment, mais leur sommeil n'est pas une léthargie profonde comme celle de divers Insectivores dont j'ai parlé précédemment ; dès que la température s'élève un peu ils redeviennent actifs, éprouvent le besoin de manger, et ils vont retirer de leurs cachettes une partie des aliments qu'ils y ont mis en réserve. Leur pelage varie avec les saisons non moins que leurs mœurs ; en été ils sont d'un roux plus ou moins vif en dessus, mais en hiver le brun rouge est remplacé par du gris d'une nuance très jolie et à cette époque leur dépouille constitue une pelleterie appelée *petit-gris* quand on emploie la peau du dos seulement et *Vair* lorsqu'on y laisse la bordure blanche formée par la peau du ventre. C'est dans les pays très froids que ce changement de pelage est le plus complet et que le poil est à la fois le plus abondant et le plus doux ; aussi ce sont les Écureuils du Nord que l'on recherche le plus pour la pelleterie. La Russie et la Sibérie nous en fournissent beaucoup. Ainsi parfois le nombre des peaux de *petit-gris* provenant de cette source s'est élevé en une seule année à trois millions deux cent mille. Dans l'Amérique boréale il y a une espèce d'Écureuil gris, un peu plus grande que notre Écureuil commun et qui fournit une fourrure très estimée. D'ailleurs le nombre des espèces d'Écureuils est très grand et ces animaux sont très nombreux dans les parties chaudes de l'Asie où certains d'entre eux atteignent la taille d'un chat.

§ 41. La plupart des zoologistes rangent dans la famille des

Sciurides ou Écureuils, divers Rongeurs qui diffèrent beaucoup de ces animaux grimpeurs par leur aspect ainsi que par
leurs mœurs, mais y ressemblent par certains caractères anatomiques, notamment par leur système dentaire et par le nombre
des doigts, cinq aux pattes postérieures et quatre aux pattes antérieures. Les *Marmottes* sont dans ce cas (1), ces animaux ont
les formes lourdes (fig. 67); leurs pattes sont courtes et ils sont

Fig. 67. — Marmotte.

complètement plantigrades (c'est-à-dire qu'ils marchent à
la fois sur la plante des pieds et sur le bout des doigts). Ils
habitent les hautes montagnes, dans le voisinage des neiges
perpétuelles (notamment les Alpes), et se cachent dans des
terriers profonds et bien garnis de foin.

En hiver ils bouchent avec soin l'entrée de ces retraites et
y restent pendant plusieurs mois dans un état de léthargie
complète. Ils vivent en société nombreuse, et pendant qu'ils
sont dehors occupés à se repaître, quelques-uns d'entre eux
debout sur les endroits élevés sont toujours aux aguets, et si

(1) De même que chez les Écureuils il y a chez les Marmottes cinq
paires de dents molaires à la mâchoire supérieure et 4 paires à la
mâchoire inférieure, tandis que dans la famille des Rats ainsi que
chez la plupart des autres rongeurs, il n'y a, en haut comme en
bas, que trois paires de ces dents ou parfois quatre.

ces sentinelles aperçoivent quelques ennemis, elles poussent un sifflement aigu qui fait rentrer sous terre toute la bande.

RATS OU MURIDES

§ 42. La famille des **Rats** est très nombreuse et se compose de plusieurs genres de Rongeurs qui sont en général Omnivores et se font remarquer par la forme pointue de leurs incisives inférieures et par leur queue écailleuse.

La *souris* est chez nous l'espèce la plus commune de ce groupe. Ce petit animal vit quelquefois dans les bois, mais d'ordinaire il établit sa demeure dans les vieilles maisons et, pour s'y cacher, il creuse avec ses dents incisives sous les planchers ou même dans l'épaisseur des murailles de longues galeries; il est très destructeur et ronge le linge, le papier, le fromage, le lard, le suif, le bois, enfin tout ce qu'il peut atteindre, et cela non seulement pour se nourrir de ces substances, mais aussi pour les employer à la confection de son nid et peut-être encore pour user et aiguiser ses dents. Il est extrêmement fécond et dans quelques pays chauds (en Égypte notamment) il pullule de façon à devenir pour l'Homme un véritable fléau. Il supporte très bien le froid et ne tombe jamais en léthargie pendant l'hiver ainsi que le font non seulement les Marmottes, mais plusieurs autres Rongeurs.

Le *Rat noir* qui habite aussi certaines régions de la France paraît être originaire de l'Égypte et avoir changé de couleur en se répandant en Europe ainsi qu'en Asie et en Amérique; enfin partout où nos navires ont pu le transporter. Jadis il était très commun dans toutes nos grandes villes, mais vers le milieu du siècle dernier il a commencé à en être chassé par un autre Rongeur du même genre, le *Surmulot*, qui est plus grand et beaucoup plus fort. Ce dernier animal, dont le pelage est ordinairement brun, mais peut aussi devenir complètement noir, nous est arrivé de l'Asie, d'un côté, au nord-est par la Sibérie, d'autre part, par l'Angleterre où les navires de commerce l'ont apporté de l'Orient vers 1730. Son existence en France n'a été signalée qu'en 1750, mais aujourd'hui il y abonde et les légions de Rats qui le soir sortent des égouts et d'autres retraites analogues pour envahir les voiries, les marchés et les autres endroits où ils peuvent trouver facilement à se nourrir (la ménagerie du Jardin des Plantes par exemple), sont composées uniquement de ce Rat d'importation récente, qui est très carnassier et fort rusé.

Le *Mulot* est aussi une espèce du genre Rat, mais par ses mœurs il diffère notablement des trois espèces dont je viens de parler; il ne fréquente pas les habitations de l'Homme et se tient dans les bois, il est encore plus fécond que les Souris, car à chaque portée il y a 9 ou 10 petits, et il devient parfois un ennemi redoutable pour les cultivateurs, car en coupant les tiges du blé il gaspille beaucoup plus de grain qu'il n'en peut manger et il enfouit dans des trous qu'il creuse en terre des quantités considérables de glands, de châtaignes et de céréales pour s'en nourrir pendant l'hiver.

Le *Rat-nain* ou *Rat des moissons* construit sur les tiges des graminées des nids arrondis, fort élégants et semblables à ceux des oiseaux, dans lesquels il élève ses petits.

Dans les pays chauds il y a des espèces de Rats dont la taille est beaucoup plus grande que celle du Surmulot, l'un de ces Rongeurs appelé le *Rat géant* habite l'Inde et un autre, qui est encore plus grand et plus nuisible, se trouve aux Antilles où il est connu sous le nom de *Pilori*.

§ 43. Les **Hamsters** diffèrent peu des Rats par leur mode d'organisation et leurs mœurs; mais ils s'en distinguent facilement, car leur queue au lieu d'être longue, écailleuse et presque noire, est courte et velue (fig. 68). Ils sont également caractérisés par la conformation de leurs dents molaires, dont on ne compte que trois paires à chaque mâchoire. Ils n'habitent pas la presque totalité de la France ; mais ils sont communs en Sibérie, en Russie et en Allemagne ainsi que dans l'Alsace ; ils y sont très nuisibles à l'agriculture à cause de la quantité de grains qu'ils amassent dans des terriers et qu'ils y transportent dans les abajoues en communication avec leur bouche. Ils se reproduisent trois ou quatre fois dans le cours de l'été et

Fig. 68. — Hamster.

à chaque portée ils ont 10 à 12 petits. Dans quelques parties de l'Allemagne le gouvernement accorde des primes aux chasseurs qui les détruisent et on a pu constater ainsi que dans une seule province, aux environs de Gotha par exemple, le nombre d'individus exterminés en une seule année s'est élevé à 11,817. Leur fourrure est légère et douce, mais peu estimée.

§ 44. **Les Myoxus** comprenant, les *Loirs*, les *Lérots* et les *Muscardins*, sont de jolis petits Rongeurs frugivores qui par leur aspect et leur mode d'organisation participent aux caractères des Écureuils et des Rats ; ils ont une queue longue et poilue, mais non en forme de panache, et ils se distinguent des autres animaux de la même famille par la structure de leurs dents molaires, qui sont au nombre de quatre paires à chaque mâchoire et fortement striées en travers. Ce sont des animaux nocturnes et hibernants. Pendant la plus grande partie de l'hiver ils restent roulés en forme de boule et endormis au fond

d'un terrier ou dans les trous des arbres ; en été ils sont
au contraire très agiles et ils grimpent fort bien aux branches et aux espaliers. Il est aussi à noter que pendant la belle
saison ils amassent des provisions pour s'en nourrir lorsqu'ils
sortent dè leur léthargie hivernale et qu'ils ne trouvent encore
ni fruits ni œufs.

Le *Loir* proprement dit est la plus grande des trois espèces
dont je viens de faire mention. Il est presque de la taille du
Rat ordinaire et il est rare en France.

Le *Lérot* (fig. 69) est au contraire très commun dans nos jardins où il fait beaucoup de dégâts. Il est plus petit que le *Loir*,

Fig. 69. — Lérot.

mais les jardiniers le confondent presque toujours avec cette
dernière espèce.

Le *Muscardin* est à peu près de la taille d'une petite Souris ; il
est d'un roux cannelle en dessus et blanc en dessous ; il habite les bois.

§ 45. Les *Gerbilles* et les *Gerboises* sont aussi des Rongeurs qui
par leur structure intérieure ne diffèrent que peu des Rats ;
mais qui présentent dans leur conformation générale des particularités remarquables. Ce sont d'excellents sauteurs et ils
doivent leur extrême agilité au grand développement de leurs
pattes postérieures qui en se ployant et en se détendant alter-

nativement constituent des ressorts puissants ; la queue de ces petits quadrupèdes, très longue et très velue, leur permet de se tenir facilement en équilibre dressés verticalement sur leur

Fig. 70. — Gerboise.

train de derrière, et en courant ils s'élancent en avant, en faisant des bonds énormes. Une espèce de ce genre, le *Gerboa* ou Gerboise, habite l'Algérie ; c'est un animal complétement nocturne et il vit dans des terriers où il s'engourdit en hiver (fig. 70).

ARVICOLIENS.

§ 46. Les **Campagnols** et les autres Rongeurs de la famille des Arvicoliens ressemblent aussi beaucoup aux Rats par la conformation de leur corps et par leur manière de vivre ; mais ils doivent en être distingués à raison de plusieurs particularités de structure qui ont beaucoup d'importance. Leurs dents molaires, au lieu d'avoir à leur base des prolongements coniques appelés *racines* et de s'arrêter dans leur croissance dès que cette partie basilaire s'est constituée, n'offrent aucun rétrécissement de ce genre et continuent à croître par leur base jusque dans la vieillesse extrême, particularité qui s'observe également chez beaucoup d'autres quadrupèdes herbivores. Ces dents, en frottant les unes contre les autres, s'usent par leur extrémité libre en même temps qu'elles s'allongent par leur base, et il en résulte qu'elles sont toujours en état de fonctionner, et il est aussi à noter que leur surface triturante présente beaucoup de replis saillants formés par l'émail, disposition qui est très favorable à leur action comme une sorte de râpe.

Le *Campagnol ordinaire* (fig. 71), appelé vulgairement le *Rat des champs*, est souvent confondu avec la Musette par les gens de la campagne ; mais celle-ci, comme nous l'avons déjà vu, est un

Fig. 71. — Campagnol ordinaire.

insectivore, et non un rongeur. En coupant les racines du blé et en vidant les épis, ce Campagnol cause beaucoup de dégâts, et il serait infiniment plus nuisible qu'il ne l'est si les oiseaux de proie, les Belettes, les Chats et d'autres animaux ne lui faisaient sans cesse une guerre acharnée. Aussi les paysans sont-ils bien mal avisés lorsqu'au lieu de favoriser la multiplication de ces auxiliaires que la nature leur fournit, ils les détruisent pour le seul plaisir de les tuer et de clouer le corps de leurs victimes sur la porte de leurs granges ainsi que le font souvent les gens ignorants.

Une autre espèce du même genre, appelée le *Campagnol économe* ou *Campagnol des prés*, se trouve dans le nord de l'Europe

et de l'Asie. Ce petit Rongeur est remarquable par l'art avec
lequel il construit sa demeure en terre et les longs voyages
qu'il fait annuellement dans l'Asie septentrionale. Chaque printemps des bandes innombrables de ces animaux en partant du
Kamchatka se dirigent vers l'Ouest et ne se laissent arrêter
dans leur émigration, ni par les montagnes, ni par les rivières,
ni même par les petits bras de mer ; ils dévastent tout sur leur
passage et en automne on les voit retourner vers l'Est suivis
par une multitude de petits carnassiers qui leur font la
chasse.

Les **Lemmings** sont de jolis petits Arvicoliens non moins
dévastateurs qui font des voyages analogues en Norvège et dans
la Russie boréale.

Le petit quadrupède nageur qui est appelé communément
le *Rat d'eau* est aussi une espèce de Campagnol.

CASTORS.

§ 47. Les **Castors** sont des rongeurs nageurs dont les mœurs
sont fort remarquables. Ils ont les pattes palmées, c'est-à-dire
ayant les doigts réunis entre eux par un large repli de la peau
de façon à constituer des rames en forme d'éventail comme
celles des Canards et ils se distinguent de tous les autres mammifères par la conformation de leur queue qui est écailleuse
et très élargie de manière à former ainsi une grande nageoire
horizontale à peu près ovalaire (fig. 72). Jadis ils étaient connus
dans les parties septentrionales des deux mondes, et même en
France, mais aujourd'hui ils ont disparu presque complètement de l'Europe, ainsi que de toutes les parties de l'Asie et
de l'Amérique où l'homme a établi sa demeure.

Le *Castor* (nommé par les zoologistes *Castor Fiber*) est de
tous les mammifères, le plus remarquable par sa sociabilité
et son industrie instinctive. Pendant l'été il vit solitaire dans
des terriers qu'il se creuse sur le bord des lacs et des fleuves ;

mais, lorsque la saison des neiges approche, il quitte cette
retraite et se réunit à ses semblables pour construire en commun avec eux sa demeure d'hiver. C'est dans les lieux les plus
solitaires de l'Amérique septentrionale que les Castors, souvent au nombre de deux ou trois cents par troupes, déploient
tout leur instinct architectural. Avant d'élever leurs nouvelles
demeures, ils choisissent un lac ou une rivière assez profonde
pour ne jamais geler jusqu'au fond, et ils préfèrent en général
des eaux courantes, afin de s'en servir pour le transport des

Fig. 72. — Castor.

matériaux nécessaires à leurs constructions. Pour maintenir
l'eau à une égale hauteur, ils commencent alors par former
une digue en talus ; ils lui donnent toujours une forme courbe,
en dirigent la convexité contre le courant, et ils la construisent avec des pieux enfoncés dans le sol et des branches en-
trelacées les unes dans les autres ; puis, ils remplissent avec
des pierres et du limon les vides de ce cloisonnage et le cré-
pissent extérieurement d'un enduit épais et solide. Cette digue,
qui a d'ordinaire environ 4 mètres de large à sa base et qui

est renforcée tous les ans par de nouveaux travaux, se couvre
souvent d'une végétation vigoureuse, et finit par se transformer en une sorte de haie. Lorsque la digue est achevée, ou
lorsque, l'eau étant stagnante, cette barrière n'est pas nécessaire, les Castors se séparent en un certain nombre de familles, et s'occupent à construire les huttes qu'ils doivent habiter
ou à réparer celles qui leur ont déjà servi l'année précédente.
Ces cabanes sont élevées contre la digue ou sur le bord de l'eau
et sont de forme à peu près ovalaire ; leur diamètre intérieur
est d'environ 2 mètres, et leurs parois, faites comme la digue
avec des branches d'arbres, sont recouvertes des deux côtés
d'un enduit limoneux. On y trouve deux étages ; le supérieur,
à sec, est destiné à l'habitation des Castors ; l'inférieur, sous
l'eau, sert de magasin pour les provisions d'écorce ; enfin,
l'habitation ne communique au dehors que par une ouverture
placée sous l'eau. On a pensé que la queue ovalaire des Castors leur servait comme une truelle pour bâtir des demeures ;
mais ils n'emploient à cet usage que leurs dents et leurs pattes
de devant. Avec leurs fortes incisives ils coupent les branches
et même les troncs d'arbres dont ils ont besoin, et c'est avec
leur bouche ou avec leurs pattes antérieures qu'ils traînent
ces matériaux. Lorsqu'ils s'établissent sur les bords d'une eau
courante, ils abattent le bois au-dessus du point où ils veulent
établir leur demeure, le mettent à flot et, profitant du courant
le dirigent là où il faut qu'il aborde ; c'est également avec
leurs pattes qu'ils creusent ou gâchent sur le rivage ou au
fond de l'eau la terre qu'ils emploient. Du reste ces travaux,
qui s'exécutent avec une extrême rapidité, ne se font que pendant la nuit. Lorsque le voisinage de l'homme empêche les
Castors de se multiplier assez pour former de semblables associations, et d'avoir la tranquillité nécessaire pour exécuter
les travaux dont nous venons de parler, ils ne bâtissent plus
des huttes; mais l'instinct de la construction ne s'en conserve
pas moins, et l'on a vu un de ces animaux, qui était élevé en

captivité dans la ménagerie du Jardin des Plantes, s'emparer de tous les morceaux de bois qu'il trouvait, pour les planter en terre et commencer des bâtisses, quoique les circonstances dans lesquelles il se trouvait rendissent inutiles de semblables travaux.

Jusque dans le moyen âge les Castors, appelés aussi des *Bièvres*, habitaient les environs de Paris, et c'est à leur présence dans un des petits affluents de la Seine que la rivière de Bièvre doit son nom. Aujourd'hui on en trouve de loin en loin quelques individus solitaires dans le Gardon et la Durance ; mais ils sont devenus très rares partout, si ce n'est au Canada dans le nord ouest de l'Amérique, et dans quelques parties de la Russie asiatique. Ils sont très recherchés pour leur fourrure, et jadis on faisait grand usage de leurs poils pour la fabrication des chapeaux de feutre. Les marchands de pelleterie en Europe recevaient annuellement environ 150,000 peaux de Castors, mais ce nombre a beaucoup diminué.

Les Castors fournissent aussi un produit odorant employé en pharmacie et connu sous le nom de *Castoréum* ; il est produit par deux glandes spéciales situées en arrière de la cavité abdominale.

Un autre rongeur de l'Amérique septentrionale, l'*Ondatra* ou *Rat musqué* du Canada, ressemble beaucoup au Castor, bien que sa queue ne soit pas en forme de palette ; il vit aussi en troupes plus ou moins nombreuses sur les bords des eaux et s'y construit des retraites ; sa dépouille est également un objet de commerce important. Ainsi, lors de l'Exposition universelle de 1867, on évalua à un million cinq cent mille le nombre des peaux d'Ondatra (ou *Fiber Zibethicus*) vendues chaque année en Europe.

§ 48. Je dois également faire mention de quelques Rongeurs qui sont à peu près de la même taille que les Castors et qui se font remarquer par les longs piquants érectiles dont leur dos est hérissé. Ce sont les **Porc-épics** (fig. 73). Ils sont très fouisseurs, et l'un de ces animaux habite les parties méridio-

Fig. 73. — Porc-épic.

nales de l'Italie et de l'Espagne, ainsi que le nord de l'Afrique. Ils sont communs dans nos ménageries.

§ 49. Les jolis petits quadrupèdes appelés vulgairement des **Cochons d'Inde**, appartiennent aussi à l'ordre des Rongeurs ; ils sont originaires de l'Amérique méridionale ; mais ils vivent très bien en domesticité dans notre climat et ils sont devenus très communs, quoiqu'ils ne servent à rien. Les naturalistes les désignent sous le nom de *Cobayes*. Dans la même famille se placent beaucoup d'espèces exotiques et entre autres le *Cabiai* ou *Capibara* qui vit sur les bords des cours d'eau du Brésil et de la Guyane et qui nage et plonge admirablement. C'est le plus grand des Rongeurs connus, sa taille est celle d'un petit mouton.

Ordre des Carnassiers,

§ 50. Les Mammifères de l'ordre des Carnassiers se distinguent de tous les autres animaux de la même classe par les caractères suivants : ce sont des *Onguiculés* ordinaires (c'est-à-dire n'ayant ni poches mammaires ni os marsupiaux), ils sont pourvus de dents canines aussi bien que de dents incisives et de dents molaires ; enfin ces dernières ne sont pas hérissées de pointes coniques comme chez les Insectivores, mais garnies de crêtes tranchantes et disposées de façon à pouvoir couper facilement de la chair. Il est aussi à noter qu'en général leurs dents canines sont très développées, que l'une de leurs molaires est beaucoup plus grande que les autres et a été désignée d'une manière spéciale sous le nom de *dent carnassière*, que leurs doigts sont courts et que le pouce quand il existe n'est jamais oppo-

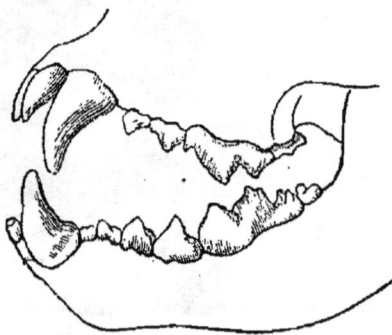

Fig. 74. — Dents de Carnassier.

sable ; que leurs pattes sont appropriées à la marche et que leurs ongles sont conformés en manière de griffes.

Ces quadrupèdes se répartissent en deux groupes, suivant qu'ils sont PLANTIGRADES, c'est-à-dire organisés pour marcher sur la plante des pieds, ou qu'ils sont DIGITIGRADES, c'est-à-dire organisés pour marcher sur le bout des doigts, disposition qui est très favorable à la rapidité de la course.

CARNASSIERS PLANTIGRADES.

§ 51. Parmi les Carnassiers PLANTIGRADES, je citerai en première ligne les **Ours**, grands animaux à corps trapu, à allures lourdes et à queue extrêmement courte : ils ne se nourrissent pas exclusivement de chair et sont très avides de fruits, aussi leurs dents molaires sont-elles moins tranchantes que celles des Carnassiers essentiellement carnivores, tels que les Chats et les Chiens, car la conformation de ces organes est toujours en rapport avec le régime de l'animal.

Il y a plusieurs espèces du genre Ours ou *Ursus*. L'une d'elles est propre aux régions montagneuses de l'Europe et de l'Asie. On l'appelle communément l'*Ours brun* ; mais son pelage peut varier notablement et devient parfois d'un jaune

Fig. 75. — Ours brun.

clair. Cette espèce habite les Pyrénées et les Alpes, mais est surtout abondante dans les parties boréales de l'ancien continent. En Amérique elle est représentée par une espèce ou race un peu différente, à taille plus forte et à pelage grisâtre appelée le *Grizzly*.

Tous ces animaux ont une grande force musculaire et grimpent très bien aux arbres en embrassant le tronc et les grosses branches. Leur fourrure est très grossière et très épaisse ; mais elle ne suffit pas toujours à les protéger contre le froid, et d'ordinaire en hiver ils se cachent dans des cavernes et y restent plus ou moins engourdis jusqu'au retour de la belle saison.

Le voisinage de la mer circumpolaire du Nord est habité

par une espèce particulière du genre Ours, appelée communément *Ours blanc* à raison de son pelage d'un blanc pur ou légèrement jaunâtre et désignée également sous le nom d'*Ours maritime* parce qu'il vit toujours sur les bords de la mer ou sur des glaces flottantes.

Cet Ours se nourrit principalement d'animaux marins, dont il fait une chasse active ; il est excellent nageur, et il ne craint pas de s'attaquer à l'homme.

§ 52. Les **Blaireaux** sont, de même que les Ours, des carnassiers plantigrades ; mais leur queue est notablement plus longue, et leurs dents mâchelières sont beaucoup plus fortes, aussi sont-ce des animaux plus essentiellement carnivores. Leurs jambes sont très courtes et leur démarche est rampante, car leur ventre paraît toucher à terre. Leurs ongles de devant sont propres à fouir et ils se creusent des terriers profonds, au fond desquels ils restent endormis tout le jour. La nuit ils vont à la chasse et ils se nourrissent principalement de Lapins, de Mulots, d'œufs, de fruits, de racines et même au besoin d'insectes. L'un de ces quadrupèdes est commun en France, ainsi que dans les autres parties tempérées de l'Europe et de l'Asie. Son pelage présente une particularité remarquable : au lieu d'être comme d'ordinaire d'une couleur foncée en dessus et blanchâtre sur le ventre, il est noir en dessous et grisâtre sur le dos. Les longs poils de sa queue et de son dos servent à fabriquer des pinceaux.

Un mode de coloration analogue existe chez un carnassier des régions arctiques appelé le **Glouton**, et chez quelques autres animaux du même ordre, qui en général guettent leur proie en se tenant perchés sur les branches basses d'un arbre et qui par suite de cette particularité y échappent plus facilement à l'attention de leurs victimes.

Parmi les plantigrades je citerai également un carnivore de l'Amérique septentrionale qui est remarquable par son excessive puanteur et qui est connu sous le nom de **Mouffette**.

CARNASSIERS DIGITIGRADES.

§ 53. Les Carnassiers DIGITIGRADES ont la démarche plus légère que les Plantigrades ; car pendant la locomotion ils ne posent à terre que le bout des pieds et tiennent le talon fort élevé, disposition qui éloigne leur corps du sol, augmente la flexibilité de leurs pattes, rend ces organes plus aptes à réaliser une course rapide et se reconnaît à ce que la majeure partie de la plante du pied, au lieu d'être dépourvue de poils comme chez la plupart des Plantigrades, en est bien garnie.

§ 54. Une des familles zoologiques de cette division se compose : des Loutres (1), des Putois, des Belettes, des Martres et de quelques autres quadrupèdes appelés CARNASSIERS VERMIFORMES, à cause du grand allongement et de la flexibilité remarquable de leur corps. Ces animaux ont les pattes courtes ; cependant leur agilité est extrême, ils se glissent silencieusement par des ouvertures fort étroites et ce sont de tous les carnivores ceux dont les instincts sont les plus sanguinaires ; ils égorgent leurs victimes même lorsqu'ils sont complètement repus, et ils sont par conséquent extrêmement destructeurs.

Leur appareil dentaire présente à un haut degré les caractères propres aux carnassiers. Effectivement, pour utiliser le mieux possible la force déployée par les muscles élévateurs de la mâchoire inférieure, il faut que cet organe soit très court, et pour comprendre qu'il doit en être ainsi, il suffit de comparer le poids que chacun de nous peut soulever en cherchant à le porter à bras tendus ou à bras fléchis. Or les dents qui servent le plus pour couper les aliments résistants sont les grandes mâchelières appelées *dents carnassières*, et par conséquent plus ces dents seront placées près de l'articulation de la

(1) C'est probablement par suite d'une faute d'impression que dans le programme de l'enseignement universitaire, les Loutres se trouvent rangés parmi les Plantigrades ; ce sont des Digitigrades.

mâchoire inférieure avec la base du crâne, plus elles pourront fonctionner efficacement. Mais les carnassiers, qui sont plus ou moins omnivores, ont besoin d'avoir également non loin du fond de la bouche des molaires simplement tuberculeuses et propres à écraser des matières végétales. Il en résulte que chez ces derniers animaux il existe derrière chaque dent carnassière deux molaires tuberculeuses, comme cela se voit chez le Chien (fig. 80), tandis que chez les espèces les plus essentiellement carnassières la dent coupante dont je viens de parler termine en arrière la rangée des mâchelières de la mâchoire inférieure, comme cela a lieu chez les Chats (fig. 87). Sous ce rapport les carnassiers vermiformes sont moins avantageusement organisés que les Chats, mais ils le sont plus que les Chiens, car ils n'ont à chaque mâchoire derrière la dent carnassière qu'une seule dent tuberculeuse de chaque côté de la bouche (fig. 76).

Fig. 76. — Dents supérieures d'une Martre.

La plupart des pelleteries les plus estimées nous sont fournies par des animaux de cette famille.

Les carnassiers vermiformes dont se composent les genres *Putois* et *Martre* ont les doigts libres et les habitudes complètement terrestres. Ils se ressemblent beaucoup entre eux, mais on les distingue facilement les uns des autres par l'inspection des dents, car chez ces derniers il y a en avant de la dent carnassière deux petites molaires en haut et trois en bas, tandis que chez les Martres il y a une petite molaire de plus de chaque côté et à chaque mâchoire. Ils sont tous extrêmement agiles, excellents grimpeurs et très défiants.

Le **Putois** commun est une bête puante qui vit près de nos habitations rurales et cause dans les poulaillers et les garennes beaucoup de dégâts.

Le *Furet* est une espèce domestique du même genre qui est dressée pour chasser les Lapins au fond de leurs terriers.

La *Belette* appartient aussi au genre Putois, mais elle est beaucoup plus petite que les précédents (fig. 77). Elle a des appétits non moins sanguinaires.

L'*Hermine* est une troisième espèce du groupe des Putois, qui est presque aussi petite que la Belette. En été son pelage est d'un brun roux et dans nos campagnes on la désigne alors sous le nom de *Roselet* ; mais en hiver son poil devient complètement blanc, à l'exception du pinceau terminal de la queue qui reste toujours noir. Ce petit carnassier n'est pas rare

Fig. 77. — Belette.

en France, mais c'est dans le Nord, principalement en Sibérie que l'on trouve les individus les plus blancs et les plus beaux.

Le genre **Martre** comprend la Fouine et la Zibeline, ainsi que la Martre commune. Cette dernière espèce vit dans les forêts et n'est rare ni en France, ni dans les autres parties de l'Europe.

Fig. 78. — Martre de France.

La *Fouine* habite les mêmes régions, mais se tient dans le voisinage de nos bâtiments de ferme ; souvent elle y pénètre et y fait de grands ravages ; elle diffère de la Martre par la couleur de la gorge qui est blanche au lieu d'être jaune.

La *Martre zibeline* se trouve dans les parties les plus froides de la Sibérie, et se distingue des espèces précédentes par l'existence de poils jusque sous les doigts et par la beauté de sa fourrure.

Les **Loutres** diffèrent des Mammifères vermiformes ordinaires par leurs habitudes aquatiques, par l'existence de palmures complètes entre leurs doigts et par la forme un peu aplatie de leur queue, disposition qui est favorable à l'action de cet organe, comme rame et comme gouvernail dans la natation. Il y a deux sortes de Loutres ; les unes fréquentent les eaux douces, les autres sont marines et les zoologistes désignent ces dernières sous un nom générique particulier, celui d'*Enhydres*.

La Loutre proprement dite ou *Loutre commune* habite di-

Fig. 79. — Loutre commune.

verses parties de la France, ainsi que d'autres pays du même continent. La peau est très employée pour la fabrication des casquettes et d'autres objets d'habillement ; mais, pour l'approprier à cet usage, on arrache les longs poils raides appelés *jarre* qui recouvrent la surface et on met ainsi à découvert une couche épaisse de duvet composée de poils fins et très doux au toucher.

Dans l'Inde et en Chine, il y a des Loutres de rivière que l'on dresse pour la pêche comme nous dressons des chiens pour la chasse.

La *Loutre de mer*, ou *Enhydre*, est beaucoup plus grande que les autres ; elle habite la côte ouest de l'Amérique septentrionale et elle fournit une fourrure dont la beauté est remar-

quable. Les Chinois et les Russes payent parfois ces peaux plus
de 1500 francs pièce.

§ 55. Un autre groupe naturel de carnassiers digitigrades est
constitué par les Chiens, les Loups, les Chacals, les Renards et
quelques autres quadrupèdes dont la bouche est pourvue de
deux dents tuberculeuses situées derrière la carnassière supérieure (fig. 80) et derrière la carnassière inférieure.

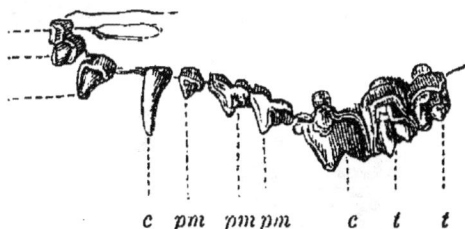

c   pm   pm pm   c   t   t

Fig. 80. — Mâchoire supérieure de Chien (1).

Les membres de ces
animaux sont à la fois
robustes, longs et très
flexibles ; conditions qui
sont très favorables au
fonctionnement de ces
organes pour la course.
Ils vivent de chasse et
leurs mâchoires sont si puissantes qu'elles broient facilement
des os très durs ; mais beaucoup d'entre eux préfèrent à une
proie vivante des charognes ramollies par un commencement
de putréfaction et ils mangent volontiers des substances végétales, parfois même de l'herbe qu'ils mâchent entre les dents
tuberculeuses situées vers le fond de la bouche. Les uns sont
diurnes, les autres sont nocturnes, et ces différences dans les
mœurs coïncident avec certaines particularités dans le mode
de conformation de leurs yeux ; chez les premiers, la pupille
en se contractant conserve sa forme circulaire ainsi que cela
se voit chez nos chiens domestiques, le Chacal et le Loup, tandis que chez les seconds, le Renard, par exemple, la pupille en
se contractant sous l'influence de la lumière prend la forme
d'une fente étroite dirigée verticalement. Tous ces animaux en
venant au monde sont trop faibles pour pouvoir marcher et
leurs yeux sont fermés ; ce n'est que 10 ou 11 jours après la
naissance qu'ils commencent à voir ; mais leur croissance est

(1) *i*, incisives ; *c*, canines ; *pm*, prémolaires ; *c*, carnassière ; *t*, tuberculeuses.

rapide ; ils arrivent à l'âge adulte vers l'âge de deux ans, et ils vivent en général 10 ou 15 ans, quelquefois davantage.

Les **Loups** diffèrent des Chiens par leurs inctincts plus que par leur mode d'organisation ; leurs oreilles sont dressées, leur queue est pendante, touffue et assez longue pour descendre au-dessous du niveau du talon ; leurs yeux sont obliques ; leur front est très incliné ; leur museau est pointu et ils sont plus grands que nos Chiens domestiques. Ils sont d'un naturel très farouche et ils ne vivent pas en société, bien que parfois ils se

Fig. 81. — Loup.

réunissent en grand nombre pour chasser de concert. Ils ne sont pas rares en France et dans les autres parties de l'Europe continentale ; mais on est parvenu à les exterminer complètement en Irlande et dans la Grande-Bretagne.

Dans d'autres pays, il y a des Loups dont plusieurs diffèrent notablement du Loup commun ; mais les mœurs de ces animaux sont toujours à peu près les mêmes.

Les **Chacals** sont des animaux de plus petite taille, qui vivent en troupes nombreuses, qui ressemblent davantage à certaines races de chiens domestiques, et qui sont bien réellement des animaux sociables, car ils se défendent mutuellement. Ils sont communs en Afrique et se trouvent aussi en Asie.

La sociabilité des **Chiens** est encore plus grande, et de temps immémorial ces Quadrupèdes sont devenus les compagnons, les serviteurs et les amis de l'Homme. Leur intelligence est plus développée que celle de la plupart des autres animaux et ils sont très éducables. On n'en connaît pas l'origine et tous ceux qui vivent actuellement à l'état sauvage paraissent être des descendants de chiens domestiques redevenus libres. Quelques naturalistes pensent qu'ils ont eu pour souche originelle le Loup ; d'autres auteurs les considèrent comme provenant du Chacal ; mais ces hypothèses ne reposent sur aucune base solide. Quoi qu'il en soit à cet égard, l'influence de la domesticité a eu pour résultat de faire varier beaucoup ces quadrupèdes et de faire naître parmi eux un grand nombre de races très distinctes, par leurs instincts et par leurs aptitudes mentales, aussi bien que par leurs caractères physiques.

Pour se convaincre de la grandeur de ces différences devenues héréditaires il suffit de comparer entre eux le Dogue, le Chien de berger, le Lévrier (fig. 83), le Chien d'arrêt, le Chien courant (fig. 82), le Basset, le Caniche.

L'aboiement des Chiens est aussi une conséquence de la domestication de ces animaux. Les Loups et les Chacals n'aboient pas ; ils hurlent seulement et il en est de même pour les Chiens sauvages ou redevenus sauvages ; mais lorsqu'un de ceux-ci est élevé parmi les Chiens aboyeurs, il apprend peu à peu à produire les sons explosifs qui caractérisent cette espèce de voix et, au bout de quelques générations, ces Chiens se comportent à cet égard comme le font nos Chiens domestiques et cette manière d'exprimer leurs sentiments devient un instinct héréditaire.

Ainsi aux Antilles il n'y avait pas de Chiens lors de la découverte de ces îles par Christophe Colomb à la fin du quinzième siècle ; mais ceux que les Espagnols y introduisirent s'y sont multipliés très rapidement et beaucoup d'entre eux sont retournés à la vie sauvage ; on les désigne sous le nom de *Chiens-marrons*, et on a constaté qu'ils ont perdu la faculté d'aboyer, mais par l'effet de la domestication ils la retrouvent et le même résultat a été constaté chez des Chiens sauvages de l'Australie appelés *Dingos* qui, amenés au Jardin des Plantes à Paris, étaient muets comme ils le sont dans leur pays natal ; mais qui en entendant aboyer ont appris à s'exprimer de la même manière. Par l'éducation, on peut donner aussi aux Chiens d'autres talents et souvent les aptitudes acquises de la sorte par les individus tendent à se transmettre aux descendants de ceux-ci, et en se développant de génération en génération ils deviennent une particularité caractéristique de leur lignée. En effet, sous beaucoup de rapports, les diverses races de Chiens sont perfectibles, et c'est ainsi que l'on peut se rendre compte de certaines dispositions instinctives qui chez elles deviennent héréditaires et rendent chacune d'elles propre à tel ou tel genre de service.

Peu d'animaux ont l'odorat aussi fin que le Chien et ont à un si haut degré la mémoire des impressions produites sur ce sens. Chez les Chiens sauvages aussi bien que chez les Chiens domestiques, cette faculté leur permet de suivre à la piste de très loin la proie dont ils veulent se repaître, et cela nous a permis d'en faire des auxiliaires précieux pour la chasse. En les dressant d'une manière spéciale pendant une longue suite de générations on a rendu nos Chiens aptes à apprendre facilement comment ils doivent s'y prendre pour découvrir et arrêter le gibier, et jadis, lorsqu'on faisait la chasse des esclaves fugitifs comme nous faisons aujourd'hui la chasse des Lièvres, on élevait dans ce but de grands Chiens coureurs appelés *Limiers* qui étaient également habiles à découvrir ces malheureux et à les terrasser en les prenant à la gorge même dans l'obscurité la plus profonde.

L'influence de l'éducation et de l'expérience individuelle sur les qualités des descendants de ces animaux est un fait si bien connu que l'expression « bon chien chasse de race » est devenue proverbiale ; et pour montrer que la disposition développée de la sorte est un instinct acquis, une sorte d'habitude héréditaire et non un instinct primordial, je citerai un fait constaté il y a quelques années par un naturaliste très bon observateur et dont la véracité est indubitable : feu M. Roulin, membre de l'Institut de France. Dans quelques parties de l'Amérique méridionale on emploie beaucoup de Chiens d'une certaine race pour faire la chasse du *Pécari* (fig. 113), quadrupède de moyenne taille qui ressemble un peu au sanglier et qui vit en troupes ; l'adresse de ces Chiens consiste à ne s'attaquer à aucun Pécari en particulier, mais à tenir toute la troupe en échec ; avant leur importation d'Europe, ils ne connaissaient pas ces animaux et ceux appartenant à des races dont l'éducation spéciale n'avait pas été faite en vue de ce genre de chasse se lançaient tout d'abord contre la bande, se laissaient entourer et étaient alors promptement éventrés ; or, il y a maintenant de ces Chiens à Pécaris qui, menés à la chasse pour la première fois, savent comment ils doivent s'y prendre pour manœuvrer en sûreté ; cette aptitude est devenue chez eux un instinct ou faculté innée.

L'odorat permet à nos Chiens de garde de reconnaître, au milieu de la nuit la plus profonde, l'approche d'un étranger et les avertit qu'ils doivent donner l'alarme par des aboiements d'un caractère particulier, tandis qu'ils restent silencieux si c'est leur maître qui s'avance vers eux. Pour agir de la sorte il leur faut aussi un certain degré d'intelligence, mais cette puissance mentale est développée à un bien plus haut degré dans d'autres races canines ; par exemple chez les Chiens de berger, chez les Chiens du Mont Saint-Bernard et chez les Caniches.

Le *Chien de berger* ressemble beaucoup au Loup par sa forme générale et il est peu sociable ; mais il devient obéissant et même affectionné pour son maître ; il apprend facilement à connaître les moutons confiés à sa garde et il est pour eux un garde ainsi qu'un défenseur actif.

Une autre race canine dont les instincts et l'intelligence ont été pendant une longue suite de générations appliqués à d'autres actes est désignée sous le nom de *Chiens du Mont Saint-Bernard* ; ces animaux apprennent facilement à découvrir au milieu des neiges les voyageurs égarés et à leur porter secours. Cette aptitude est devenue pour eux presque un instinct.

Quant aux Caniches, les preuves d'intelligence qu'ils donnent sont si bien connues de tout le monde, qu'il me paraîtrait inutile d'y insister ici.

Ce n'est pas seulement comme Chiens de garde, comme Chiens de chasse (fig. 82) ou comme Chiens d'agrément, que cer-

Fig. 82. — Chien de chasse.

taines races canines sont utilisées par l'Homme. On les emploie aussi comme Bêtes de trait ; dans diverses parties de la France et de la Belgique on les attèle à de petites voitures, et dans les régions boréales de l'Asie et de l'Amérique, on en fait grand usage pour le transport des voyageurs et des bagages sur la neige au moyen de traîneaux. Chez les Esquimaux et les habitants de la Sibérie, les équipages de ce genre sont fort utiles, on attèle parfois un grand nombre de ces Chiens au même traîneau, et lorsque la charge pour chacun d'eux ne dépasse pas le tiers d'un quintal, ils peuvent courir ainsi à raison d'un kilomètre en quatre ou cinq minutes et franchir chaque jour une distance de 16 kilomètres.

Comme exemple de particularités de structure offertes par certaines races, je citerai les *Chiens de Terre-Neuve*, dont les pattes sont appropriées à la nage par le grand développement de la palmure qui réunit les doigts entre eux et qui est rudimentaire chez les Chiens ordinaires. Néanmoins, ce mode

Fig. 83. — Levrier.

d'organisation n'existait pas originairement chez ces animaux, car lors de la première colonisation de Terre-Neuve par les Anglais en 1622, il n'y avait pas de chiens dans cette grande île et ceux qui s'y trouvent actuellement descendent de quelques individus importés, soit par ces navigateurs, soit par les Norwégiens ou par les Esquimaux dont les Chiens ont les pattes conformées de la manière ordinaire et qui n'aiment pas se jeter à l'eau. Tous ces Chiens des régions arctiques sont remarquables aussi par leur grande taille ; ceux de Terre-Neuve mesurés au garot ont au moins 80 cent. de haut ; on cite des individus originaires du Labrador qui, mesurés de la même manière, avaient plus d'un mètre. Dans l'île de Malte il y a depuis l'antiquité une race de Chiens noirs appelés Bichons.

La forme de la tête varie non moins chez les différentes races canines. Ainsi chez les Levriers (fig. 83), le museau est grêle et très allongé, tandis que chez les Dogues il est court et remarquablement robuste ; sa brièveté est portée au plus haut degré chez le Carlin.

Enfin il est aussi à noter que dans les pays froids leurs poils sont toujours plus longs et plus touffus, tandis que dans les pays chauds, quelques-uns de ces animaux, dont la taille est assez grande, ont la peau presque nue ; mais chez les races naines, le revêtement cutané ainsi constitué est en général très développé, même dans les contrées où le froid n'est jamais intense.

Les **Renards** se distinguent des Chiens, des Chacals et des Loups, par leur queue longue et touffue, aussi bien que par les caractères dont j'ai déjà fait mention et, au lieu de mener une vie errante, ils habitent dans des terriers. Ils sont très rusés, qualité qui implique un certain développement de l'intelligence ; leur mémoire est excellente ; ils ont les sens très fins ; ils sont agiles, vigoureux et très silencieux ; ils sont avides de proie, notamment de Lapins et de volaille, et ils la cherchent principalement pendant la nuit ; ils constituent un genre très nombreux en espèces et ils nous fournissent des fourrures dont plusieurs sont des plus estimées.

Le *Renard commun* d'Europe est un animal de médiocre grandeur (fig. 84) ; il mesure environ 75 centimètres du bout du museau à l'origine de la queue et sa hauteur est d'environ la moitié de sa longueur. A l'aide de ses ongles il creuse dans le sol un terrier très profond, terminé en cul-de-sac ; mais communiquant au dehors par plusieurs ouvertures et il s'établit de préférence dans les lieux solitaires et rocailleux.

On trouve dans le désert au sud de l'Algérie une autre espèce de la famille des Renards appelée le *Fennec* ou *Zerda* qui est fort remarquable par la grandeur de ses oreilles. La hauteur au garot n'est que d'environ 20 centimètres ; il vit dans des terriers qu'il creuse très rapidement, et n'en sort que le soir. Il se nourrit principalement d'oiseaux et de petits Rongeurs, mais il se montre également friand de dattes et de pas-

Fig. 84. — Renard.

tèques. C'est un joli petit animal qui en captivité dans nos ménageries s'apprivoise promptement.

§ 56. Un autre groupe naturel de carnassiers digitigrades est caractérisé par l'existence de deux dents tuberculeuses derrière chacune des dents carnassières de la mâchoire supérieure, mais ils n'en ont qu'une à la mâchoire inférieure. Cette division comprend : les Genettes, les Civettes, les Mangoustes et quelques autres espèces dont l'histoire naturelle n'offre que peu d'intérêt.

Les **Genettes** ont les ongles rétractiles à peu près comme chez les Chats et un de ces animaux habite le midi de la France ainsi que l'Afrique.

La **Civette** est propre aux parties plus chaudes de cette dernière région et se fait remarquer par la matière grasse ex-

Fig. 85. — Civette.

Fig. 86. — Poches odorantes de la Civette.

trêmement odorante qui s'amasse dans deux poches situées près de l'anus et qui est recherchée comme parfum.

Les **Mangoustes** ont le corps plus allongé ; la queue est grosse vers la base, mais grêle vers le bout. On en trouve en Algérie et en Égypte où ils étaient jadis l'objet d'un culte religieux. Ce sont de grands destructeurs de Rats et de Souris.

§ 57. La grande famille des Félins qui se compose des Chats, des Tigres, des Panthères et des autres carnassiers dont le mode de conformation est à peu près le même que celui de ces ani-maux, comprend tous les qua-drupèdes digitigrades dont la bouche est la mieux organisée pour saisir avec force une proie vivante, et pour en déchirer et hacher la chair. Les muscles

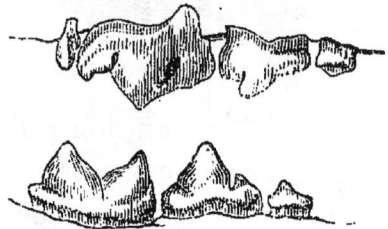

Fig. 87. — Dents de Chat.

qui mettent en mouvement la mâchoire inférieure sont très gros et très puissants ; les deux mâchoires sont très courtes, ce qui est favorable à leur action ; les crocs ou dents canines sont longues et aiguës ; enfin la dent carnassière est la dernière de la rangée des mâchelières d'en bas ; et il n'y a entre ces dents et ces canines que deux fausses molaires dont la première est petite tandis que la seconde est fort grosse et très tranchante. Chez tous les autres carnassiers les dents sont plus nombreuses et par conséquent les mâchoires sont disposées d'une manière moins favorable à leur jeu comme organes de préhension.

Presque tous ces animaux ont les pattes exceptionnellement bien organisées pour servir à des usages analogues. Les ongles, au lieu de toucher à terre pendant la marche et de s'émousser ainsi par le frottement, constituent des griffes rétractiles, c'est-à-dire disposées de manière à se relever toutes les fois que la patte appuie sur le sol, ce qui leur permet de conserver toujours leur extrémité tranchante et très aiguë.

Par l'effet d'un mécanisme particulier et très simple, ces crochets se rabattent et deviennent saillants quand la patte s'étend, et cela sans que l'animal ait besoin de faire aucun effort pour montrer et utiliser ses griffes. Par suite de la grande flexibilité de leurs membres et de leur corps, ils peuvent s'élancer par bonds à une distance considérable et se jeter ainsi sur leur proie dans la position la plus favorable pour en faire la capture.

Le seul Félin dont les ongles ne soient pas rétractiles est une espèce de grand Chat appelé le **Guépard** qui habite diverses parties de l'Afrique et de l'Asie et qui se laisse facilement apprivoiser et dresser pour la chasse.

La Bête de proie la plus redoutable est le **Tigre**, car ce grand Félin, aussi haut et aussi robuste que le Lion, est beaucoup plus féroce et plus agile ; sa force est prodigieuse et il ne se contente pas de tuer les animaux qu'il peut manger ; lors même qu'il est déjà rassasié, il se complaît dans le carnage et ne se lasse pas de répandre le sang. Il habite l'Inde, la Cochinchine, les grandes îles de la Malaisie et s'étend vers le nord jusque dans l'Asie centrale et le sud de la Sibérie.

C'est un magnifique animal dont le pelage est orné de bandes verticales noires sur un fond fauve.

Le **Lion** appartient à l'Afrique et à la partie adjacente de l'Asie occidentale. Jadis il habitait aussi quelques parties de l'Europe méridionale, notamment la Macédoine ; mais depuis l'antiquité il en a disparu et c'est principalement en Afrique, entre les montagnes de l'Atlas et le cap de Bonne Espérance qu'il se tient. Il n'a pas encore été chassé complètement de l'Algérie ; mais il y est devenu rare et probablement il ne tardera guère à en disparaître. Ce n'est pas en la poursuivant à la course qu'il s'empare de sa proie, c'est en se mettant à l'affût et en s'élançant en un ou deux bonds sur sa victime lorsque celle-ci est arrivée à sa portée. Ses formes sont trop bien connues de tout le monde pour qu'il soit nécessaire d'en parler ici et je me bornerai à ajouter que l'ample crinière dont la tête et les épaules des individus mâles sont en général garnies manque

Fig. 88. — Lion.

chez quelques-uns de ces animaux, notamment chez le Lion du Guzarat, contrée située entre la Perse et l'Inde.

Les **Panthères** (fig. 89) sont aussi de grands Chats dont le

Fig. 89. — Panthère.

mode d'organisation ne diffère que peu de celui des Tigres dont elles se distinguent par les belles rosaces qui tiennent

lieu des bandes noires caractéristiques de la robe de ces derniers carnassiers. Elles habitent l'Afrique et l'Asie depuis le
Sénégal jusqu'en Chine, et les grandes îles de l'extrême Orient.

Le **Chat domestique** et le **Chat sauvage** dont celui-ci descend appartient aussi à l'ancien continent et aux îles adjacentes.
Il vit à l'état sauvage dans la plupart des forêts de l'Europe. Le
pelage du Chat domestique varie beaucoup, ainsi que c'est le
cas pour la plupart des quadrupèdes qui sont depuis fort longtemps les commensaux de Hl'omme. Or notre Chat commun
était déjà connu des anciens Égyptiens comme on a pu le
constater par les restes de ces quadrupèdes conservés à l'état
de momies dans les tombeaux de ce peuple singulier. Ce petit
carnassier chasse de nuit aussi bien que de jour, et de même
que chez les autres animaux dont la vue est également bonne
dans ces deux circonstances, sa pupille est susceptible de se
dilater extrêmement quand la lumière est faible ou de se con-
tracter au point de ne laisser qu'une fente étroite pour le passage des rayons qui se dirigent vers le fond de l'œil, lorsqu'au
contraire la lumière est intense.

Les **Lynx** sont des animaux qui diffèrent peu des Chats ordinaires ; mais qui ont l'extrémité des oreilles garnie d'un pinceau de poils. Les contes que l'on répète depuis l'antiquité
relativement à la puissance merveilleuse de leur vue n'ont pas
de fondement.

Aucune des espèces de la famille des Chats qui habitent
l'ancien continent ne se trouve en Amérique ; mais presque
toutes sont représentées dans les deux mondes par des espèces
particulières qui ont à peu près les mêmes caractères. Ainsi nos
Lions ont pour analogues dans le nouveau monde un grand
Félin à pelage uniformément fauve appelé le **Puma**, et à nos
Panthères correspondent les **Jaguars** dont le dos et les flancs
sont ornés de magnifiques rosaces noires.

Dans le nord des deux continents il y a aussi différentes espèces de Lynx et presque partout on trouve des Félins de pe-

tite taille, plus ou moins semblables à nos Chats communs;
mais qui s'en distinguent par des particularités spécifiques. Il
est aussi à noter qu'en général les
Félins de l'Amérique sont moins
forts que ceux de l'ancien continent.

Fig. 90. — Crâne du Félis
Machairodus.

A l'époque tertiaire le sol de la
France était habité par de grands
Félins plus féroces que les Tigres
et dont les canines débordaient
la mâchoire inférieure (fig. 90).

§ 58. Les **Hyènes** sont de grands carnassiers dont le système dentaire ressemble beaucoup à celui des Félins, mais
compte une fausse molaire de
plus de chaque côté et à chaque mâchoire. Elles sont loin
d'avoir l'agilité des chats et
même des chiens ; leur démarche est lourde et traînante;
elles sont peureuses et elles
se nourrissent principalement
de cadavres. Une des espèces
de ce genre à pelage rayé est

Fig. 91. — Hyène.

commune en Algérie, ainsi qu'en Égypte et en Arabie et jusque
dans l'Indoustan (fig. 91); une autre espèce dont le pelage est
tacheté au lieu d'être rayé se trouve dans le sud de l'Afrique ;
mais ces animaux ne vivent aujourd'hui ni en Europe, ni dans
le nord de l'Asie, ni en Amérique.

Ordre des Amphibiens.

§ 59. J'appellerai également l'attention sur les **Phoques**
et sur quelques autres quadrupèdes onguiculés qui, organisés
pour la nage, ne se meuvent que difficilement quand ils sont

à terre et qui constituent un groupe particulier appelé l'ordre
des *Amphibiens*. Leurs membres sont élargis en forme de palettes et fonctionnent principalement à la manière de rames.

Fig. 92. — Phoque.

Par la conformation de leur tête et de leur cerveau les Phoques ressemblent beaucoup à des Chiens ; mais leur cou est
très court, leur corps est tout d'une venue, leur queue est fort
petite et leurs doigts sont complètement palmés ; les pattes an-

Fig. 93. — Otarie.

térieures, quoique très courtes, peuvent leur servir à ramper
sur le sol ; mais les pattes postérieures complètement transformées en nageoires sont dirigées en arrière et habituellement

appliquées l'une contre l'autre de façon à représenter une
sorte de gouvernail.

Chez les Phoques proprement dits le pavillon de l'oreille
fait complètement défaut ; mais chez les **Otaries** appelés aussi
des Phoques à oreilles, cette partie de l'appareil auditif est bien
visible (fig. 93) et les pattes de devant sont beaucoup plus longues que dans le groupe précédent. Ces derniers animaux ne
se trouvent que dans les mers du Sud et dans la partie septentrionale de l'Océan Pacifique. Leur fourrure est très estimée
et l'objet d'un commerce considérable. Les Phoques sont
beaucoup plus répandus et un de ces animaux est commun
dans les mers de l'Europe. Les uns et les autres sont très intelligents et fort doux.

D'autres animaux marins appartenant au même ordre et
désignés sous le nom de **Morses** sont conformés à peu près de
même que les Phoques ; mais ils s'en
distinguent par l'existence d'une paire de
dents canines énormes, solidement implantées dans la mâchoire supérieure,
dirigées en bas et faisant saillie hors la
bouche (fig. 94). Ils habitent les côtes du
Groënland ainsi que d'autres parties des
mers septentrionales et on en fait une

Fig. 94.
Tête de Morse.

pêche active pour l'huile qu'on en tire en quantité très considérable.

Ordre des Édentés.

§ 60. Aucun animal de l'ordre des Édentés ne se trouve en
Europe ; mais ils sont trop remarquables pour que je n'en
parle pas ici. Ce sont des quadrupèdes dont les doigts sont
armés de griffes très fortes ; leur bouche est dépourvue de
dents sinon partout, au moins sur le devant ; de façon qu'ils
ne peuvent se nourrir que d'Insectes ou de substances végé-

tales (fig. 95). Par leur forme générale et par la nature de leurs téguments ils diffèrent beaucoup. entre eux, et ils constituent

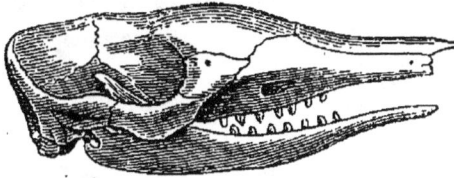

Fig. 95. — Tête de Tatou.

plusieurs petites familles zoologiques très nettement caractérisées.

§ 61. Un de ces groupes naturels se compose d'animaux grimpeurs qui sont propres à l'Amérique méridionale et qui à raison de la lenteur de leurs mouvements ont reçu le nom de **Paresseux**. Ils ont les membres antérieurs très longs et se

Fig. 96. — Paresseux.

tiennent presque toujours suspendus aux arbres, dont ils mangent les feuilles ; ils dorment même dans cette singulière position et leurs mains sont conformées de façon qu'ils n'ont besoin de faire presque aucun effort pour se tenir accrochés de la sorte. Un de ces animaux appelé l'*Aï* est pourvu de trois doigts (fig. 96) ; mais le Paresseux qui a reçu le nom d'*Unau* est didactyle seulement.

A une époque géologique qui paraît être antérieure à l'existence de l'espèce humaine il y avait dans les mêmes parties de l'Amérique méridionale des animaux gigantesques appartenant à la même famille que les *Paresseux*, mais trop lourds

Fig. 97. — Mylodon rubustus.

pour grimper aux branches des arbres ils pouvaient seulement se dresser sur les pattes postérieures et sur la queue et atteindre aux feuilles dont ils faisaient leur nourriture. On en trouve des squelettes à l'état fossile et l'un de ces animaux, dont l'espèce est éteinte depuis longtemps, a reçu le nom de *Mylodon* (fig. 97) ; une autre espèce est appelée *Mégatherium* (fig. 98).

Les parties les plus chaudes du nouveau continent sont habitées de nos jours par des quadrupèdes insectivores très singuliers, qui sont complètement dépourvus de dents et ne se nourrissent que de Fourmis blanches ou Termites, insectes vivant en société dont ils s'emparent à l'aide d'une langue très protractile

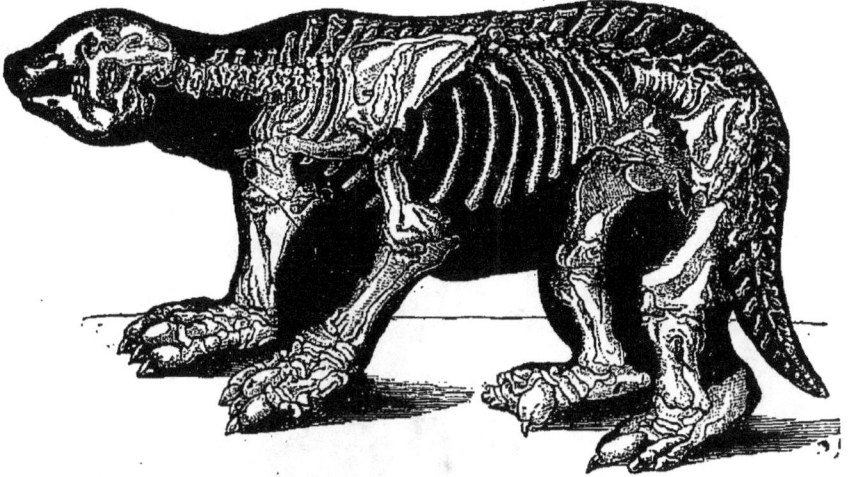

Fig. 98. — Squelette de Megatherium.

et constamment enduite de salive gluante. A raison de ce régime particulier on leur a donné le nom de **Fourmiliers**. Avec les griffes puissantes dont leurs pattes antérieures sont armées, ils fendent les nids occupés en

Fig. 99. — Tête de Tamanoir.

commun par des légions de ces petits insectes, y insinuent leur

Fig. 100. — Fourmilier Tamanoir.

longue langue et la retirent ensuite recouverte de Termites qui s'y sont accolés. L'un de ces fourmiliers appelé le *Tamanoir* est de grande taille et sa bouche, très peu fendue, est placée à l'extrémité d'un museau extrêmement allongé. Il habite les forêts du Brésil.

§ 66. En Afrique, depuis le cap de Bonne-Espérance jusqu'en Ethiopie, il y a un autre Édenté insectivore fort remarquable appelé l'**Oryctérope** qui ressemble beaucoup au Fourmilier par

Fig. 101. — Oryctérope.

sa forme et par ses mœurs, car il a le museau très allongé, la bouche très petite, et des ongles propres à fouir quoique courts ; mais les mâchoires sont garnies de dents molaires, les oreilles sont très grandes et les poils sont raides, rares et assez semblables aux soies du Cochon. Les colons hollandais du Cap l'appellent *Cochon de terre* (fig. 101).

§ 67. Les **Tatous** sont des animaux propres à l'Amérique ; mais qui au lieu d'être revêtus de poils grossiers, comme les Paresseux et les Fourmiliers, sont couverts d'une sorte d'armure très solide, formée par la réunion d'un grand nombre de plaques épaisses. La tête et la queue sont protégées de la sorte aussi bien que le dessus du tronc, et l'espèce de grand bouclier dorsal ou carapace qui couvre cette dernière partie est disposé de telle sorte qu'en se roulant en boule l'animal peut se cacher complètement.

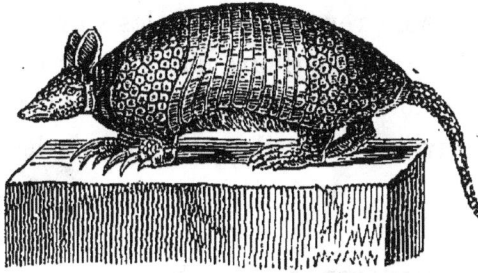

Fig. 102. — Tatou cabassou.

Les Tatous qui existent de nos jours sont des animaux de

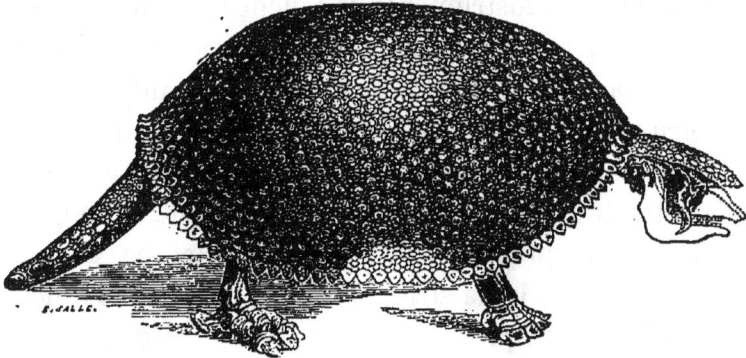

Fig. 103. — Glyptodon.

petite taille ; mais à l'époque zoologique où vivaient les *Mylodon*

Fig. 104. — Pangolin.

et les *Megatherium*, il y avait dans la même région des représentants gigantesques du même type zoologique. Le *Glyptodon*

dont on trouve le squelette et la carapace à l'état fossile en
Amérique avait à peu près la taille du Rhinocéros (fig. 103).

Enfin en Afrique et dans quelques parties de l'Inde ces Édentés cuirassés sont représentés par les **Pangolins,** quadrupèdes
dont toute la face supérieure du corps et de la tête, les pattes
et la queue sont recouvertes de grandes écailles cornées
qui se recouvrent mutuellement comme les tuiles d'un toit
(fig. 104).

HOMOPODES ONGULÉS OU A SABOTS.

§ 68. Chez tous les Mammifères dont j'ai parlé jusqu'ici les
doigts sont des instruments de toucher plus ou moins parfaits,
et leur extrémité n'est pas renfermée dans une forte gaine cornée sur laquelle l'animal pose en marchant ; mais pour les
quadrupèdes dont nous allons nous occuper maintenant il en
est autrement ; les ongles se développent davantage et constituent des étuis de ce genre appelés *sabots,* de sorte que ces sup-
ports ne sont plus des organes de tact et ne servent qu'à la
locomotion, mode de structure dont les chevaux nous offrent
le meilleur exemple.

Les Mammifères à sabots constituent quatre groupes principaux, savoir : les *Proboscidiens* ou Pachydermes à trompe
préhensile ; les *Pachydermes ordinaires ;* les *Solipèdes* et les
Ruminants.

Ordre des Proboscidiens.

§ 69. Les seuls animaux qui de nos jours constituent ce
groupe zoologique sont les **Éléphants** ; mais lorsque je traiterai de l'histoire ancienne de notre globe je ferai voir que
jadis il y en avait des espèces très variées et de très grande
taille appartenant à ce groupe.

Les Proboscidiens diffèrent de tous les autres quadrupèdes

ongulés par le nombre de leurs doigts qui est de cinq partout ;
mais ce qui les distingue le plus est le mode d'organisation de
leur nez. Cet organe constitue une longue trompe très flexible,

Fig. 105. — Éléphant de l'Inde.

apte à se porter dans tous les sens et propre à servir à la fois
comme instrument préhenseur et comme instrument tactile.
Les deux narines en occupent l'extrémité libre ; elle est par-
courue dans toute sa longueur par deux canaux parallèles for-

més par les fosses nasales, et ces cavités ainsi que cela existe chez tous les autres mammifères s'ouvrent postérieurement dans l'arrière-bouche.

Il en résulte qu'en dilatant sa poitrine comme pour respirer l'animal peut employer sa trompe pour pomper de l'eau et porter ensuite ce liquide à sa bouche sans avoir à se baisser. Ce singulier organe lui permet aussi de ramasser à terre les objets et de les introduire entre ses mâchoires ou de cueillir à une hauteur considérable les feuilles ou les fruits dont il veut se nourrir. Or ces actes lui sont très utiles, car il n'a pas comme la plupart des quadrupèdes à grandes jambes le cou assez long pour que, sans s'accroupir, il puisse toucher le sol avec ses lèvres, et la brièveté de son cou est en quelque sorte commandée par la grosseur et la pesanteur de sa tête.

Enfin le volume de cette partie est à son tour rendu nécessaire par le poids des puissantes défenses implantées dans sa mâchoire supérieure et par le volume de ses dents mâchelières organisées pour broyer, à la façon d'une meule, les substances végétales souvent très dures dont il se nourrit. Toutes ces particularités de son organisation s'enchaînent donc entre elles et ont leur utilité.

La raison d'être de la forme massive des membres est également facile à comprendre lorsqu'on réfléchit à la taille gigantesque de l'Éléphant et au poids énorme de son corps.

La peau des Éléphants est très épaisse et peu sensible ; mais le bout de leur trompe est à la fois très mobile et d'une sensibilité exquise. Cet organe est en outre pourvu à son extrémité d'un petit appendice charnu comparable à un doigt, et à raison de la variété de ses mouvements il donne à ces animaux d'un aspect si lourd une adresse remarquable. Ces grands quadrupèdes sont aussi fort intelligents, très doux et très sociables. Ils vivent en troupes souvent nombreuses et y obéissent à des chefs naturels qui sont les individus les plus âgés et les plus vigoureux de la bande. Ils s'accoutument facilement à la domination de l'homme et se laissent dresser de manière à lui rendre des services considérables comme bêtes de somme et de trait, car ils sont à la fois extrêmement forts et très éducables.

§ 70. Il n'y a actuellement que deux espèces du genre Éléphant : l'*Éléphant* de l'*Inde* et l'*Éléphant d'Afrique*; mais dans les temps préhistoriques, il y avait en Sibérie une troisième espèce qui, au lieu d'avoir la peau presque nue comme chez celles dont je viens de parler, avait le corps couvert d'une épaisse toison laineuse. On s'en est assuré par l'inspection du cadavre de quelques-uns de ces animaux trouvés dans un état de conservation

Fig. 106. — Tête de Mammouth.

parfaite au milieu des glaces sur les bords de la mer circumpolaire et étudiés avec beaucoup de soin par des naturalistes russes qui les désignent sous le nom de MAMMOUTH (1).

L'Éléphant d'Afrique diffère de l'Éléphant de l'Inde par la grandeur de ses oreilles, la forme bombée de son front et par quelques autres particularités organiques. Dans l'antiquité l'un et l'autre de ces grands animaux étaient employés à la guerre et comme bêtes de somme, mais aujourd'hui le premier

(1) Une tête conservée au Musée de Saint-Pétersbourg porte encore des lambeaux de peau couverts d'une épaisse couche de poils.

n'est plus domestiqué et c'est seulement l'Éléphant de l'Inde qui est utilisé de la sorte ; on le dresse facilement à porter des hommes ainsi que des colis, à obéir à son conducteur (ou *cornac*) et à exécuter divers travaux, même à faire des tours d'adresse. En un mot c'est un animal très utile, mais il ne multiplie que très rarement en captivité et par conséquent ce sont toujours des individus sauvages que l'on réduit en captivité et que l'on apprivoise ensuite. Ceux-ci vivent indépendants dans les grandes

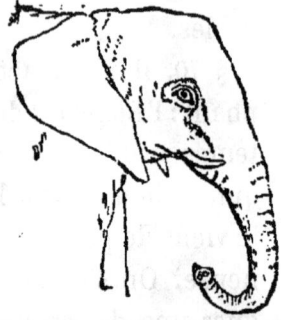

Fig. 107. — Tête d'éléphant d'Afrique.

forêts vierges de Ceylan, de la Péninsule malaise, de la Cochinchine, de Sumatra et de Bornéo.

L'Éléphant d'Afrique n'habite qu'au sud du Sahara, mais jadis il existait plus au nord jusque dans l'Europe méridionale. L'ivoire qui constitue ses défenses est un objet de commerce important. Ces dents sont beaucoup plus grandes que celles de l'Éléphant d'Asie ; mais elles sont loin d'atteindre les dimensions qu'avaient celles des Mammouths dont les débris sont très abondants en Sibérie (fig. 106). Avant l'apparition des Éléphants à la surface du globe, il existait d'autres grands Proboscidiens tels que les *Mastodontes*, dont certaines espèces avaient quatre dé-

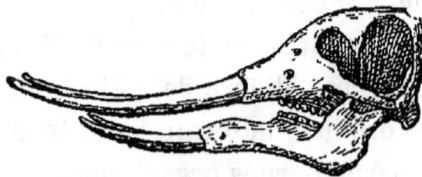

Fig. 108. — Crâne de Mastodonte.

fenses (fig. 108), et les Dinotheriums dont les défenses implantées dans la mâchoire inférieure étaient courbées en bas.

Ordre des Pachydermes ordinaires.

§ 71. Cette division des Quadrupèdes à sabots n'est représentée en Europe que par le Sanglier et le Cochon domestique ; mais dans les régions tropicales, elle fournit plusieurs grands animaux, dont les formes sont très remarquables, notamment les Rhinocéros, les Hippopotames et les Tapirs.

§ 72. Les **Rhinocéros** méritent mieux que tous les autres

Fig. 109. — Rhinocéros.

animaux de cet ordre le nom de Pachyderme, mot qui signifie peau épaisse. En effet ce revêtement est chez eux si dur et si peu flexible qu'il constitue une sorte de cuirasse. Il est aussi à noter que le dessus du nez de ces grands quadrupèdes est orné d'une ou même de deux cornes impaires en général très longues qui n'ont pas comme celles des Ruminants un axe osseux et ne sont formées que par des poils soudés entre eux. J'ajouterai que les pieds des Rhinocéros sont pourvus de trois doigts garnis chacun d'un grand sabot et que ces animaux ne vivent que dans les parties intertropicales et méridionales de l'Afrique, dans l'Inde, à Sumatra et à Java.

§ 73. Les **Hippopotames**, nom qui signifie en grec *cheval de rivière*, vivent dans les eaux douces, mais ne ressemblent en rien à des chevaux et ont plus d'analogie avec le cochon.

Fig. 110. — Hippopotame.

Ils ont à tous les pieds quatre doigts presque égaux et leur peau est presque nue. Ils nagent très bien et ils peuvent rester fort longtemps sous l'eau sans respirer. Ceux qui vivent dans le Nil et dans la plupart des autres fleuves de l'Afrique sont de très grande taille ; mais dans la partie occidentale de ce continent, à Liberia, il y a une espèce du même genre qui est petite.

Dans le petit groupe générique composé par les **Cochons** les doigts sont également pairs partout, mais très inégaux, les deux du milieu étant beaucoup plus longs et plus forts que les autres et étant les seuls qui posent à terre. Les animaux de ce genre sont remarquables aussi par le mode de conformation de leur nez qui constitue un *boutoir*, très mobile et tronqué au bout, et qui leur sert pour fouiller la terre et en retirer les tubercules, les racines et les autres corps dont ils font leur principale nourriture.

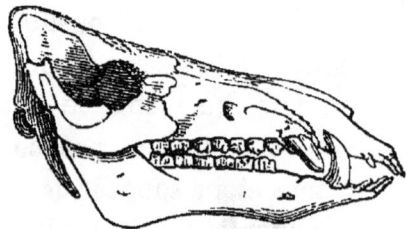

Fig. 111. — Tête de Sanglier.

Le *Sanglier* est un cochon sauvage, il est répandu dans les parties tempérées de l'Europe et de l'Asie, ainsi que dans le nord de l'Afrique ; ses dents

7.

canines, très longues, très fortes et recourbées l'une et l'autre
vers le haut, constituent des armes puissantes appelées *bou-*
toirs (fig. 111); ses poils raides et grossiers sont désignés communément sous le nom de *soies*. Enfin il est d'un naturel brutal
et stupide.

Les *Cochons* ou *Porcs* sont des descendants du sanglier devenus domestiques; ils sont remarquables par la rapidité avec
laquelle ils croissent et s'engraissent; ils se nourrissent d'aliments très divers; ils se multiplient beaucoup et leur chair
est excellente, de sorte que l'élevage de ces animaux a une
importance considérable pour les petits cultivateurs. La fe-

Fig. 112. — Porc.

melle ou *Truie* donne souvent une douzaine de petits par
portée et au moins deux portées par an. Les jeunes arrivent
à l'état adulte vers l'âge de deux ans et c'est en général
entre ce moment et l'âge de six ans qu'on les livre à la boucherie (fig. 112).

Dans les îles de l'Archipel indien, il y a des animaux très voisins des Cochons et appelés des *Babiroussas* dont les dents canines, au lieu de s'aiguiser en frottant l'une contre l'autre,

comme chez le Sanglier, s'allongent excessivement et se recour-
bent de façon à revenir sur elles-mêmes au-dessus de la tête.

Enfin dans les parties chaudes de l'Amérique méridionale le
genre Cochon est représenté par des animaux sauvages de la
même famille zoologique appelés *Pécaris* (fig. 113).

Fig. 113. — Pécari.

Fig. 114. — Tapir.

§ 74. Les **Tapirs** sont des Pachydermes qui ressemblent
beaucoup aux Cochons, mais qui n'ont pas les pieds fourchus
comme ceux de ces animaux, et qui se distinguent surtout
par le prolongement considérable de leur nez. Cet organe,
sans être préhensile comme la trompe de l'Éléphant, en rappelle un peu la forme. Il y a des Tapirs d'espèces différentes
dans les parties très chaudes et humides de l'Amérique, dans
la presqu'île Malaise et dans la grande île de Sumatra.

Ordre des Solipèdes.

§ 75. Les **Solipèdes** doivent leur nom au mode de conformation de leurs pattes qui sont terminées par un seul doigt
symétrique très robuste et garni d'un sabot unique, ainsi que
cela se voit chez le Cheval, l'Ane, le Zèbre, et un petit nombre
d'autres quadrupèdes coureurs. Cette disposition ne porte aucun préjudice notable à la stabilité de ces animaux et elle est
très favorable à la rapidité de leurs mouvements, car elle
allège l'extrémité des leviers locomoteurs constitués par ces
organes.

Le sabot qui enveloppe l'extrémité de ce doigt unique n'est

autre chose qu'un ongle très développé, très épais, très solide.
En frottant contre le sol il s'use sans cesse ; mais il s'accroît
aussi continuellement par la production des nouvelles couches de substance cornée qui se forment
à sa surface interne là où celle-ci adhère à une
partie sous-jacente de la peau très riche en vaisseaux sanguins correspondant à ce que l'on appelle
dans l'espèce humaine *le lit de l'ongle*. Cette couche
productrice de la substance cornée du sabot est très
sensible ; mais le sabot lui-même comme nos ongles
et notre épiderme est au contraire complètement
insensible et on peut le couper et le brûler sans
causer à l'animal aucune douleur. C'est à raison
de cette circonstance que, pour protéger les sabots
de nos chevaux domestiques, on fixe à l'aide de
clous enfoncés dans le revêtement corné de leurs
pieds, une espèce de semelle en fer évidée au

Fig. 115.

centre et ayant à peu près la forme de la lettre U, afin de ne pas
alourdir inutilement l'organe.

Cette ferrure est très utile aussi pour empêcher les chevaux
de glisser quand ils font effort pour tirer en avant des corps
pesants, et lorsqu'ils ont à marcher sur la glace on a soin de
garnir la face inférieure des fers de pointes constituées par les
têtes saillantes des clous et par les extrémités des branches de
cette espèce de cadre métallique. C'est ce que l'on appelle ferrer
les chevaux à glace.

§ 76. L'espèce la plus grande, la plus belle et la plus utile de
ce groupe est le **Cheval** proprement dit, dont le mâle est appelé
étalon, la femelle *jument* et le jeune *poulain*. Ce noble et docile
animal, dont on trouve une description brillante dans l'ouvrage
de Buffon sur l'histoire naturelle des animaux, paraît être originaire des grandes plaines de l'Asie centrale. Il a été transporté
en Amérique par les Espagnols au commencement du seizième
siècle, il s'y est prodigieusement multiplié et y est même re-

tourné à la vie sauvage. Il y a aussi dans quelques parties de l'Asie centrale beaucoup de chevaux sauvages appelés *Trapans*, qui paraissent être des descendants de chevaux domestiques

Fig. 116. — Cheval.

redevenus libres ; mais on ne connaît nulle part des animaux de cette espèce dont les ancêtres n'aient pas été réduits en servage par l'homme, et les individus de race libre dont on fait la capture sont faciles à dompter et à domestiquer de la manière la plus complète.

Pour guider le Cheval et pour le maîtriser on se sert principalement du *mors*, petite barre placée transversalement dans la bouche, dans un espace vide situé entre les dents de devant et les mâchelières ; à chaque extrémité de cet instrument est fixée une bride au moyen de laquelle le cavalier peut à volonté le tirer en arrière et presser également des deux côtés sur la commissure des lèvres ; en général ce mors est même conformé de façon à pouvoir appuyer facilement contre la voûte du palais, partie dont la sensibilité est vive. La douleur produite ainsi fait d'ordinaire arrêter l'animal ; il s'accoutume facilement à tourner à droite ou à gauche sous l'influence d'une pression légère exercée d'un côté seulement ; mais lorsqu'il parvient à saisir fortement le mors entre ses dents ou, comme on le dit communément, *à prendre le mors aux dents*, il n'est plus impressionné de la sorte et il cesse d'obéir aux indications de la bride.

Le Cheval est conformé de manière à pouvoir traîner avec une grande puissance et à porter sur son dos un poids considérable, un homme par exemple ; à faire ainsi chargé un long trajet ou une course rapide ; mais il ne devient apte à travailler de la sorte que vers trois ou quatre ans, et quoiqu'il soit susceptible de vivre 25 ou même 30 ans, il cesse généralement d'être utilisable vers l'âge de 16 ou 18 ans. Les personnes qui veulent acheter un cheval ont, par conséquent, intérêt à pouvoir constater son âge, et on y parvient d'une manière plus ou moins sûre par l'inspection de ses dents ; les signes fournis ainsi ne trompent guère tant que l'animal n'a pas plus de 7 ans et sont susceptibles de donner d'utiles indications pendant toute la durée de sa vie ; par conséquent je crois devoir les exposer ici avec quelques détails.

Ce sont les dents incisives qui fournissent ces caractères, lesquels sont tirés soit de leur mode de renouvellement, soit du degré d'usure de leur couronne. Elles sont au nombre de trois

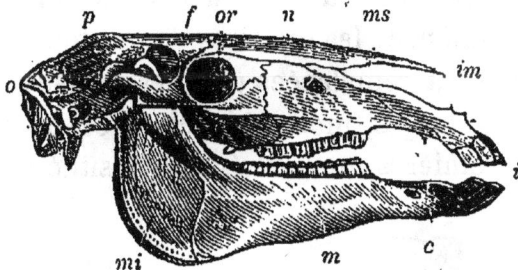

Fig. 117. — Crâne de Cheval (1).

paires à chaque mâchoire et immédiatement derrière l'extrémité de la rangée formée par elles se trouve de chaque

(1) Tête osseuse du cheval ; *o*, os occipital ; — *p*, pariétal ; — *f*, frontal ; — *or*, orbites ; — *n*, os du nez ; — *ms*, maxillaire supérieur ; — *im*, intermaxillaire ; — *mi*, maxillaire inférieur ; — *i*, incisives ; — *c*, canine ; — *m*, molaire.

côté l'espace vide dont j'ai déjà parlé comme servant à loger le mors.

   Le poulain en naissant n'a ordinairement aucune dent sur le devant de la bouche et n'a de chaque côté à la mâchoire inférieure que deux molaires ; mais au bout de quelques jours les dents incisives du milieu (appelées *pinces*) se montrent à chaque mâchoire, et dans le cours du premier mois la troisième molaire perce la gencive. Vers l'âge de trois mois et demi ou quatre mois les deux incisives contiguës apparaissent. Entre 6 mois 1/2 et 8 mois les incisives latérales (appelées *coins*) apparaissent ainsi que la troisième molaire, et toutes ces dents de lait, destinées à tomber bientôt pour être remplacées par des dents permanentes, s'usent rapidement par leur extrémité préhensile et changent ainsi d'aspect. Leur couronne principalement est creusée d'une fossette de couleur noirâtre qui disparaît peu à peu par l'effet de cette usure et on dit communément que les dents *rasent* lorsque cette cavité disparaît. Or les pinces du poulain rasent de 13 à 16 mois ; les incisives moyennes rasent de 16 à 20 mois et les coins rasent de 20 à 24 mois.

   A deux ans et demi ou trois ans le travail de la seconde dentition commence ; les incisives de lait tombent successivement et elles sont remplacées par des incisives permanentes qui sont plus larges, moins blanches et ne présentent pas comme les premières un rétrécissement situé près de la gen-

Fig. 118. — Dents d'un Cheval de 4 ans.

cive et appelé le *collet de la dent*. Ce sont les pinces qui se renouvellent d'abord ; puis entre trois ans et demi et quatre ans les incisives mitoyennes changent et les canines de la mâchoire inférieure (appelées les *crochets*) commencent à se montrer.

Entre 4 ans et 1/2 et 5 ans les coins se renouvellent aussi ; les canines supérieures se montrent d'ordinaire, mais elles

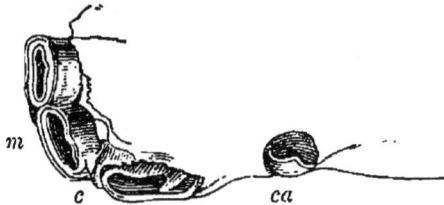

Fig. 119. — Dents d'un Cheval de 5 ans.

peuvent manquer ; enfin la cinquième molaire commence à sortir de la gencive.

Les incisives de remplacement présentent comme celles de la dentition transitoire une dépression en forme de fossette conique à la surface de leur couronne, et par le fait de l'usure progressive de ces organes cette cavité change peu à peu d'aspect et de grandeur, elle se rétrécit de plus en plus avec les progrès de l'âge et elle finit par disparaître. Ce sont d'abord les pinces de la mâchoire inférieure qui se modifient de la sorte ; elles perdent leur cavité entre 5 et 6 ans ; l'année suivante les incisives mitoyennes rasent à leur tour, et chez le

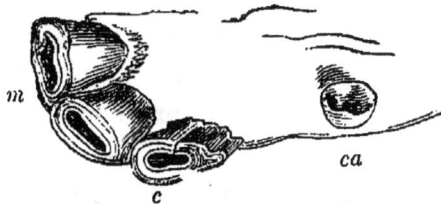

Fig. 120. — Dents d'un Cheval de 7 ans (1).

cheval âgé de 7 à 8 ans la *marque* ou fossette des coins de la rangée d'en haut s'efface également. Environ un an plus tard la même série de changements s'opère dans les incisives de la

(1) Dents incisives et canines de la mâchoire inférieure du cheval : *m*, incisives mitoyennes ; — *c*, coins ; — *ca*, canines.

mâchoire inférieure, de sorte que jusque neuf ans le système dentaire fournit des signes positifs à l'aide desquels une personne exercée à ce genre d'observations peut reconnaître avec beaucoup de sûreté l'âge de l'animal; mais passé cette période de la vie il n'en est plus de même, et dans le langage des maquignons on dit que le Cheval ne *marque plus* ou qu'il est *hors d'âge*. Cependant l'état des dents continue à fournir d'utiles indices relatifs à l'âge, car, à mesure que l'animal vieillit, ses canines se déchaussent de plus en plus et jaunissent; mais ces signes ne sont pas à beaucoup près aussi significatifs que les précédents et les fraudes sont plus faciles à pratiquer.

La taille des Chevaux varie beaucoup suivant le climat des pays dans lesquels ils sont élevés. Dans les îles où la température est basse, où les vents sont violents et l'herbe peu abondante, par exemple aux îles Shetland, ils sont remarquablement petits; dans la Corse où la température est douce, mais où les pâturages sont maigres, ces quadrupèdes, sans être aussi rabougris, sont très petits; et dans les pays de montagnes, les Pyrénées par exemple, ils sont rarement grands; tandis que dans les régions basses, humides et tempérées, dans la Flandre notamment, ils parviennent à une taille gigantesque, surtout lorsque pendant une longue suite de générations ils ont été abondamment nourris, comme c'est ordinairement le cas pour les Chevaux de brasseurs. D'autres qualités de ces utiles animaux dépendent également en partie d'influences extérieures analogues, et les particularités acquises de la sorte par les individus tendent non seulement à se transmettre à leurs descendants, mais à se prononcer de plus en plus de génération en génération. Elles deviennent de la sorte caractéristiques de diverses *races*, dont les unes ont les formes lourdes, la robe épaisse, les membres grossiers et les mouvements lents; tandis que les autres se remarquent par l'élégance de leurs formes, la finesse de leurs pattes, le luisant de leurs poils et la rapidité de leurs allures ; sous ces divers rapports le Cheval arabe occupe une des extrémités de la série et le Cheval hollandais prend place à l'extrémité opposée. Il y a même en France une multitude de ces races différentes, et chacune d'elles présente certaines qualités qui pour des usages déterminés les rendent préférables à d'autres.

La chair du Cheval est de médiocre qualité, mais elle n'est ni malsaine, ni désagréable au goût. Enfin dans quelques pays, notamment dans la Tartarie, on fait un grand usage du lait de jument, soit pour la confection des fromages, soit pour la fabrication d'une liqueur fermentée employée comme boisson excitante. Mais, ainsi que chacun le sait, c'est essentiellement comme bête de selle et comme animal de trait que ce beau quadrupède est précieux. Sa puissance musculaire est très grande et la docilité lui est tellement naturelle que même les Chevaux redevenus sauvages depuis plusieurs générations se laissent dompter en quelques heures et, une fois maîtrisés, ne cessent plus d'obéir à leur maître. Cela est facile à constater dans les pays où des troupes nombreuses de Chevaux vivent en complète liberté, par exemple dans les grandes plaines (ou pampas) de l'Amérique méridionale, et où on en fait la chasse pour les réduire en esclavage.

§ 77. L'**Ane** appartient au même genre zoologique que le Cheval et n'en diffère que par des caractères organiques de médiocre importance. Ces animaux peuvent même se reproduire entre eux et donner ainsi naissance à des individus hybrides appelés *Mulets* ; mais il ne résulte jamais de ces mélanges une race intermédiaire, car à quelques rares exceptions près les Mules ainsi que les Mulets sont complètement stériles. Il y a des Anes sauvages en Afrique et dans les parties adjacentes de l'Asie ; d'autres espèces du même genre appelées **Hémiones** et **Hémippes** habitent aussi diverses régions de l'Asie ; ils ne diffèrent que très peu de nos Anes domestiques tout en ressemblant davantage au Cheval ; mais ce ne sont pas des produits du mélange de ces deux espèces comme on le supposait jadis.

L'Ane diffère du Cheval par la longueur de ses oreilles, la conformation de sa queue, le son de sa voix et par plusieurs autres caractères. Il n'atteint jamais une taille aussi élevée et sa force est beaucoup moindre ; mais il se nourrit plus facilement ; sa sobriété est même remarquable et il est pour l'homme un animal domestique très utile.

§ 78. Il y a dans diverses parties de l'Afrique tropicale et méridionale plusieurs espèces chevalines très voisines de l'Ane, mais dont la robe est élégamment rayée de noir sur un fond

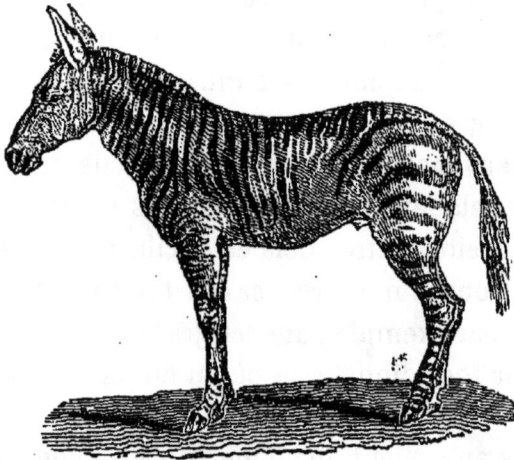

Fig. 121. — Zèbre de Burchell.

gris ou jaune brunâtre. Le plus beau de ces animaux est le **Zèbre** ; mais il est extrêmement difficile à dompter et n'a pas été réduit en domesticité.

Ordre des Ruminants.

§ 79. Les quadrupèdes à sabots dont il me reste à parler se distinguent de tous les autres Mammifères par la manière dont leur digestion se fait et par le mode d'organisation de

leur estomac. Ce réservoir alimentaire, au lieu d'être une
poche simple comme chez la plupart des autres Mammifères,
tels que l'Homme, le Singe, le Chien et le Cheval, est divisé en
plusieurs sacs, presque toujours au nombre de quatre et jamais
moins de trois ; les aliments, après avoir séjourné pendant
quelque temps dans la portion vestibulaire de cet appareil, remontent dans la bouche pour y être mâchés à loisir,
puis ils redescendent une deuxième fois et passent dans la
portion terminale de cet estomac complexe. On désigne sous
le nom de *rumination* ce retour des aliments dans l'appareil
masticatoire pour être mieux préparés à être digérés dans l'es
tomac principal et de là le nom de *Ruminants* qui est très bien
approprié à ces animaux, car ce sont les seuls qui se comportent de la sorte. Ils sont tous herbivores et leurs dents molaires
ont une couronne très large hérissée de lignes saillantes et
disposées de façon à frotter les unes contre les autres et à
broyer les aliments comme pourrait le faire une meule.

Il est aussi à noter que ces quadrupèdes de même que les
Solipèdes naissent dans un état plus parfait
que ne le font la plupart des Mammifères onguiculés ; en arrivant au monde ils peuvent
presque de suite non seulement voir et se
tenir debout, mais aussi courir.

Enfin ils ont comme les cochons les pieds
fourchus, c'est-à-dire terminés par deux doigts
principaux qui se touchent par une large
surface verticale, de façon à ressembler à un
pied de Solipède qui serait fendu sur la ligne
médiane.

Cet ordre se compose de deux groupes naturels : les Ruminants ordinaires comprenant

Fig. 122.
Pied de ruminant.

les genres Bœuf, Mouton, Chèvre, Antilope,
Cerf, Girafe, etc., et les Caméliens comprenant les genres
Chameau et Lama.

GROUPE DES CAMÉLIENS.

Les Ruminants ordinaires n'ont pas d'incisives à la mâchoire supérieure ; mais ils en ont quatre paires à la mâchoire inférieure, et ils sont pourvus de chaque côté et à chaque mâchoire de six molaires, tandis que chez les Caméliens il y a une paire d'incisives supérieures et en tout vingt ou vingt-deux molaires seulement. Ces derniers Ruminants n'ont pas les pieds fourchus et ils présentent sous le rapport de la constitution de leur sang des particularités qui les distinguent de tous les autres Mammifères ; mais dont nous n'avons pas à nous occuper en ce moment.

§ 80. Les **Chameaux** sont de grands animaux dont les pieds sont garnis en dessous d'une sorte de semelle très large

Fig. 123. — Squelette du Dromadaire avec le profil du corps.

qui les empêche de s'enfoncer dans le sol lorsqu'ils marchent sur un terrain meuble, tel que du sable ; mais le caractère le plus frappant qui les distingue de presque tous les autres quadrupèdes consiste dans l'existence d'une ou deux grosses protubérances sur la ligne médiane du dos. Ces bosses ne sont pas dures comme on pourrait le supposer de prime abord, ni dues à une courbure de l'échine du dos et ne sont constituées que par une masse de graisse. Ce dépôt de matière nutritive est une sorte de réserve naturelle dont l'animal profite

lorsqu'il est obligé de jeûner longtemps. Aussi dans cette circonstance voit-on la bosse diminuer de volume et devenir
flasque, tandis que sous l'influence d'un bon régime alimentaire elle reprend ses dimensions et sa consistance ordinaire.
Chez l'espèce commune qui habite le nord de l'Afrique ainsi que

Fig. 124. — Chameau.

les parties adjacentes de l'A-
sie et qui est appelée *Dromadaire*, il n'y a qu'une seule
de ces protubérances ; mais
chez une autre espèce qui
est un peu plus grande et
moins bien conformée pour
courir, il y a deux bosses
placées l'une au-devant de
l'autre (fig. 124).

Le *Chameau à deux bosses* est propre à l'Asie centrale.

Fig. 125. — Lama.

La famille des Caméliens a pour représentants dans le nouveau monde plusieurs espèces du genre **Lama**, animaux qui

ressemblent beaucoup aux Chameaux; mais qui n'ont pas de
bosses et qui sont beaucoup moins grands. Ils habitent principalement la région montagneuse occupée par la Cordillère des
Andes (fig. 125).

GROUPE DES RUMINANTS ORDINAIRES.

§ 81. Le groupe zoologique de RUMINANTS ORDINAIRES se
divise en quatre sections reconnaissables à la conformation de
la partie frontale de leur tête. Chez les uns (savoir : les Bœufs,
les Chèvres, les Moutons et les Antilopes) le front est armé
d'une paire de cornes constituées par un prolongement osseux du crâne revêtu d'un étui de substance cornée analogue à celle des ongles. Chez d'autres il y a des cornes
dont l'axe est également osseux, mais dont le revêtement n'est
constitué que par la peau et tombe promptement, de façon à
laisser à nu cette charpente solide, qui à son tour se détache
aussi de la tête périodiquement ; mais est bientôt remplacée
par de nouvelles protubérances analogues aux premières ; ces
cornes caduques sont appelées des *bois* et elles sont propres à la
famille des Cerfs. Dans une troisième division des Ruminants
ordinaires, constituée par les Girafes, les cornes sont représentées par des prolongements osseux du front
qui restent toujours recouverts par la peau
(fig. 126). Enfin chez quelques Ruminants
dont la forme générale ne diffère que peu
de celle des Cerfs, mais dont la structure
intérieure présente diverses particularités,
les cornes font complètement défaut. Ces
derniers quadrupèdes sont désignés sous le
nom de *Chevrotains* et dans un des genres
appartenant à cette petite famille il existe

Fig. 126.

sous le ventre une poche où se produit une matière grasse
très odorante appelée *musc*.

Le Chevrotain *porte-musc* habite principalement les montagnes de l'Himalaya, il est de la taille d'un chevreuil et remar-

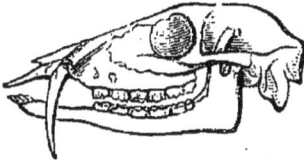

Fig. 127.
Tête de Porte-Musc.

Fig. 128. — Porte-musc.

quable par les longues canines qui arment sa mâchoire inférieure et sortent de sa bouche.

§ 82. Les Ruminants à cornes sous-cutanées et persistantes ne constituent qu'un seul genre, celui des **Girafes**, et ne vivent que dans les parties très chaudes de l'Afrique. Ces animaux de grande taille diffèrent de tous les autres Mammifères par la longueur excessive de leurs pattes et de leur cou (fig. 129). Leurs cornes sont des protubérances frontales peu saillantes et au nombre de trois ; une médiane, et deux placées symétriquement un peu au-dessus de la précédente (fig. 126).

§ 83. Les **Cerfs** forment une famille naturelle très nombreuse en espèces variées et très répandue dans l'ancien et le nouveau monde ; mais elle fait complètement défaut en Australie, région dont la faune est tout à fait différente de celles des autres parties du globe et elle n'est pas représentée en Afrique, sauf dans le Nord où on trouve quelques Cerfs probablement transportés d'Europe.

Chez un de ces animaux, le *Renne*, la tête est armée de bois chez les femelles aussi bien que chez les mâles, mais chez les autres Cervides il n'y en a que chez le mâle et ces cornes caduques en se renouvelant chaque année augmentent progressivement de longueur, et deviennent de plus en plus rameuses

Fig. 129. — Girafe.

jusqu'aux approches de la vieillesse. Leur disposition varie suivant les espèces. Tous ces animaux ont les formes gracieuses, la tête petite, les jambes très fines ; ils sont taillés pour la course et leur agilité est très grande. Ils se nourrissent principalement de jeunes branches, de feuilles et d'herbages ; ils habitent ordinairement les bois de haute futaie, et pendant une partie de l'année ils vivent en petites troupes composées d'individus adultes et de leurs jeunes, qui pendant la première année sont appelés *faons*. Les femelles sont désignées sous le nom de *biches*.

Il y a en France trois espèces du genre Cerf: le Cerf commun, le Daim et le Chevreuil, qui toutes se trouvent dans les autres parties tempérées de l'Europe. Le premier de ces animaux, ou *Cervus elaphus*, est de grande taille, ses bois pointus

au bout et arrondis dans toute leur longueur deviennent très
élevés et très rameux(fig. 130) ; on reconnaît son âge au nombre
des branches (ou andouillers) dont ses cornes sont armées, son

Fig. 130. — Cerf de France.

pelage chez l'adulte est d'un brun grisâtre, uniforme en hiver ;
mais avec une rangée longitudinale de taches blanchâtres sur
les flancs en été ; chez le Faon la peau est partout ornée de
taches blanches, ce pelage constitue la *livrée* du jeune animal.
Le *Cerf commun* se trouve aussi dans l'Asie tempérée et il
est représenté dans plusieurs autres parties du globe par des
espèces qui n'en diffèrent que fort peu.

Le *Daim* (*Cervus Dama*) est moins grand que le Cerf commun
et s'en distingue par la forme de ses bois qui, arrondis dans
leur partie inférieure, sont aplatis ou palmés, et dentelés en
dehors dans leur partie terminale. En été son pelage est
fauve avec une multitude de jolies taches blanches.

Le *Chevreuil* (*Cervus capreolus*) est le plus petit des Cerfs
d'Europe ; ses bois ronds et pointus ne se développent que
très peu ; ils s'élèvent perpendiculairement au-dessus de la
tête et n'acquièrent que deux andouillers (fig. 131). Les

Chevreuils vivent par paires dans les bois et non par petites
troupes composées d'un mâle, de plusieurs
femelles et de jeunes comme les cerfs.

Le *Renne* est à peu près de la même taille
que notre Cerf commun, mais beaucoup
moins beau ; il est plus trapu, ses pattes
sont moins fines, et son poil plus grossier
est un peu laineux. Il habite à l'état sauvage les parties boréales de l'Amérique et
de l'Asie, ainsi que le nord de la Scan-

Fig. 131. — Chevreuil.

dinavie ; mais dans toutes ces régions il a été domestiqué
et il y rend de grands services comme animal de trait aussi

Fig. 132. — Renne.

bien que comme bête de boucherie ; il est également précieux
comme producteur de lait ; enfin sa dépouille y est très utile
pour la confection des vêtements et d'autres objets d'un
emploi journalier.

Lorsqu'il a été bien dressé il se laisse facilement atteler et
il court sur la neige avec une grande vitesse ; il peut faire

d'une seule traite de 6 à 7 myriamètres, et il est très facile à nourrir dans les contrées les plus froides, car il recherche surtout comme aliment une espèce de lichen qui croît sur les rochers presque nus et qu'il sait trouver jusque sous la neige.

Autrefois, à l'époque où l'homme a commencé à habiter notre pays, de grandes troupes de Rennes vivaient dans

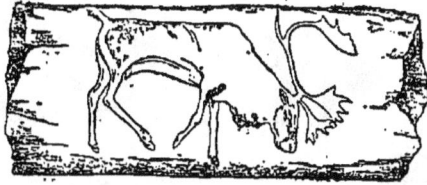

Fig. 133. — Renne (dessin *préhistorique* sur une lame d'*ivoire*).

toute l'Europe tempérée (fig. 133), mais ces animaux ont bientôt disparu et se sont retirés vers le nord.

Il y a dans l'Amérique du Nord une espèce de Cerf qui ressemble beaucoup à notre Cerf commun ; mais qui est beaucoup plus grande et qui est désignée sous le nom de *Wapiti*. Enfin le géant de la famille est l'*Élan* (fig. 134), animal à formes lourdes qui habite le nord des deux mondes et qui porte des bois palmés et très massifs.

Fig. 134. — Tête d'Élan.

On trouve dans les tourbières de l'Irlande les os fossiles d'un autre Cerf de grande taille dont les bois étaient gigantesques, on a donné à ce Cerf le nom de *Megaceros* qui signifie grandes cornes (fig. 135).

§ 84. Les **Antilopes** ressemblent beaucoup aux Cerfs par la forme générale de leur corps ; mais, ainsi que je l'ai déjà dit, leur tête au lieu de porter des bois est armée de cornes permanentes, dont l'axe osseux est revêtu d'un étui constitué

par une substance élastique et très dure, analogue à celle des ongles et désignée sous le nom de corne ; sous ce rapport les

Fig. 135. — Cerf des tourbières.

Antilopes ressemblent aux Chèvres, aux Moutons et aux Bœufs ; mais l'axe osseux de leurs cornes, au lieu d'être, comme chez tous ces derniers animaux, creusé de grandes cellules en com-

8.

munication avec les fosses nasales, est plein ou très peu ca-
verneux.

Ces animaux forment une famille zoologique très nombreuse
dont diverses espèces habitent l'Afrique ; d'autres la partie de
l'Asie située au sud du 50ᵉ degré de latitude nord. Ils n'existent ni en Australie ni dans l'Amérique du Sud, et en Europe ils ne sont représentés que par le *Chamois*, animal de
montagne d'une grande agilité, qui n'est pas rare dans les Alpes
et qui dans les Pyrénées est connu sous le nom d'*Isard*. Les
cornes sont courtes, lisses et recourbées en arrière vers le
bout.

Chez les Gazelles, petits Antilopes des plus gracieux qui se trouvent en Algérie ainsi que dans d'autres par-
ties de l'Afrique et de l'Asie, les cornes sont
au contraire annelées transversalement
(fig. 136) ; chez quelques autres espèces ces
organes acquièrent une longueur énorme,
et leurs formes sont des plus variées.

§ 85. Les **Chèvres** ressemblent beaucoup à certains Antilopes par leur mode
d'organisation et par leur manière de vi-

Fig. 136. — Gazelle.

vre (fig. 137) ; mais elles ont plus de parenté avec les Moutons dont
elles ne diffèrent en réalité que très peu, surtout lorsque ces
derniers n'ont pas été modifiés par les effets de la domestication.
Leurs cornes très caverneuses comme chez ceux-ci sont arquées, mais ne s'enroulent pas en spirale ; leur chanfrein n'est
pas busqué, et leur menton est ordinairement garni d'une
longue barbe, disposition qui ne se rencontre pas chez les
Moutons.

On connaît plusieurs espèces de Chèvres sauvages qui vivent
en petites familles au milieu des montagnes les plus élevées
et qui y déploient une agilité encore plus grande que celle des
Chamois. Un de ces animaux qui habite certaines îles de la
Méditerranée et qui est probablement l'espèce dont descendent

nos chèvres domestiques est connu sous le nom d'*Égagre*. Le

Fig. 137. — Chèvre.

Bouquetin (fig. 138) est une autre espèce à cornes très grandes qui se trouve dans les hautes chaînes de montagnes en Europe, mais qui pourchassé de tous côtés tend peu à peu à disparaître.

Nos Chèvres domestiques ne diffèrent que peu des Chèvres sauvages et sont très utiles comme races laitières dans les pays de montagnes et dans d'autres localités où des vaches ne trouveraient pas une nourriture suffisante (fig. 137). Il y a aussi certaines races de Chèvres dont le poil long est remarquablement soyeux et

Fig. 138. — Tête de Bouquetin.

très estimé pour la fabrication des étoffes tissées. Les Chèvres du Thibet et de Cachemire se placent en première ligne sous ce rapport.

§ 86. On suppose assez généralement que nos **Moutons** domestiques sont des descendants d'une espèce du même genre qui se trouve encore à l'état sauvage dans les montagnes de l'Asie centrale et que l'on appelle l'*Argali* (fig. 139); mais cela

Fig. 139. — Tête d'Argali.   Fig. 140. — Mouflon.

est fort incertain et il est possible qu'ils aient eu pour ancêtres les *Mouflons* dont une espèce habite la Corse et l'île de Crète (fig. 140), car l'origine de ces animaux se perd dans la nuit des temps, et quelle que soit la source primitive de nos bêtes ovines, leurs formes ainsi que leurs mœurs ont dû être considérablement modifiées par les effets de la domestication, car elles constituent maintenant une multitude de races très différentes entre elles, et toutes s'éloignent notablement des types sauvages.

C'est principalement comme animaux de boucherie et comme producteurs de laine que les moutons domestiques sont profitables à l'agriculture; mais on les utilise aussi en fabriquant des fromages avec le lait des brebis et en fumant les

terres avec leurs excréments. La laine est une sorte de poil
analogue au duvet, mais plus élastique, plus longue et frisée,
elle forme sur toute la surface du corps une couche épaisse,
et qui se reproduit rapidement lorsqu'elle a été coupée.
La tonte se fait annuellement, vers le milieu de la saison la
plus chaude, et fournit aux agriculteurs un revenu considérable. La qualité de la laine varie beaucoup suivant les races
et les conditions physiologiques dans lesquelles les moutons
vivent. La race ovine la plus estimée pour la toison est le mouton *mérinos* (fig. 141) qui est originaire de l'Espagne et dont l'in-

Fig. 141. — Mouton mérinos.

troduction en France, tentée d'abord par Colbert, est due principalement à Trudaine, intendant des finances sous Louis XVI,
qui en chargea le naturaliste Daubenton (1776) et rendit ainsi
au pays un service signalé, car non seulement le nombre des
mérinos pur sang que nous possédons maintenant est très
considérable ; mais par le mélange de ces animaux avec nos
moutons indigènes ceux-ci ont été beaucoup améliorés.

Le perfectionnement des moutons considérés comme producteurs de viande de boucherie a été également très grand
depuis un siècle. Les éleveurs sont parvenus à modifier peu à
peu la conformation de ces animaux, de façon à augmenter
beaucoup la proportion des parties du corps qui fournissent
la viande et à diminuer le poids des parties osseuses qui ne
donnent que peu ou point de chair utilisable.

En Orient on a produit une autre race de moutons domestiques qui est remarquable par la manière dont la graisse
s'accumule dans la queue de l'animal. Chez les *moutons à grosse
queue*, cet appendice prend des dimensions énormes, par.
suite de ce développement du tissu graisseux sous-cutané.

Le suif est la graisse du mouton fondue par la chaleur.

§ 87. Les bêtes bovines ou animaux du genre **Bœuf** diffèrent
des divers ruminants pourvus de cornes à étui, dont je viens
de parler, par leurs formes massives, par la disposition de

Fig. 142. — Taureau.

leurs cornes qui, dirigées de côté, reviennent ensuite en haut
et en avant en forme de croissants, par l'existence d'un *fanon*,
grand repli longitudinal de la peau qui pend au-dessous du
cou jusqu'entre les jambes antérieures, et par la conformation
du museau qui est en général terminé par un espace nu et
humide appelé *mufle* (fig. 142).

Les diverses espèces dont le genre *Bœuf* se compose se rapportent à cinq types principaux et par conséquent les naturalistes divisent ce groupe en autant de sections, savoir :

1° Les *Bœufs proprement dits*, qui ont les cornes arrondies, la tête de grandeur médiocre, le front plat et le garrot peu élevé.

2° Les *Bisons* qui diffèrent des précédents par leur grosse tête, par leur front bombé et par la hauteur de la partie antérieure de leur dos et de leurs épaules.

3° Les *Yacks*, dont les cornes sont conformées à peu près comme chez les précédents ; mais dont la queue au lieu d'être, comme d'ordinaire, presque rase excepté vers le bout où se trouve un gros pinceau de poils, est couverte de longs crins depuis sa base de façon à ressembler à la queue d'un cheval.

4° Les *Buffles* dont le front est bombé et les cornes au lieu d'être rondes sont aplaties en avant.

5° Les *Bœufs musqués* ou *Ovibos*, qui n'ont pas de mufle et présentent plusieurs traits de ressemblance avec les moutons, notamment la forme busquée du chanfrein.

Le bœuf domestique appartient à la première de ces divisions. Il existait jadis à l'état sauvage dans presque toute l'Europe et il a conservé la plupart de ses caractères primitifs chez un petit nombre d'individus qui vivaient en liberté dans un parc très vaste situé en Écosse et en Angleterre ; mais partout ailleurs il a été plus ou moins profondément modifié par l'influence du servage et a donné naissance à une multitude de races plus ou moins dissimilaires, sous le rapport de l'aptitude à engraisser, à donner du lait ou à travailler.

Chez certaines races les cornes sont extrêmement longues, tandis que chez d'autres elles peuvent manquer complètement, et une particularité de forme très remarquable est propre à une race de Bœufs de l'Inde et de l'Afrique orientale, appelés *Zébus*, chez laquelle le dos est surmonté d'une bosse constituée par du tissu graisseux et très analogue à celle des chameaux (fig. 143).

Dans les pays très chauds, les vaches ne donnent que peu de lait; mais dans les pays tempérés et humides il y a des races qui, bien nourries, en fournissent des quantités très considérables. Les petites vaches bretonnes, les grandes vaches suisses ainsi que les belles vaches normandes et les vaches hollan-

Fig. 143. — Zébu.

daises sont dans ce cas. Dans quelques parties de l'Amérique méridionale ces animaux ne fournissent guère plus d'un demi-litre de lait par jour, en Algérie elles en donnent environ 3 ou 4 litres; nos vaches communes en donnent jusqu'à 6 litres et les grandes vaches suisses 10 à 15 litres; enfin, certaines vaches hollandaises peuvent même en donner de 15 à 20 litres; mais pour tous ces animaux c'est seulement vers l'âge de 4 ou 6 ans et pendant les premiers mois après la naissance du veau que la production de ce liquide alimentaire est très abondante. Passé ce moment, il tarit peu à peu et s'arrête jusqu'à ce qu'un nouveau jeune soit venu au monde.

Le lait de vache est très riche en beurre et en caséum, mais la proportion de ces substances varie suivant le régime de l'animal et beaucoup d'autres circonstances. En battant bien le lait des vaches des environs de Paris, on en tire environ $\frac{1}{6}$ de son poids en beurre.

Les bœufs domestiques sont également très utiles comme bêtes de travail; ils sont très forts et très bien organisés pour traîner de lourds fardeaux, mais leurs mouvements sont très lents et c'est principalement pour le labour qu'on les emploie comme puissance motrice. Les taureaux ou individus mâles sont trop indomptables pour être utilisés de la sorte, et les vaches sont employées de préférence pour donner du lait, ce qui est peu compatible avec leur application à des travaux rudes; mais en pratiquant sur les premiers, lorsqu'ils sont encore très jeunes, une opération chirurgicale particulière, on peut adoucir leur caractère de façon à les rendre obéissants. Ce sont les individus préparés de la sorte que l'on destine au labour et que les cultivateurs désignent plus spécialement sous le nom de *bœufs*.

Ce sont aussi les individus dont le caractère a été assoupli de cette manière qui sont les plus aptes à profiter de leur nourriture pour s'engraisser et qui donnent la meilleure viande de boucherie. Les agriculteurs en élèvent en très grand nombre uniquement pour la consommation et, par des soins persévérants, on est arrivé à obtenir des races particulières qui sont à la fois très précoces, très disposées à l'engraissement et conformées de façon à n'avoir que des petits os dans les parties peu charnues du corps telles que la tête et les jambes. Avant ce perfectionnement les bœufs destinés à la boucherie n'étaient bien développés que vers l'âge de cinq ans, tandis que maintenant on en élève qui peuvent être avantageusement abattus vers l'âge de trois ans, d'où résulte une grande économie de nourriture. On a constaté aussi que proportionnellement au poids du corps les petits individus consomment beaucoup plus d'aliments que les grands et par conséquent les éleveurs ont dû chercher à obtenir des races de grande taille, partout où les pâturages sont assez riches pour pouvoir subvenir aux besoins de forts mangeurs et on est arrivé sous ce rapport à des résultats remarquables. De la sorte on a, pour ainsi parler, fabriqué des bœufs gras d'une taille gigantesque dont le poids dépasse parfois 1500 kilogrammes, tandis que dans beaucoup de parties de la France le poids des bœufs ordinaires ne s'élève guère au-dessus de 250 ou 300 kilogrammes. C'est principalement en Normandie, en Angleterre et en Hollande que ces résultats ont été obtenus.

En parlant des profits que l'agriculteur tire de l'élevage des bœufs, je ne dois pas omettre de faire mention de la valeur de leur peau, qui rendue incorruptible par le tannage fournit les meilleurs cuirs forts.

Les bœufs ont été introduits en Amérique au commencement du seizième siècle et sont devenus extrêmement nombreux dans les plaines de la Plata où ils sont retournés à l'état demi-sauvage et vivent en grandes troupes.

Il y a en Afrique et dans l'Inde quelques variétés de bœufs proprement dits, mais dont l'histoire naturelle ne présente pas assez d'importance pour que je m'y arrête ici.

Le *Buffle commun* se trouve dans l'Inde à l'état sauvage et, réduit à l'état domestique (fig. 144); il a été acclimaté en Perse,

Fig. 144. — Buffle.

dans tout le nord-est de l'Afrique et dans plusieurs parties du sud-ouest de l'Europe. Il aime à rester plongé dans l'eau et nage très bien ; il se nourrit volontiers de roseaux et d'autres plantes grossières. Il est commun dans les Marais Pontins près de Rome. Son poil est très rude et son naturel est farouche. Ses cornes sont courtes ; mais chez une autre espèce qui vit dans les forêts de l'Inde et que l'on appelle l'*Arni*, les cornes ont jusqu'à 2 mètres d'envergure.

Dans le sud de l'Afrique, il y a une autre espèce de Buffle, (le Buffle de la Cafrerie) dont les cornes sont tellement renflées et élargies vers la base qu'elles recouvrent tout le front et le dessus de la tête : ce sont des animaux farouches et très redoutés des chasseurs.

Les *Bisons* sont propres au nord des deux continents. Le Bison d'Europe, appelé *Aurochs* ou *Thur*, existait anciennement

Fig. 145. — Bison.

dans les grandes forêts de la Germanie, et du temps de Charlemagne on en faisait souvent la chasse dans la Saxe ; mais aujourd'hui il n'en reste qu'un petit nombre d'individus dans une des forêts de la Lithuanie et dans le Caucase. Une autre espèce qui ne diffère que peu de l'Aurochs est propre à l'Amérique septentrionale (fig. 145), elle y vit en troupes nombreuses, mais peu à peu elle est refoulée vers le nord-ouest de ce grand pays.

Le *Yack* (fig. 146) ou Bœuf à queue de cheval, appelé aussi la Vache grognante de Tartarie, appartient aux montagnes du Thibet et aux parties adjacentes de l'Asie centrale. Il est remarquable par la longueur des poils qui garnissent ses flancs et tout le dessus de son corps. On a essayé de l'acclimater en France, mais il n'y réussit pas bien.

L'*Ovibos* ou Bœuf musqué est de médiocre taille et bas sur pattes, mais il grimpe presque aussi bien que la Chèvre.

Fig. 146. — Yack.   Fig. 147. — Bœuf musqué.

Ainsi que je l'ai déjà dit, il diffère de toutes les autres espèces du même genre en ce que le tour de ses narines est poilu comme le reste de la face au lieu d'être nu et de constituer un mufle ; il est recouvert d'une toison très épaisse. Il est propre aux parties les plus froides de l'Amérique boréale (fig. 147).

DIDELPHIENS.

Ordre des Marsupiaux.

§ 88. Par leur aspect ces Mammifères ne diffèrent que peu des quadrupèdes que je viens de passer en revue ; les uns ressemblent beaucoup à divers Carnassiers, les autres à certains Rongeurs ; mais ils s'en distinguent par des particularités physiologiques et anatomiques très importantes, parmi lesquelles je citerai l'existence d'une poche contenant les mamelles et servant à loger les nouveau-nés pendant toute la première période de la vie.

Les petits naissent dans un état d'imperfection extrême et restent pendant fort longtemps attachés aux mamelles de leur

mère ; mais, même lorsqu'ils sont assez grands pour courir, ils
continuent à se blottir pendant quelque temps dans cette espèce
de bourse constituée par un prolongement de la peau du ventre
et ils y cherchent refuge dès qu'ils ont besoin de dormir ou
qu'ils se voient menacés de quelque danger.

Une des petites familles zoologiques appartenant à cet ordre
est constituée par les Sarigues (fig. 28, page 35) et appartient au nouveau continent ; mais presque tous les Marsupiaux
sont propres à l'Australie ou aux îles adjacentes, telles que la
Nouvelle-Guinée au nord, et la Tasmanie au sud. Les plus remarquables sont les *Kanguroos*, animaux sauteurs qui se tien-

Fig. 148. — Kanguroo.

nent debout appuyés sur leurs grandes pattes postérieures et
sur leur forte queue comme sur un trépied et qui se nourrissent
d'herbes ou de feuilles (fig. 148).

Ordre des Monotrèmes.

§ 89. Les quadrupèdes de la classe des Mammifères, dont
il me reste encore à parler, ont beaucoup d'analogie avec les

Marsupiaux pour leur structure intérieure ; mais n'ont pas de
poche mammaire et leur anus se trouve au fond d'une poche
appelée *cloaque* où aboutissent également les voies urinaires
comme chez les Oiseaux. Ils ressemblent un peu aussi à ces
derniers animaux par la conformation de leur bouche, car au
lieu d'avoir des lèvres charnues comme tous les autres mammifères, ils ont les deux mâchoires garnies d'une lame cornée
comparable au bec d'un oiseau, et l'appareil dentaire manque
ou n'est représenté que par des plaques cornées en forme de
mâchelières. Ces animaux n'existent qu'en Australie ; ils consti
tuent deux genres très distincts : les *Ornithorhynques* (fig. 149)
et les *Echidnés* (fig. 150).

Les premiers sont couverts de poils, et se font remarquer
par leur bec corné, plat et élargi comme celui d'un canard, ainsi

Fig. 149. — Ornithorhynque.

que par leurs pattes palmées. Ils vivent près des bords de l'eau
dans des trous et se nourrissent principalement de vers, de
larves et de mollusques aquatiques.

Les Echidnés sont couverts d'épines comme les Hérissons
(fig. 150); leur bec est grêle et allongé; leur langue est filiforme

Fig. 150. — Échidné.

comme celle des Fourmiliers, et leurs pattes sont armées
d'ongles propres à fouir. Ils ne se nourrissent que d'insectes.

Les uns et les autres sont des animaux de la taille d'un lapin.

MAMMIFÈRES PISCIFORMES OU ICHTHYOMORPHES.

§ 90. Chez ces singuliers Mammifères les membres postérieurs manquent complètement ou ne sont représentés que par
des vestiges de la partie correspondante du squelette cachés
sous la peau; les membres antérieurs sont transformés en
nageoires qui ne laissent voir au dehors aucune trace de doigts,
quoique ces organes existent solidement réunis et cachés sous
la peau, de façon à constituer une sorte de palette; enfin la
queue très élargie au bout forme une grande nageoire horizontale.

En général ils ont aussi sur le dos une nageoire verticale et
impaire; mais cet organe n'est formé que par un repli de la

peau et n'est pas soutenu par des pièces osseuses comme le sont les nageoires verticales des poissons. Enfin leur peau est nue, et par la forme générale de leur corps ils ressemblent à des poissons bien plus que tout autre vertébré.

Tout dans l'organisation de ces animaux est donc approprié à une existence complètement aquatique, et cependant ils respirent par des poumons et périraient bientôt s'ils ne pouvaient venir à la surface de l'eau puiser de l'air dans l'atmosphère (fig. 26).

Ces Mammifères pisciformes constituent deux ordres bien distincts : l'ordre des Siréniens et l'ordre des Cétacés.

§ 91. Les **Siréniens** sont de grands animaux herbivores dont les narines sont placées comme d'ordinaire à l'extrémité du museau et dont les mamelles sont situées sur le devant de la poitrine. Ils appartiennent à deux types zoologiques et forment par conséquent deux genres : celui des *Lamantins*, qui est propre à la partie tropicale de l'Océan Atlantique ; et celui des *Dugongs* qui se trouve dans le Grand Océan à l'extrême orient.

Jusque vers le milieu du siècle dernier un autre animal du même ordre, qui avait plus de 7 mètres de long et qui est désigné sous le nom de *Rythine*, vivait dans les mers arctiques près des côtes de la Sibérie ; mais il a été complètement exterminé.

§ 92. Les **Cétacés** sont tous des animaux piscivores et ils présentent dans le mode d'organisation de leurs fosses nasales des particularités remarquables.

Leurs narines sont placées fort loin de la bouche, sur le dessus de la tête et constituent un ou deux orifices appelés *évents* par lesquels ces animaux, en expulsant l'air de leurs poumons, font sortir un jet d'eau ou de vapeur qui s'élève fort haut et leur a valu le nom de *Souffleurs*. Il est aussi à noter que leurs mamelles peu apparentes sont situées près de l'anus et que leurs dents dont l'existence n'est pas constante, au lieu d'avoir une couronne très large comme chez les Siréniens, sont coniques, pointues et toutes de même forme, de sorte qu'on ne saurait les distinguer en incisives, canines et molaires comme chez les Quadrupèdes.

Cet ordre se compose de trois familles principales savoir : 1º celle des *Dauphins* ; 2º celle des *Narvals* qui se distingue de la précédente par l'existence d'une sorte de lance constituée par une énorme dent incisive implantée dans la mâchoire supérieure et dirigée horizontalement en avant ; 3º celle des *Baleines* qui diffère des groupes précédents par l'existence des lames cornées garnissant la mâchoire supérieure et que l'on appelle les *fanons*.

§ 93. Dans la famille des Delphiniens ou Dauphins la bouche est puissamment armée de dents coniques. Ce groupe comprend les Marsouins, les Dauphins proprement dits et les Cachalots.

Les **Marsouins** (fig. 4) sont caractérisés par la brièveté et la courbure uniforme de leur museau. On trouve sous leur peau une couche très épaisse de graisse et ils doivent leur nom à cette circonstance qui les a fait appeler des Cochons de mer ; en effet le mot Marsouin vient de l'expression allemande *Meerschwein* qui signifie cochon marin et qui est employée pour désigner d'une manière générale les Dauphins.

Le Marsouin commun est le moins grand de tous les Cétacés ; il n'est pas rare sur nos côtes et remonte parfois très loin dans les rivières ; on en a vu dans la Seine à Paris. Il est une autre espèce du même genre, l'*Epaulard* qui ne quitte que rarement les mers du Nord, et est au contraire fort grande ; cet animal a jusqu'à 8 mètres de long et il livre aux Baleines des combats furieux.

Les **Dauphins** ont le museau rétréci et avancé en forme de bec. L'un d'eux vit en grandes troupes dans la Méditerranée et était jadis un objet de culte pour les Grecs ; mais ce que les anciens ont dit de son attachement pour l'homme et de son intelligence n'est pas fondé, et si on le voit suivre le sillage

Fig. 151. — Dauphin.

des navires, c'est seulement pour se repaître des débris de cuisine jetés à la mer par les marins.

Les **Cachalots** se font surtout remarquer par l'existence d'un énorme dépôt de matière grasse sur le dessus de la tête où

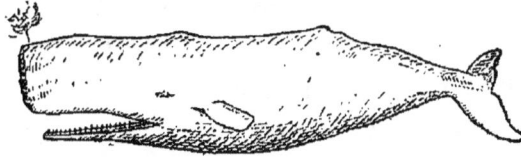

Fig. 152. — Cachalot.

cette substance appelée *spermaceti* ou *blanc de baleine* est logée dans une espèce de bassin osseux constitué par un prolongement vertical de la voûte du crâne. Ces animaux pisciformes ont souvent plus de 20 mètres de long et ils habitent principalement les parties chaudes du grand Océan Pacifique ; mais ils se montrent aussi dans l'Atlantique.

Les Cachalots (fig. 152 et 153) n'ont de dents qu'à la mâ-

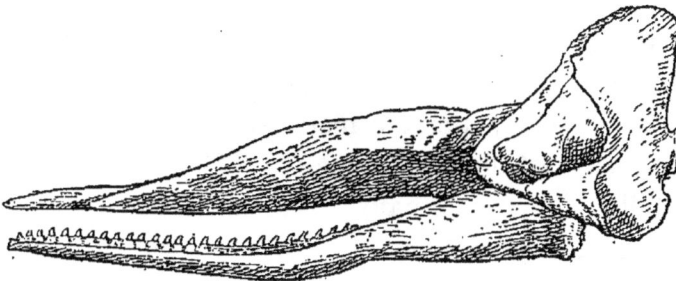

Fig. 153. — Crâne de Cachalot.

choire inférieure et leur évent unique est placé à l'extrémité de la tête. Celle-ci est énorme.

§ 94. Les **Narvals** atteignent une taille considérable, 4 ou 5 mètres, et habitent les mers boréales ; la dent qui constitue au devant de leur tête une sorte de lance est tordue sur elle-même et presque exclusivement composée d'ivoire.

§ 95. Les **Baleines** sont dépourvues de dents et diffèrent de tous les autres Mammifères par la structure de leur cavité buccale, dont la voûte est garnie latéralement d'une série de grandes lames cornées de structure fibreuse placées verticalement les unes près des autres comme des dents de peigne et appelées des *fanons*. Ce sont ces lames qui constituent la substance dure et élastique connue dans le commerce sous le nom de *baleine* (fig. 154); leur bord interne est frangé en manière de brosse et par leur réunion, elles constituent une sorte de crible au moyen duquel ce cétacé capture les très petits animaux marins dont il se nourrit. En effet son gosier est si étroit qu'une proie un peu volumineuse ne pourrait y passer, et malgré son

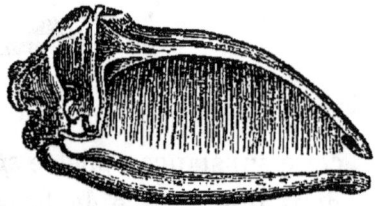

Fig. 154.
Crâne et fanons de Baleine.

énorme taille il ne vit que de crustacés, de mollusques et de zoophytes pélagiques presque microscopiques ; son corps est chargé d'une quantité immense de graisse appelée *huile de baleine* et c'est uniquement pour se procurer cette substance ainsi que les fanons, que l'on fait la pêche de cet animal.

Une espèce appelée *Baleine franche* (fig. 155) a des fanons dont la longueur atteint 3 mètres ou même beaucoup plus et leur nombre est de 300 de chaque côté.

La taille de ces animaux a été beaucoup exagérée par les voyageurs ; mais ils n'en sont pas moins de véritables géants.

Au moment de la naissance ils ont environ 6 mètres de long, et à l'age adulte ils mesurent souvent 20 mètres et même davantage et sont si gros que le poids de leur corps est parfois d'environ 150,000 kilogrammes, ce qui équivaut approximative-

ment au poids de 30 Éléphants; malgré cette masse énorme la
Baleine franche est très agile ; elle nage très rapidement en se
servant de sa queue pour battre l'eau et sa force est prodigieuse.
Elle peut rester un quart d'heure sous l'eau et même davantage ; mais au bout de ce temps elle est obligée de venir à la
surface puiser de l'air dans l'atmosphère, et sa présence est

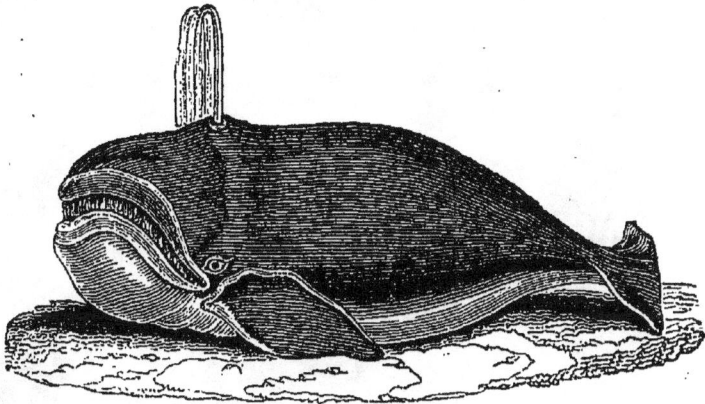

Fig. 155. — Baleine.

alors facile à constater de fort loin, car le jet d'eau et de vapeur
qu'elle lance au dehors par son évent chaque fois qu'elle fait
un mouvement d'expiration s'élève souvent à une hauteur
de 12 ou 13 mètres.

Jadis les Baleines fréquentaient le golfe de Gascogne, et
pendant tout le moyen âge elles y étaient pour les Basques un
objet de pêche important ; mais peu à peu elles ont abandon-
né nos mers et, pourchassées sans relâche, elles ont disparu.
La Baleine franche vit dans les mers du Nord jusque dans le
voisinage des glaces perpétuelles de la mer circumpolaire. Les
marins en font ordinairement la pêche à l'aide de harpons,
espèce de lance barbelée attachée au bout d'une corde très
longue et qu'ils lancent de loin de façon à s'implanter dans le
corps de l'animal et à être emportée par lui dans sa course rapide, puis à fournir au pêcheur le moyen d'attirer à lui sa proie
lorsque celle-ci affaiblie par des blessures multipliées cesse de

pouvoir résister. Aujourd'hui pour lancer ce harpon, on emploie
souvent des fusées qui permettent d'atteindre la Baleine de fort
loin et en rendent la pêche plus productive et moins dangereuse pour les marins (fig. 156). L'histoire de la pêche de ce grand

Fig. 156. — Pêche de la Baleine avec les fusées harponneuses.

cétacé présente beaucoup d'intérêt ; mais l'espace me manquerait pour en parler plus largement dans cet ouvrage.

On connaît plusieurs espèces de Baleines très semblables à
la Baleine franche, mais qui vivent dans les mers de l'hémisphère austral, au cap de Bonne-Espérance et sur les côtes de
l'Australie. D'autres espèces ont la tête moins développée et
les fanons plus courts, ce sont : 1° les *Rorquals* dont le dos est
surmonté d'une sorte de nageoire et dont la peau du ventre
est plissée longitudinalement ; 2° les *Mégaptères* remarquables
par la longueur de leurs nageoires pectorales.

CLASSE DES OISEAUX.

§ 96. Les Oiseaux de même que les Mammifères sont des
animaux qui produisent beaucoup de chaleur et qui, pour

vivre, ont besoin de la conserver de façon à maintenir la température intérieure de leur corps à un degré presque toujours
très supérieur à celui de la température de l'atmosphère. Or
pour empêcher un refroidissement qui pourrait devenir facilement mortel, ils ont, de même que les quadrupèdes dont l'é-
tude vient de nous occuper, une sorte de vêtement très chaud,
mais cet appareil tégumentaire, au lieu d'être constitué par des
poils, est formé de plumes qui sont des appendices encore
mieux appropriés à cet usage.

Par leur nature et leur mode de production les plumes ressemblent beaucoup aux poils ; ce sont aussi des appendices de
la peau, constitués par une substance cornée analogue à celle
de l'épiderme ; ils se développent dans l'intérieur d'une gaîne
comparable à la capsule productive du poil et, en s'accroissant,
ils deviennent saillants à la surface du corps, mais restent
pendant plus ou moins longtemps solidement implantés dans
la peau par leur extrémité basilaire ; seulement, au lieu d'affec-
ter la forme d'un fil ou d'une épine, ils s'élargissent en
manière de lames frangées sur les côtes et soutenues au milieu
par une tige allongée et flexible. Les franges dont je viens de
parler sont appelées les *barbes* de la plume et chacune d'elles
est à son tour armée d'une rangée de petits prolongements
analogues (ou *barbules*) qui, en général, sont disposés de façon
à s'accrocher entre eux et à former ainsi par leur réunion une
lame mince, légère et élastique. Ce mode de conformation
n'existe pas dans toute la longueur de la plume ; les barbes
manquent dans la portion inférieure de cet organe et dans
cette partie la tige ou *rachis* de la plume au lieu d'être pleine
devient tubulaire et sa cavité se remplit d'air, ce qui l'allège
considérablement sans nuire à sa solidité.

§ 97. Les Oiseaux sont les seuls vertébrés qui soient pourvus
de plumes et presque toujours ces appendices épidermiques ne
servent pas seulement à constituer un vêtement conservateur
de la chaleur animale ; ils remplissent aussi un rôle important

dans la composition de l'appareil de la locomotion en formant par leur réunion le long du bord postérieur des membres antérieurs de grandes rames appropriées au vol que l'on appelle les ailes (fig. 157).

Ces organes par leurs fonctions sont semblables aux ailes des chauve-souris, mais, leur structure est très différente et la

Fig. 157. — Gypaète, ou Vautour des agneaux.

charpente osseuse qui s'étend jusqu'au bord de ces organes est ici très raccourcie et ne sert qu'à donner insertion, d'une part, à la rame locomotrice, d'autre part, aux muscles moteurs de l'appareil voilier. Les longues plumes raides qui constituent la partie la plus importante de l'aile sont appelées *rémiges* et elles sont fixées les unes aux os de la main, les autres aux os de l'avant-bras ; mais ce sont toujours les premières qui sont les plus longues et qui sont les plus utiles dans le mécanisme du vol.

Les mouvements à l'aide desquels ce genre de locomotion s'effectue ressemblent beaucoup à ceux de natation ; pour faire avancer l'oiseau les ailes s'appuient sur l'air, comme les nageoires du poisson ou les rames d'un batelier s'appuient sur l'eau, seulement ce fluide étant beaucoup plus mobile et par conséquent moins résistant que l'eau, les premiers de ces organes moteurs doivent frapper le milieu ambiant avec plus de rapidité et offrir une surface beaucoup plus large.

Pour des oiseaux de même volume et de même poids la puissance du vol est effectivement en rapport avec la longueur des ailes, et, lorsque ces espèces de rames sont très réduites, ces animaux cessent de pouvoir s'élever dans l'atmosphère, même pour se soutenir dans l'air sans avancer. L'oiseau a besoin de prendre ainsi des points d'appui sur ce fluide dont la mobilité est extrême, et pour arriver à ce résultat il lui faut déployer une force d'autant plus considérable qu'il sera lui-même plus lourd. Il y a donc avantage à ce qu'il soit le plus léger possible et cela nous explique l'utilité d'une des particularités du mode d'organisation des oiseaux. L'air qui pénètre dans leurs poumons de la même manière que dans les poumons des Mammifères ne s'y arrête pas pour en ressortir presque aussitôt par la bouche ou les narines ; il va plus loin, remplit de grands sacs membraneux et se répand même dans l'intérieur de la plupart des os. A volumes égaux les oiseaux sont donc beaucoup moins lourds que les Mammifères ou que tout autre vertébré, et les muscles de la poitrine qui font battre les ailes sont à la fois plus vigoureux et mieux disposés que ceux dont l'action détermine chez les Mammifères des mouvements analogues des membres antérieurs. Lorsque nous étudierons l'anatomie, j'expliquerai en quoi consistent ces dispositions ; aujourd'hui, je me borne à signaler le fait.

Chez les oiseaux comme chez les quadrupèdes il y a deux paires de membres servant à la locomotion (fig. 158) ; mais la division du travail physiologique est complète entre ces organes moteurs ; les membres antérieurs, quoiqu'ayant des os et des muscles peu différents de ceux des membres postérieurs, sont impropres à servir de soutien à l'animal pendant la station ou pendant la marche ; ils sont affectés essentiellement au vol et ce sont seulement les membres postérieurs qui sont appropriés à la locomotion terrestre ; c'est uniquement sur eux que l'oiseau pose quand il est au repos et c'est essentiellement au moyen des mouvements exécutés par ces organes qu'il change de

Fig. 158. — Squelette de Vautour.

place lorsqu'il est à terre. Il est donc bipède comme nous, mais ses membres antérieurs ne constituent jamais des organes de préhension.

Les membres inférieurs sont constitués par une cuisse, une jambe et un pied très grêle et extrêmement allongé dont la plus grande partie ne touche pas le sol et dont les doigts ne sont jamais au nombre de plus de quatre (fig. 159). Ordinairement trois de ces organes sont dirigés en avant et un en arrière ; ce dernier est appelé le pouce, et chez quelques espèces dont les pattes sont particulièrement bien organisées pour saisir les corps étrangers (chez les Perroquets par

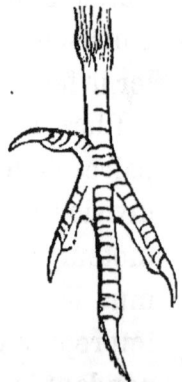

Fig. 159.
Patte d'oiseau.

exemple) le doigt externe de même que le pouce est tourné en arrière et opposable aux deux doigts intermédiaires. Tous ces doigts sont garnis d'ongles dont la conformation varie suivant les mœurs des oiseaux et presque toujours la portion supérieure du pied appelée le métatarse est dépourvue de plumes et recouverte de plaques écailleuses. C'est à tort que dans le langage ordinaire on désigne souvent cette partie de la patte sous le nom de jambe; elle correspond à ce qui constitue le cou-de-pied chez l'Homme.

Une autre particularité dans le mode de conformation des Oiseaux comparée à celle de la plupart des Mammifères et des Reptiles nous est offerte par la bouche de ces animaux. Au lieu d'avoir des lèvres charnues, comme presque tous les Mammifères et le plus grand nombre des Reptiles, leurs mâchoires ne sont recouvertes que d'une gaîne cornée qui tient lieu de gencives et constitue un bec analogue à celui des Monotrèmes, dont j'ai déjà eu l'occasion de parler; la forme de cette gaîne est en rapport avec le régime alimentaire.

A une époque géologique reculée certains oiseaux avaient la bouche armée de dents (fig. 160): on a effectivement trouvé dans l'Amérique du Nord le squelette fossile d'un grand oiseau dont la taille dépassait un mètre, dont les ailes étaient rudimentaires et dont les mâchoires étaient armées, comme celles des reptiles, d'une série de dents petites coniques et pointues (fig. 161); mais chez les espèces de l'époque actuelle ces organes font défaut.

Fig. 160. — Squelette d'Hesperornis.

§ 98. Les oiseaux sont des animaux non moins remarquables par leurs mœurs et leurs instincts que par leur mode d'organisation.

Ils se reproduisent au moyen d'œufs dont la coque est calcaire et dont la partie centrale est occupée par une sphère de

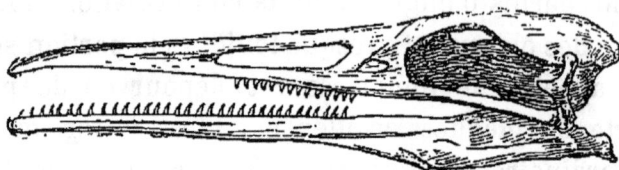

Fig. 161. — Crâne d'Hesperornis.

matière jaune très nutritive à la surface de laquelle se trouve
une petite tache blanche appelée *cicatricule*. Le blanc ou
albumen n'a qu'une importance très secondaire. La cicatricule
est le germe qui en se développant va subir une longue série
de transformations et devenir le corps du jeune oiseau. Dans
l'œuf de la Poule par exemple, elle ne constituera d'abord
qu'un disque membraniforme dont une partie ne tardera pas
à s'élever en manière de tubercule pour devenir la tête du
Poulet, et dont le tout aura à peu près la forme d'un sabot
renversé ; l'espèce de fosse ainsi produite à la face inférieure
du corps de l'*embryon* devient ultérieurement la cavité ventrale, et les membres ne commencent à se constituer que
plus tard ; mais, pour que ce travail organisateur s'effectue, il
faut que l'œuf soit maintenu à une température voisine de
celle de notre corps et, pour que ce résultat soit obtenu, la mère
guidée par un instinct particulier, reste accroupie sur ses œufs
jusqu'au moment de l'éclosion des jeunes ; elle les couve et
le temps durant lequel cette incubation doit durer varie suivant
la grandeur de l'oiseau ; les espèces les plus petites appelées
oiseaux-mouches sont en état de sortir de l'œuf après 12 jours
d'incubation, pour le Pigeon il faut 18 jours, pour le petit Poulet 21 jours, pour le Canard 25 jours, 28 pour l'Oie, 31 pour
le Paon, 42 pour le Cygne et 56 pour le Casoar de la Nouvelle-
Hollande qui est l'un des oiseaux les plus gros.

Quelques oiseaux en sortant de l'œuf sont couverts d'une

couche de duvet constituée par de petites plumes fines, et ils
sont capables de courir immédiatement pour chercher leur
nourriture ; les autres naissent presque entièrement nus et trop
imparfaitement développés pour pourvoir eux-mêmes à leurs
besoins ; aussi sont-ils nourris par leurs parents. Les petits
Poussins sont dans le premier cas, les Pigeons dans le second.

La plupart des Oiseaux lorsqu'ils vont pondre leurs œufs
préparent une espèce de berceau pour les recevoir, pour les
couver et pour servir de demeure aux jeunes qui en naîtront.
A cet effet, ils construisent un *nid* dont la forme varie suivant
les espèces et souvent ils déploient dans ce travail un art admirable (fig. 162). Leur instinct architectural est un phénomène

Fig. 162. — Nid de Chardonneret.

des plus remarquables, et en passant en revue divers de ces
animaux, j'aurai bientôt l'occasion d'en citer maints exemples.

Un autre instinct qui mérite également d'être signalé est
celui qui détermine certains oiseaux à changer de résidence
et qui leur fait entreprendre périodiquement de longs voyages ;

les Hirondelles dont j'aurai bientôt à parler plus longuement sont au nombre de ces oiseaux migrateurs.

§ 99. Le groupe naturel des Oiseaux est extrêmement nombreux en espèces, en genres et même en familles zoologiques. On compte plus de douze mille espèces et chaque jour on en découvre qui étaient restées inconnues jusqu'alors. Pour se reconnaître dans cette multitude, il faut nécessairement classer ces êtres d'une manière méthodique et les caractères que les naturalistes emploient dans ce but sont fournis principalement par la conformation du bec, des pattes et des ailes.

En me fondant sur leur manière de vivre et sur leur mode de conformation, je partagerai d'abord la classe des Oiseaux en deux sections, en réunissant, d'une part, les oiseaux qui vivent à terre et qui ont les pattes appropriées à la locomotion terrestre seulement ; d'autre part, les oiseaux la plupart aquatiques chez lesquels ces organes constituent, soit des rames natatoires, soit des échasses appropriées à la locomotion pédestre dans les eaux peu profondes.

Les premiers sont presque tous carnivores, frugivores ou granivores, les seconds sont le plus souvent piscivores.

PREMIÈRE SECTION

OISEAUX TERRICOLES.

§ 100. Chez ces Oiseaux, les pattes ne sont pas palmées et constituent le plus ordinairement des organes appropriés non seulement à la marche, mais aussi à la préhension et permettant à ces animaux de se percher sur les branches des arbres, ou de saisir leurs aliments. Chez presque tous, les ailes sont conformées de manière à servir au vol, mais le régime alimentaire ainsi que les caractères fournis par la disposition du bec ou des pattes varient, et à raison de ces différences, les naturalistes les rangent en six groupes ou ordres: les premiers sont désignés sous les noms de Rapaces, de Perroquets (ou Grimpeurs curvirostres), de Grimpeurs ordinaires, de Pigeons, de Gallinacés.

Chez les derniers le type avien est moins marqué, les ailes sont impropres à toute locomotion aérienne, les membres antérieurs sont trop courts et trop faibles pour que le vol soit possible ; mais les pattes sont bien constituées pour la marche et la course. Ces Oiseaux coureurs diffèrent beaucoup entre eux par leur aspect, et ils ne constituent pas un groupe bien naturel, mais les ornithologistes s'accordent généralement à les réunir en un même ordre : celui des Coureurs ou Brévipennes, qui comprend les Autruches, les Casoars et les Aptéryx.

Nous nous occuperons d'abord des Oiseaux terrestres ordinaires, en commençant par les plus puissants, qui sont les oiseaux de proie.

Ordre des Rapaces ou Oiseaux de proie.

§ 101. Les Oiseaux de proie sont reconnaissables à la conformation de leur bec et de leurs pattes qui sont propres à saisir et à déchirer des animaux vivants ; leur bec est court, robuste et la mandibule supérieure se termine par une pointe aiguë recourbée vers le bas en forme de crochet. Presque toujours les pattes sont également robustes et préhensiles ; elles sont armées d'ongles qui ont la forme de griffes et on les désigne sous le nom de *serres*. Enfin leurs narines sont percées dans une membrane occupant la base du bec et appelée *cirre*.

Ces Oiseaux constituent deux groupes bien distincts par leur manière de vivre et par leur conformation. Les uns sont diurnes et les autres nocturnes et on les reconnaît à la direction de leurs yeux et à la structure de leurs serres.

RAPACES DIURNES.

§ 102. Les Oiseaux de proie qui chassent le jour ont les yeux de grandeur médiocre et placés latéralement; leurs doigts libres et robustes sont dirigés trois en avant et un seul en arrière; enfin leurs plumes sont garnies de barbes rigides. Ils constituent trois familles zoologiques: 1° celle des Faucons, des Aigles et des autres espèces analogues; 2° celle des Vautours; enfin 3° celle des *Marcheurs* ou Serpentaires qui ont les pattes très longues et poursuivent leur proie à la course.

La famille des **Falconiens** comprend les Faucons, les Aigles, les Buses, les Milans et beaucoup d'autres espèces qui ne se repaissent que de proie vivante. Ces Oiseaux sont plus fortement armés que ne le sont les autres Rapaces; la mandibule ou mâchoire supérieure est courte et commence à se recourber dès sa base; enfin leurs yeux sont surmontés d'un bord sourcilier saillant qui les fait paraître enfoncés.

Les uns sont éducables et sont faciles à dresser pour la chasse au vol; les autres sont d'un caractère indomptable, ou manquent de hardiesse; à raison de cette circonstance les fauconniers appelaient les premiers des *Oiseaux de proie nobles*, les seconds des *Oiseaux de proie ignobles*, désignation que les naturalistes ont conservée.

Les Oiseaux de proie nobles sont les moins nombreux et ne constituent qu'un seul genre, celui des **Faucons**. On les recon-

Fig. 163. — Aile de Faucon (1).   Fig. 164. — Tête de Faucon.

naît à leurs ailes pointues (fig. 163) et ils ont presque toujours de chaque côté du bec, sur le bord de la mandibule supérieure,

(1) *a*, rémiges primaires, ou pennes de la main; *b*, rémiges secondaires, ou pennes de l'avant-bras; *c*, pennes bâtardes, ou pennes du pouce.

un petit crochet ou pointe que les ornithologistes appellent une dent (fig. 164). On range dans ce groupe le Faucon ordinaire, le Hobereau, l'Emérillon et les Cresserelles.

Le *Faucon* est à peu près de la grosseur d'une Poule et ses ailes sont assez longues pour atteindre presque l'extrémité de la queue lorsqu'elles sont reployées. Il fréquente presque toutes les parties tempérées et chaudes de l'Europe ; mais il se plaît surtout au milieu des montagnes rocheuses.

Le *Hobereau* est plus faible, mais ses ailes sont plus longues. L'*Émérillon* est le plus petit de nos Oiseaux de proie. Les *Cresserelles* ne volent pas aussi bien que les espèces précédentes et se nourrissent principalement de Souris, de Mulots, de Lézards et de petits Oiseaux ; mais elles mangent aussi des Insectes ; leur nom leur vient de leur cri qui ressemble au bruit de l'instrument appelé cresserelle ; dans nos campagnes on les appelle aussi des *Émouchets*.

Les *Gerfauts* sont des Faucons plus grands que les nôtres et dont le plumage est plus ou moins blanc. Ils habitent l'Islande et l'Europe boréale.

Les Oiseaux de proie ignobles ont les ailes fortement tronquées au bout (fig. 165) et leur mandibule n'est pas dentée laté-

Fig. 165. — Aile d'Épervier.

ralement. Les plus forts et les plus beaux de ces Rapaces sont les **Aigles**, qui se distinguent par l'existence de plumes aux pattes jusqu'à la racine des doigts. L'espèce la plus connue en Europe est l'*Aigle brun* ou *Aigle royal*. L'*Aigle impérial* est un peu

Fig. 166. — Aigle royal.

moins grand et sa queue est carrée au lieu d'être arrondie au bout comme dans l'espèce précédente. Une troisième espèce du même genre qui se trouve aussi en France est l'*Aigle tacheté*, appelé aussi l'*Aigle criard* à cause des cris plaintifs qu'il fait entendre ; elle est moins grande que les précédentes.

D'autres oiseaux du même groupe sont les AIGLES PÊCHEURS qui ont la partie inférieure des pattes dépourvue de plumes et qui vivent principalement de Poissons; on désigne aussi ces grands Oiseaux sous les noms de *Pygargues* et d'*Orfraies*. En hiver ils fréquentent nos côtes.

Les **Buses**, les **Balbuzards**, les **Autours** et les **Éperviers** ressemblent beaucoup aux Aigles ; mais leurs serres sont notablement moins fortes. Tous ces Oiseaux de proie se trouvent en France.

A. EDWARDS. — Zoologie, 5e. 10

Les **Milans** diffèrent de tous les Rapaces dont je viens de parler, par la forme fourchue de leur queue, la faiblesse relative

Fig. 167. — Milan commun.

de leurs serres et la brièveté du crochet terminal de leur bec

Une autre espèce de Milan qui habite l'Amérique septentrionale est remarquable par l'extrême longueur de ses ailes et de sa queue fourchue ; c'est l'*Elanus* ou Milan de la Caroline.

Fig. 168. — Milan de la Caroline.

§ 103. Les **Vautours** sont aussi carnivores que les Faucons et les Aigles ; mais ils méritent moins bien le nom d'Oiseaux de proie, car ils ne s'attaquent que rarement à des animaux

vivants et se nourrissent principalement de charognes. Ils ont
les yeux à fleur de tête, les ongles peu crochus, et presque

Fig. 169. — Vautour fauve.

toujours la tête ainsi que le cou sans plumes ou garnis seulement d'un duvet très court.

Un Oiseau de ce groupe appelé vulgairement le *Vautour des
Agneaux* ne présente pas ce dernier caractère. Les ornithologistes le rangent dans un genre particulier sous le nom de *Gypaète* (Voy. fig. 157, page 159). C'est le plus grand et le plus
vigoureux des Rapaces européens, et par ses mœurs aussi bien
que par son aspect, il ressemble beaucoup aux Aigles. Il fond
souvent sur de jeunes Quadrupèdes, tels que des Chevraux et
de petits Chamois, les saisit avec ses serres et les enlève,
pour les transporter dans son nid et les dévorer à loisir ou les
donner en pâture à ses jeunes. On l'appelle aussi le *Vautour
barbu* à cause d'un pinceau de poils raides qui garnit le dessous de son bec. Il n'est pas rare dans les Pyrénées, dans les
Alpes, les Carpathes, le Caucase et l'Himalaya et il se montre
aussi dans le nord de l'Afrique.

Les Vautours à tête nue constituent quatre petits groupes

bien distincts, savoir : le genre *Vautour proprement dit*, le genre *Sarcoramphe*, le genre *Catharte* et le genre *Percnoptère*.

Les **Vautours** proprement dits habitent l'ancien continent et se distinguent par l'absence de plumes et de caroncules charnues sur toute la partie supérieure et moyenne du cou. La principale espèce de ce groupe est le *Vautour fauve*.

Les **Sarcoramphes** et les **Cathartes** sont américains et les premiers méritent de fixer notre attention. Ils ont sur la tête et le cou des excroissances de la peau formant des crêtes, ou des caroncules charnues qui leur donnent un aspect très singulier (fig. 170). Ils appartiennent à la région montagneuse de l'Amérique méridionale et l'un d'eux, le *Condor*, est le plus grand des Oiseaux voiliers ; ses ailes ont jusqu'à 4 mètres d'envergure ; il peut enlever dans ses serres un Agneau ou un jeune Lama, et les voyageurs assurent que, réunis, ces Vautours géants peuvent facilement tuer un bœuf ; mais d'ordinaire ils se repaissent de cadavres.

Fig. 170.

Les **Percnoptères** diffèrent des autres Vautours en ce que le haut de leur tête et le dessus du cou sont emplumés, tandis que la face et la partie antérieure du cou sont nues (fig. 171). Un de ces Oiseaux, connu en Orient sous le nom de Poule de Pharaon, est commun dans tout le nord de l'Afrique, ainsi qu'en Arabie et en Grèce. Il y fréquente l'intérieur des villes et vit d'immondices. Aussi en Orient les Percnoptères sont-ils fort respectés des habitants des villes dont ils nettoient les rues.

Fig. 171.

§ 104. Les **Messagers** ont reçu aussi le nom de *Secrétaires* à raison de la disposition des plumes longues et raides, qui garnissent de chaque côté le dessus de leur tête et qui ressemblent

à celles que les écrivains placent souvent derrière leurs oreilles. Ils sont si haut montés sur pattes qu'au premier abord les
naturalistes les ont rangés parmi les Échassiers. Mais ce sont
de vrais Rapaces qui font aux Reptiles une chasse active, aussi
les appelle-t-on aussi parfois des *Serpentaires*. Leurs pattes ne
constituent pas de serres, mais leurs ailes sont armées au
poignet d'une sorte d'éperon dont ils se servent pour frapper
leur proie. Ces Oiseaux ne vivent qu'en Afrique.

§ 105. Les nids des divers Oiseaux de proie dont je viens de
parler sont très grossièrement construits et ne consistent qu'en
un amoncellement de pièces de bois, bâtons, bûchettes, ou
brindilles suivant la taille de l'animal, enchevêtrées et circons-
crivant une espèce de lit central. Ils sont établis à plat sur le
sol ou à la fourche de grosses branches et appelés *aires*. En
général ils sont placés sur des rochers escarpés et ne sont
guère accessibles que pour des animaux aptes à voler. Les
œufs sont peu nombreux; l'Aigle par exemple n'en pond que
deux ou trois et les couve pendant trente jours ; mais l'Épervier et l'Émérillon en donnent cinq ou six à chaque ponte.
La mère s'occupe seule de l'incubation, mais pendant qu'elle
reste ainsi sédentaire, le mâle fait la chasse et pourvoit à
son alimentation. Après l'éclosion, les deux prennent également soin des petits et leur apportent des morceaux de chair
fraîche ou même des animaux entiers dont les ossements
restent jonchés autour de l'*aire*. Pendant les premières années
de la vie, le plumage de ces Oiseaux présente successivement
des changements de couleur très considérables et il en résulte
que la détermination de ces Rapaces est souvent fort difficile.

RAPACES NOCTURNES.

§ 106. Ces Rapaces méritent plus que tous les autres animaux le nom d'Oiseaux de nuit, car ils voient très bien lorsque
la lumière est très faible et sont éblouis par l'éclat du jour,

aussi ne se mettent-ils en chasse qu'au crépuscule. Leurs yeux
sont très grands et dirigés en avant au lieu d'être dirigés latéralement, comme chez la plupart des autres Oiseaux ; leur
bec est court et très crochu, leurs plumes sont molles de façon

Fig. 172. — Effraie.   Fig. 173. — Hibou (Scops vulgaire).

que leurs ailes en frappant l'air ne font pas de bruit ; ils ont
la tête remarquablement grosse et le cou très court ; leur doigt
externe est reversible, c'est-à-dire susceptible de se diriger en
arrière comme le pouce, ou en avant comme les deux doigts
intermédiaires. Ils se nourrissent principalement de petits quadrupèdes, tels que des Souris et des Campagnols, ils mangent
aussi des petits Oiseaux et des Insectes ; en général, ils avalent
ces animaux tout entiers, et après avoir digéré leur proie, ils
en rejettent les plumes ou les poils et les os rassemblés en pe-
lotte. Après le coucher du soleil, ils font la terreur des passereaux, mais pendant le jour, ils ne voient pas assez pour pouvoir
leur nuire et souvent ceux-ci se réunissent alors en troupes
nombreuses pour les harceler. Les chasseurs se servent souvent de ce moyen pour attirer une foule de petits Oiseaux. Leurs
cris sont lugubres, mais loin d'être nuisibles, ces Rapaces sont

pour l'agriculture d'utiles auxiliaires, car ils détruisent beaucoup d'animaux granivores. Cette famille se compose des *Hiboux*,
des *Chouettes*, des *Effraies* (fig. 172), des *Scops* (fig. 173), etc.

Ordre des Perroquets ou Grimpeurs curvirostres.

§ 107. Les oiseaux qui constituent ce groupe naturel ressemblent beaucoup aux Rapaces nocturnes par le grand développement de leur crâne, par la structure de leurs pattes et même
par la forme générale de leur bec ; mais ils en diffèrent par
des caractères d'une haute
importance. Leur doigt externe, au lieu d'être reversible seulement, reste nettement dirigé en arrière ainsi
que le pouce, et l'espèce de
pince pédieuse constituée de
la sorte est comparable à
une main, car l'animal s'en
sert non seulement pour
saisir les objets dont il veut
s'emparer, mais pour les
porter à sa bouche. Le bec
est court, crochu, et la man-

Fig. 174. — Tête de Perroquet.

Fig. 175. — Perroquet Ara.

dibule supérieure jouit d'une certaine mobilité, mais il est
arrondi et approprié exclusivement à un régime frugivore ;

car les Perroquets ne sont pas carnassiers comme les Rapaces
et se nourrissent essentiellement d'amandes ou d'autres fruits.
Ils ont comme ceux-ci les narines percées dans une cirre ;
mais leur langue au lieu d'être cornée comme chez les autres
oiseaux est très charnue et apte à moduler les sons émis par
l'appareil vocal, de façon à les articuler et à imiter avec beaucoup de perfection la parole humaine. Quelques-uns d'entre
eux sont nocturnes et ressemblent beaucoup aux Chouettes par
la couleur et la mollesse de leurs plumes ; les Strigops de la
Nouvelle-Zélande sont dans ce cas ; mais presque tous les Perroquets sont au contraire diurnes et se font remarquer par
l'éclat et la variété de leurs couleurs. Les uns sont presque entièrement verts, bleus, rouges ou jaunes, d'autres sont multi-
colores, et il y en a aussi dont le plumage est presque entièrement blanc ou complètement noir.

Ces oiseaux sont généralement petits ou de taille médiocre
et leurs ailes sont courtes. Ils sont propres aux régions chaudes
du globe et sont très nombreux dans l'Amérique méridionale,
dans les îles de l'Océanie, l'Australie, la Malaisie, l'Inde et l'A-
frique tropicale. Enfin ils constituent plusieurs genres bien
distincts et chacune des régions qu'ils habitent a des espèces
particulières.

On subdivise l'ordre des Perroquets en plusieurs familles
désignées sous les noms d'*Aras* (fig. 175), de *Cacatoès*, de
Perroquets proprement dits, de *Perruches*, etc.

Ordre des Grimpeurs ordinaires.

§ 108. Les oiseaux de cet ordre ont comme les Perroquets
deux doigts toujours dirigés en arrière et deux en avant ; mais
ils ne se servent de leurs pattes que pour percher ou pour s'accrocher aux arbres où ils veulent grimper et non pour porter
leurs aliments à leur bouche. Ils ont aussi le bec conformé

d'une manière très différente. Cet organe n'est pas arrondi et
en général il est allongé ; leur mandibule supérieure est immobile. Enfin leur langue n'est pas charnue et ils ne sont pas
aptes à articuler les sons vocaux qu'ils produisent. Les uns
sont frugivores, les autres insectivores.

Les Grimpeurs qui habitent l'Europe appartiennent à cette
dernière catégorie et constituent le genre *Pic*, *Torcol* et *Coucou*.

Les **Pics** ne présentent dans leur conformation générale
rien de remarquable, leurs pattes sont courtes et très bien
disposées pour s'accrocher aux aspérités de l'écorce des arbres

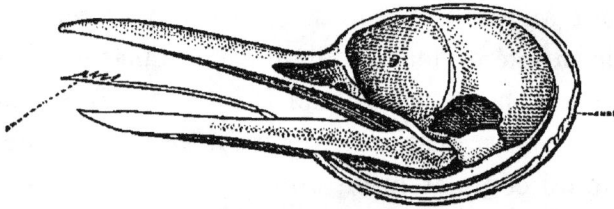

Fig. 176. — Tête de Pic.

où ces oiseaux vont chercher les insectes dont ils se nourrissent. Leur bec est droit, conique et
robuste ; leur langue grêle, cornée,
barbelée au bout, très longue, fort
extensible et continuellement enduite
de salive gluante, leur sert pour s'emparer de leur proie (fig. 176) et, à
l'aide de leur bec, ils peuvent creuser
le bois de façon à y pratiquer des réduits propres à loger leur nid. Pour
s'aider à grimper aux arbres ils s'y
arc-boutent au moyen de leur queue
dont les pennes sont raides et pointues. On en connaît un grand nombre

Fig. 177. — Pic épeiche.

d'espèces dont quatre se trouvent en France. Le *Pic vert*, le
grand Epeiche, le *moyen Epeiche* et le *petit Epeiche*.

Les **Torcols** sont organisés à peu près comme les Pics, mais leur langue n'est pas armée d'épines et les pennes de leur queue sont de forme ordinaire. Le *Torcol d'Europe* est de petite taille et se fait remarquer par la manière dont il tourne sa tête lorsqu'on le surprend.

Les **Coucous** ne sont pas bons grimpeurs et ils présentent des particularités de mœurs fort singulières : au lieu de couver leurs œufs, ils les déposent subrepticement dans le nid de divers petits oiseaux et les jeunes, nés ainsi, ne tardent pas à en expulser les nourrissons légitimes de leur mère adoptive qui néanmoins continue à élever l'intrus avec grand soin. Leur bec est presque droit et de grandeur médiocre.

Les **Toucans** ont un bec énorme, très allongé, comprimé latéralement (fig. 178). Ils sont propres aux parties chaudes

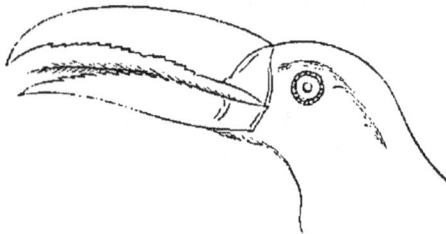

Fig. 178. — Tête de Toucan.

de l'Amérique méridionale et ils se nourrissent principalement de fruits, mais ils mangent aussi des insectes et même des jeunes oiseaux.

Ordre des Passereaux.

§ 109. Les naturalistes réunissent dans cette division une multitude d'oiseaux percheurs de petite taille ou de grandeur médiocre qui ont les pattes courtes et impropres à saisir une proie, à grimper, à gratter la terre, à nager ou à marcher à gué dans l'eau. Leur régime alimentaire varie beaucoup et la conformation de leur bec, corné jusqu'à sa base, est en rap-

port avec la manière dont ils se nourrissent. Les caractères
fournis par cet organe peuvent donc servir à nous renseigner
sur quelques-uns des points les plus importants de leur histoire naturelle et par conséquent c'est avec raison que les zoologistes font grand usage des formes du bec pour distinguer
ces animaux entre eux et pour les classer méthodiquement.

Ainsi les Passereaux dont le bec est robuste, conique, pointu
au bout et court, se nourrissent principalement de grains ou

Fig. 179. — Moineau.   Fig. 180. — Merle.   Fig. 181. — Sittelle.

de débris de matières animales et on les désigne souvent d'une
manière collective sous le nom de *Conirostres* (fig. 179). Tels
sont les Moineaux et les Corbeaux.

D'autres espèces dont le bec est grêle, court et plus ou moins
profondément échancré de chaque côté près de la pointe de
la mandibule (fig. 180) sont plutôt frugivores ou carnassiers et
constituent un groupe appelé la famille des *Dentirostres*, mais
composé d'éléments un peu hétérogènes. Presque tous les petits
oiseaux chanteurs désignés sous le nom de *Becs fins* appartiennent à cette division dans laquelle les Merles et les Pies-griè-
ches prennent également place.

Une troisième division, celle des *Ténuirostres* est caractérisée
par un bec grêle, très allongé et n'ayant pas comme chez les
Dentirostres des échancrures près du bout (fig. 181); ils se nourrissent principalement d'Insectes à l'état de larve ou de matières sucrées fournies par les fleurs. De ce nombre sont les
grimpereaux.

Un quatrième groupe se compose de Passereaux essentiellement insectivores qui poursuivent leur proie au vol et à cet

Fig. 182. — Engoulevent.

effet sont pourvus d'un bec large et susceptible de s'ouvrir en matière d'entonnoir, on les appelle des *Fissirostres* et
comme exemple de ces passereaux chasseurs, je citerai les Hirondelles et les
Engoulevents.

Enfin un cinquième groupe de Passe-
reaux est caractérisé par une particularité singulière de la
structure des pattes ; leur doigt externe et leur doigt médian

Fig. 183. — Pied de
Syndactyle.

au lieu d'être libres comme d'ordinaire sont
réunis entre eux jusqu'à l'avant-dernière articulation, disposition qui a valu à ces oiseaux
le nom de *Syndactyles*, exemple le *Martin
pêcheur*. Par leurs mœurs et par leur mode
d'organisation, ces Passereaux ressemblent
beaucoup à certains Grimpeurs ordinaires,
notamment aux Coucous, dont j'ai parlé précédemment.

Les oiseaux insectivores sont très utiles aux cultivateurs,
car ceux-ci n'ont pas de pires ennemis que les insectes, et les
Passereaux qui en vivent en détruisent un nombre incalculable ; par conséquent, loin de tuer ces auxiliaires comme les chasseurs se plaisent à le faire, il faudrait en favoriser la multiplication. Les Passereaux frugivores et granivores au contraire
sont souvent fort nuisibles ; mais cependant, somme toute, ils
font plus de bien que de mal, car pour nourrir leurs petits ils
font la chasse aux insectes et de la sorte en détruisent beaucoup. Ainsi les moineaux qui pour leur propre consommation
mangent principalement du grain ne nourrissent leurs petits
que d'Insectes. La plupart de ces oiseaux construisent leur
nid avec beaucoup d'art, tantôt en le posant sur l'enfourchure
d'une branche comme le font les Chardonnerets (fig. 162), d'au-

tres fois en le suspendant par une sorte de pédoncule et en y
ménageant une entrée en dessous (fig. 184).

Fig. 184. — Nid du Baya.

§ 110. Parmi les **Dentirostres**, je citerai en premier lieu
quelques *Becs-fins*, dont l'histoire naturelle est intéressante ;
par exemple le Rossignol, petit oiseau à plumage terne, qui
nous quitte en automne, mais revient au printemps et fait entendre alors pendant la nuit un chant des plus mélodieux, c'est
le mâle qui chante ainsi pendant que la femelle reste au nid
pour couver les œufs.

Les Fauvettes sont très proches parentes des Rossignols ; le
mâle chante d'une manière analogue ; elles se nourrissent
principalement d'Insectes et la plupart des espèces de ce
genre émigrent vers des pays plus chauds à l'approche de l'hiver ; mais il en est une, la Fauvette d'hiver ou *Traine-buisson*,
appelée aussi Mouchet chanteur, qui au mois de novembre arrive en France par petites bandes et retourne dans le nord au
printemps.

On appelle communément *Rossignol de muraille* un bec-fin que les Ornithologistes rangent dans une autre subdivision à côté du *Rouge-gorge* sous le nom générique de *Ruticilla*.

Il y a aussi des *Fauvettes* exotiques que je ne puis passer sous silence à cause de l'art admirable avec lequel elles font leur nid. A l'aide de brins végétaux qu'elles cueillent sur le cotonnier et qu'elles filent avec leur bec, ces petits oiseaux cousent ensemble des feuilles et constituent ainsi pour leur demeure une enveloppe qui est suspendue à une petite branche d'arbre et qui la cache aux regards de leurs ennemis. Cette Fauvette couturière habite l'Inde.

Les Roitelets ou *Regulus* ressemblent beaucoup aux Fauvettes, mais leur bec est plus aigu. L'un de ces becs-fins, le *Roitelet commun* est le plus petit des oiseaux d'Europe et il fréquente en troupes nombreuses les forêts des Vosges. Les *Hochequeuses* ou *Lavandières*

Fig. 185. — Nid de Fauvette couturière.

sont des becs-fins qui vivent près des bords de l'eau et se font remarquer par la manière dont ils élèvent et abaissent alternativement à chaque instant leur longue queue. Enfin je citerai également ici des becs-fins qui ont l'ongle du pouce très allongé et qui ont reçu le nom de *Bergeronnettes*, parce qu'ils se mêlent volontiers aux troupeaux pour se procurer les Insectes dont ils se nourrissent (fig. 186).

Les Merles sont aussi des Dentirostres, mais leur bec est beaucoup plus fort et notablement comprimé. Les *Grives* appartiennent au même genre que les Merles ; leur plumage au lieu d'être de couleur uniforme ou distribué par grandes masses est piqué de petites taches noires et brunes.

Enfin je signalerai aussi, à raison de la singularité de ses

mœurs, un autre Dentirostre qui n'est pas rare en France, la
Pie-grièche commune (fig. 187). C'est un petit passereau essen-

Fig. 186. — Bergeronnette.   Fig. 187. — Pie-grièche.

tiellement insectivore ; mais qui a des goûts très sanguinaires
et qui se nourrit parfois de jeunes oiseaux et de grenouilles
qu'il dépèce après les avoir accrochés aux épines des buissons.
De là le nom d'*Écorcheur* qu'on lui donne dans nos campagnes.

§ 111. La plupart des **Conirostres** ressemblent beaucoup aux
Dentirostres par la forme générale de leur corps ; mais leur
bec, ainsi que je l'ai déjà dit, présente des caractères différents et ils se nourrissent principalement de grains.

C'est chez les Gros-becs, les Moineaux et les Bruants que la
forme conique du bec est le plus prononcée. Les Bruants sont
reconnaissables à l'existence d'un tubercule saillant dans l'intérieur de la bouche, à la mandibule supérieure ; de même
que les Moineaux, ce sont de petits oiseaux très familiers et
très connus dans nos jardins. Les Friquets et les Pinsons ne
diffèrent que peu des Moineaux.

Les MÉSANGES font partie de la même famille ; mais leur bec est beaucoup plus court ; ils sont plus insectivores, beaucoup

Fig. 188. — Mésange.

plus vifs et plus jolis ; surtout, la Mésange à tête bleue.

Les CHARDONNERETS, les LINOTTES et les SERINS sont aussi des Conirostres, mais dont le bec est moins fort. Le *Chardonneret ordinaire* est un des oiseaux d'Europe les plus jolis, les plus faciles à apprivoiser et les meilleurs chanteurs. Son plumage est brun en dessous, d'un beau rouge autour de la base du bec et d'un jaune brillant sur une partie de l'aile. Les *Linottes* sont grises nuancées de rouge et les *Serins* sont jaunes.

Les TISSERINS appelés aussi les *Travailleurs* sont des Conirostres exotiques très voisins des Moineaux et qui construisent leur nid en entrelaçant des brins d'herbe avec beaucoup d'art, et façonnent ainsi des espèces de paniers allongés et ouverts à

leur extrémité pendante. D'autres petits Conirostres du sud de
l'Afrique qui appartiennent au même groupe méritent aussi

Fig. 189. — Nid de Républicain.

d'être signalés ici, parce qu'ils se réunissent en grand nombre
autour d'un même arbre et ils
construisent leur nid sous une
toiture commune. On les connaît sous le nom de *Républi-
cains* (fig. 189).

Enfin les ALOUETTES appartiennent également à la division des Conirostres, et sont
caractérisées principalement
par le grand développement de
l'ongle du pouce, disposition

Fig. 190. — Alouette.

qui ne leur permet pas de percher sur les branches des arbres,
mais leur est très utile pour marcher à terre sur un sol meuble

où elles vont chercher les Insectes et les graines dont elles font leur principale nourriture. En automne elles deviennent très grasses et on les désigne communément sous le nom de *Mauviettes*. Le *Cochevis* est une espèce d'Alouette (fig. 190).

On doit ranger aussi dans la division des Conirostres les CORVIDES comprenant les *Corbeaux*, les *Freux*, les *Corneilles*, les *Choucas*, les *Pies* et *Geais*, bien qu'ils soient beaucoup plus grands que les précédents et plus complètement omnivores. Ils se nourrissent de cadavres, de vers, d'insectes et de grains ; parfois même ils attaquent des animaux vivants et ils sont très courageux. Ils vivent réunis en bandes très nombreuses et perchent les uns sur des arbres, d'autres dans l'intérieur des tours ; le Choucas est dans ce dernier cas. Les *Freux* sont très granivores et font beaucoup de dégâts dans les champs cultivés. Le *Corbeau proprement dit* est beaucoup plus grand que le Choucas et habite principalement le nord de l'Europe.

Les PARADISIENS ou *Oiseaux de paradis* sont des Conirostres qui habitent la Nouvelle-Guinée et qui sont remarquables par le luxe de leur plumage (fig. 191).

§ 112. La division des **Tenuirostres** est représentée en France par les SITELLES appelés aussi ou *Torche-pots* à raison de la manière dont ils construisent leur nid avec de la terre gâchée (fig. 192) ; par les HUPPES, les ÉCHELETTES et les GRIMPEREAUX, petits oiseaux insectivores qui s'accrochent aux aspérités des écorces en s'aidant de leurs ongles et de leur queue dont les pennes sont raides et usées au bout.

Fig. 191. — Oiseau de paradis.

Une famille très nombreuse de Tenuirostres se compose

des Oiseaux-mouches et des Colibris qui sont remarquables par leur extrême petitesse et la beauté de leur plumage ; ils sont

Fig. 192. — Sitelle.

propres à l'Amérique tropicale. Quelques-uns de ces Oiseaux ne sont guère plus grands qu'une Abeille.

Dans l'ancien monde, ces petits êtres brillants sont représentés par les Soui-Mangas dont l'organisation se rapproche davantage de celle des Fauvettes.

§ 113. Les **Fissirostres** sont les uns diurnes, les autres nocturnes.

Les Hirondelles appartiennent à la première de ces divisions ; elles ont le vol très soutenu et du matin au soir elles sillonnent sans cesse l'atmosphère dans toutes les directions, à la poursuite des Insectes. Quatre espèces de ce genre habitent la

France pendant l'été : l'*Hirondelle de fenêtre*, l'*Hirondelle de cheminée*, l'*Hirondelle de rivage* et l'*Hirondelle des rochers*; mais elles nous quittent en automne pour émigrer vers le sud

Fig. 193. — Colibri.

où les Insectes nécessaires à leur alimentation ne leur manquent pas l'hiver. Pour entreprendre ces voyages périodiques, elles se réunissent en troupes nombreuses et elles voyagent de concert. Les nôtres traversent ainsi la Méditerranée et vont jusqu'au Sénégal, pour revenir chez nous au printemps suivant, se loger de nouveau dans leurs nids respectifs.

Les MARTINETS ressemblent beaucoup aux Hirondelles par leur

Fig. 194. — Martinet.

forme générale et par leurs mœurs ; souvent on les confond

même avec elles ; mais ils en diffèrent très notablement par
leur structure intérieure et s'en distinguent aussi par quelques
caractères extérieurs, tels que la longueur encore plus grande
de leurs ailes et la direction de leur pouce qui au lieu d'être
tourné en arrière se porte en avant comme les autres doigts.
Dans une classification naturelle ils devraient même être séparés de la plupart des Passereaux et rapprochés des Oiseaux-
mouches.

Les SALANGANES dont les nids composés de filaments gluants
sont très recherchés des Chinois comme substance alimentaire
et sont appelés communément des *nids d'hirondelles*, appartiennent à la famille des Martinets et habitent principalement
l'archipel Malais.

§ 114. Les **Fissirostres** nocturnes ressemblent beaucoup
aux Chouettes par leur plumage mou, nuancé de gris et de

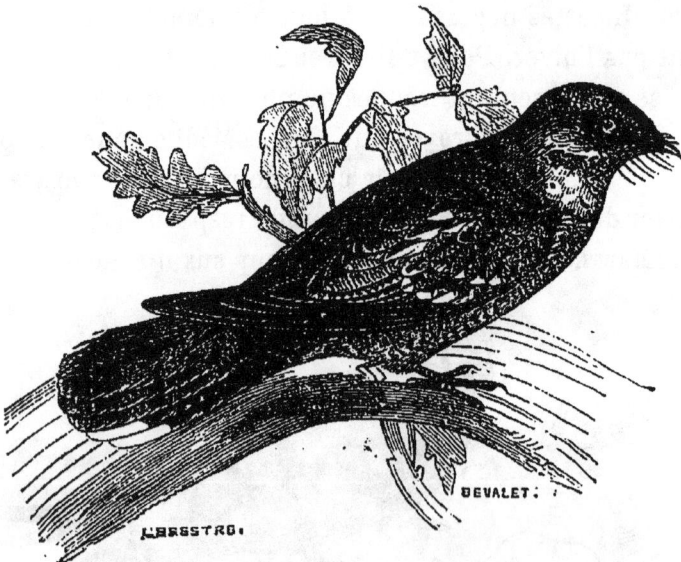

Fig. 195. — Engoulevent.

brun. Ceux qui habitent la France constituent le genre ENGOU-
LEVENT et sont appelés vulgairement des *Crapauds volants* ou des

11.

Tête-chèvres parce qu'on leur a supposé, mais à tort, l'habitude de téter les chèvres.

§ 115. Les **Syndactyles** ne comptent que peu d'espèces en France. Ce sont les *Martins-pécheurs* qui vivent aux bords des eaux et se nourrissent de Poissons, et les *Guêpiers* qui ne se ren-

contrent que dans la Provence et qui chassent les Insectes hyménoptères. En Afrique et en Asie il existe des Syndactiles de grande taille et à bec énorme que l'on désigne sous le nom de *Calaos*. Quelques-uns de ces oiseaux ont la singulière habitude d'enfermer leur femelle dans un trou d'arbre et d'en murer l'ouverture pendant le temps de l'incubation ; ils lui portent sa nourriture qu'ils passent par une sorte de enêtre ménagée à cet effet.

Fig. 196. — Martin-pêcheur.

Ordre des Colombins ou Pigeons.

§ 116. Les oiseaux de cet ordre constituent une seule famille très naturelle ; ils sont presque tous non moins bons voiliers que les Passereaux, mais ils s'en distinguent par la forme de leur bec qui est faible, un peu renflé vers le haut et recouvert à sa base par une peau molle analogue au cirre des Perroquets ; il est aussi à noter que les narines percées dans cette membrane sont recouvertes par une écaille renflée vertes par une écaille renflée et de consistance cartilagineuse (fig. 197), que leurs pattes sont

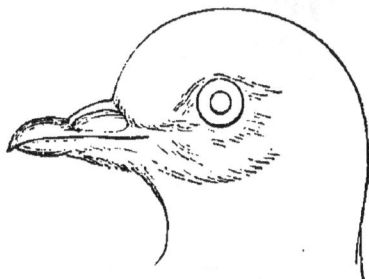
Fig. 197. — Tête de pigeon.

faibles, que leur pouce est articulé au même niveau que les
trois doigts antérieurs et que leurs jambes sont emplumées
jusqu'à l'articulation tibio-tarsienne ou même plus bas. Tous
sont complètement granivores, ont des mœurs très douces et
vivent toujours par paires.

Les Pigeons présentent une particularité physiologique des
plus remarquables; pour nourrir leurs petits ils ne leur donnent pas des aliments qu'ils vont chercher au loin ainsi que le
font les autres oiseaux, mais ils dégorgent dans leur bec un
liquide qu'ils produisent dans leur estomac et qui ressemble
un peu à du lait.

Ils forment deux groupes principaux : les Colombes et les
Tourterelles.

Les Colombes ont les
formes massives, les tarses
plus ou moins emplumés
et les écailles nasales séparées par un sillon profond.
Elles sont très sociables et
se réunissent en grandes
bandes.

Trois de ces oiseaux vi-
vent à l'état sauvage en
Europe, le *Ramier*, le *Co-
ombin* ou *Palombe* et le
Bizet (fig. 198). Ce dernier
paraît être la souche d'où
dérivent tous les *Pigeons
domestiques*, dont les différentes races sont très variées.

Fig. 198. — Bizet.

Une autre espèce du
même genre dont les formes sont plus élancées et les ailes
plus longues, le *Pigeon de passage* de l'Amérique septentrio-

nale ou *Pigeon migrateur* est célèbre par le nombre immense
d'individus qui se réunissent en troupes pour se transporter
d'une partie du pays à une autre. Ces bandes volent en colonnes serrées, dont la largeur est de plus d'un kilomètre et dont
le défilé dure plusieurs jours. Un ornithologiste habile des
États-Unis, Wilson, a évalué à deux milliards le nombre des
Pigeons formant une de ces colonnes de marche qu'il a vue
passer au-dessus de sa tête.

Une des races de nos Pigeons domestiques, le *Pigeon messa-
ger* ou *voyageur* peut faire aussi des voyages très longs et trouve
son chemin dans l'air d'une façon merveilleuse. Pour aller
rejoindre son nid, il peut voler d'un trait de Paris à Bruxelles
ou à Bordeaux et on l'emploie parfois pour porter des lettres.
Il a rendu ainsi de grands services pendant le siège de Paris.

Les **Tourterelles** sont plus sveltes que les Colombes; elles
sont extrêmement caressantes.

Jadis il y avait dans l'hémisphère sud, à l'île Maurice, de gros
oiseaux analogues aux Pigeons par leur structure anatomique,
mais incapable de voler par suite de l'état rudimentaire de

Fig. 199. — Dronte ou Dodo.

leurs ailes; ils ont été tous détruits, ce sont les Drontes ou
Dodos (fig. 199), dont quelques individus ont été apportés vivants en Europe vers le milieu du xviie siècle.

Ordre des Gallinacés.

§ 117. Les Gallinacés, c'est-à-dire les oiseaux qui ressemblent à la Poule (en latin *Gallina*), ont le corps lourd, les ailes courtes et les pattes conformées pour la marche et pour gratter le sol. Ils ne volent en général que très mal, et c'est à terre qu'ils cherchent leur nourriture. Ils sont essentiellement granivores ; leur bec est robuste, un peu voûté, obtus au bout et de grandeur médiocre ; leurs narines sont percées dans un espace membraneux et recouvertes d'une écaille bombée, à peu près comme chez les Pigeons ; enfin leur queue se compose ordinairement de 14 pennes, ou même davantage, tandis que chez les Pigeons sauvages elle a rarement plus de 12 de ces grosses plumes. Ils ne perchent que peu si ce n'est pour dormir et presque tous sont polygames.

Cet ordre comprend plusieurs familles représentées par les Faisans ou les Coqs, par les Paons, par les Dindons, par les Hoccos ou Alectors, par les Pintades, par les Tetras, par les Perdrix et par les Cailles.

§ 118. La famille des **Coqs** ou **Gallides** se compose de tous les Gallinacés qui ont : 1° les joues en partie dépourvues de plumes et garnies d'une peau rouge ; 2° les pennes de la queue disposées de manière à former de chaque côté un plan incliné (fig. 200). Il est aussi à noter que chez presque tous ces oiseaux, le pied des individus mâles est armé d'un fort éperon. Souvent les naturalistes les désignent tous sous le nom commun de *Faisans* ; mais il convient de les distinguer et même de répartir en plusieurs genres les espèces qui ressemblent le plus aux Faisans proprement dits.

Le genre Coq (*Gallus*) a les pennes de la queue plates, disposées sur deux plans verticaux adossés l'un à l'autre et recouverts chez le mâle de longues plumes recourbées en arc. La tête est surmontée d'une crête charnue verticale, et des

barbillons de même nature pendent de chaque côté de la mandibule inférieure.

Ces Gallinacés sont originaires de l'Inde et y vivent encore
à l'état sauvage ; mais l'un d'eux a été de temps immémorial

Fig. 200. — Coq.

réduit en domesticité et a été transporté presque partout pour
peupler nos basses-cours. On n'est pas bien certain si l'espèce originaire dont ceux-ci descendent est le *Coq de Sonnerat* ou le *Coq
Bankiva*, mais ces oiseaux ne diffèrent que très peu entre eux.

La femelle du Coq, comme chacun le sait, est désignée sous
le nom de Poule ; sa fécondité est très grande et elle prend
grand soin de ses poussins. Lorsqu'elle ne couve pas elle continue à pondre pendant toute la belle saison et elle peut donner
un œuf presque tous les jours ; mais pendant la période d'incubation qui dure 21 jours et à l'époque de la mue qui dure
de novembre à février, elle n'en fournit presque jamais. Elle
est facile à nourrir et se repaît de vers, de larves d'insectes et

de débris de chair, ainsi que de grain ; mais, lorsqu'elle mange beaucoup de larves, tels que les vers blancs (ou larves de Hannetons), ses œufs prennent un goût fort désagréable. Les

Fig. 201. — Poule.

jeunes Poules nées l'année précédente commencent à pondre vers la fin de février et leur grande fécondité dure en général quatre ans. L'instinct de l'amour maternel est très développé chez ces oiseaux, ils abritent les petits Poussins sous leurs ailes pour les préserver du froid et les guident à la recherche de leur nourriture.

Dans le genre FAISAN (*Phasianus*) la queue est très longue et composée de 18 pennes dont les supérieures sont ployées chacune longitudinalement en deux pans et recouvrent les autres comme un toit. De même que les Coqs, ces oiseaux sont originaires des montagnes de l'Inde et de l'Asie centrale et ils constituent un grand nombre d'espèces caractérisées principalement par certaines particularités dans la disposition et le mode de coloration du plumage. Un de ces oiseaux a été acclimaté presque partout en Europe et constitue un excellent gibier, c'est le *Faisan commun* qui vit en pleine liberté dans nos bois (fig. 202). Il se trouve à l'état sauvage dans le Caucase et on attribue à l'expédition des Argonautes son introduction en Grèce ; de là il se serait répandu dans les autres parties de l'Europe. Son plumage est très beau, mais le *Faisan doré* de la Chine est beaucoup plus remarquable sous ce rapport, son cou est orné d'une sorte de camail d'un jaune-orange très éclatant, son dos est vert, son ventre rouge de feu et sa longue queue est brune tachetée de gris.

Fig. 202. — Faisan ordinaire.

Le Faisan d'Amherst qui est originaire du Thibet est peut-être plus remarquable encore par sa beauté.

Le développement des plumes est porté encore plus loin chez un autre oiseau asiatique de la famille des Faisans, mais d'un autre genre : l'Argus.

§ 119. Les **Paons** sont beaucoup plus grands que nos Faisans, leur tête est surmontée d'une aigrette de plumes raides et leur queue constitue chez le mâle un ornement des plus remarquables ; elle est composée de 18 pennes recouvertes par une multitude de longues et magnifiques plumes qui tantôt sont couchées en arrière au-dessus de ces pennes, d'autres fois se relèvent avec elles et s'étalent en forme d'éventail ou de roue. Un de ces oiseaux originaire de l'Inde a été introduit en Europe par Alexandre de Macédoine et y est devenu un des plus beaux ornements animés de nos jardins, c'est notre *Paon commun* ; une autre espèce dont la poitrine est couverte de plumes en forme d'écaille et dont la queue est non moins belle habite la Cochinchine et est appelée le *Paon spicifère*. La femelle de cet oiseau a presque les mêmes couleurs que le mâle, tandis que le plumage de notre paonne ordinaire est terne et uniforme.

§ 120. Les **Dindons** sont de gros Gallinacés qui font également la roue, mais dont la queue n'est pas colorée de la même manière (fig. 203). Ils sont faciles à distinguer de tous les autres

Fig. 203. — Dindon.

oiseaux du même ordre par la peau nue et mamelonnée qui recouvre leur tête et le haut de leur cou, ainsi que par les appendices charnus qu'ils portent sous la gorge et sur le front. Le mâle présente un bouquet de longs poils pendant au devant de la poitrine. Ils sont propres au nord du nouveau continent où ils vivent à l'état sauvage en troupes nombreuses ; mais à l'époque de la découverte de l'Amérique, ils avaient été déjà domestiqués au Mexique, et dès le commencement du xvi⁰ siècle ils furent introduits en Espagne par les missionnaires. Ils ont été facilement acclimatés presque partout en Europe et ils constituent pour nos agriculteurs une acquisition précieuse, car ils sont très féconds et leur chair est excellente.

§ 121. D'autres Gallinacés qui appartiennent aussi à l'Amérique constituent un groupe particulier très distinct de tous les précédents mais susceptible également de domestication, ce sont les **Hoccos** (fig. 204) et quelques autres espèces qui com-

Fig. 204. — Hocco commun.   Fig. 205. — Pintade.

posent la famille des ALECTORS et qui ont la queue de longueur médiocre et formée de 12 pennes seulement. A la Guyane on en élève beaucoup dans les basses-cours; mais il ne se multiplient pas bien en Europe.

§ 122. L'Afrique nous a fourni aussi de gros Gallinacés qui ont été domestiqués, ce sont les PINTADES. Elles ont la tête nue et garnie de barbillons, leur queue est courte et pendante et leurs pattes ne sont pas armées d'éperons (fig. 205). Dans l'antiquité elles étaient déjà élevées en captivité dans le sud de l'Italie ; mais pendant le moyen âge la race s'en était perdue en Europe, et c'est au xv° siècle que les navigateurs portugais les ont fait connaître de nouveau.

§ 123. Une autre division de l'ordre des Gallinacés, celle des **Tétras**, est caractérisée par l'existence de plumes aux tarses et d'une bande nue et ordinairement rouge située de chaque côté de la tête au-dessus des yeux et ressemblant à un sourcil. Elle est composée principalement par le Coq de Bruyère et les Lagopèdes.

Les Coqs de Bruyère ont les doigts nus et le tarse sans éperon. Une des espèces de ce genre est à peu près de la taille du Dindon, et habite les forêts des parties montagneuses de l'Allemagne et de l'Europe orientale, elle se montre aussi en France. Deux autres espèces du même genre, la *Gélinotte* et le petit *Coq de Bruyère*, ne sont pas rares chez nous.

Les Lagopèdes ont les doigts ainsi que les tarses emplumés. Un de ces oiseaux habite les Alpes et les Pyrénées (fig. 206). Une

Fig. 206. — Lagopède.

autre espèce se trouve en Écosse et est connue des chasseurs anglais sous le nom de *Grouse*.

§ 124. La famille des **Perdiciens**, comprenant les Perdrix,

les Cailles et quelques autres petits Gallinacés, se distingue
des Tétras par l'absence de plumes sur le tarse et par l'emplu-
mement des sourcils.

Les Perdrix ont le corps arrondi, la tête petite, les flancs
couverts de plumes larges, la queue courte et pendante, et les
tarses dépourvus d'éperons ou garnis seulement d'un tuber-

Fig. 207. — Perdrix.

cule qui en tient lieu (fig. 207). Elles sont très sédentaires et
sont sociables ; leur vol est lourd et bas ; enfin leur mode de
locomotion est la marche ou
la course.

Fig. 208. — Caille.

On désigne sous le nom de
Francolins des Perdiciens exotiques peu différents des précédents, mais dont les tarses
sont fortement armés.

§ 125. Chez les Cailles les
plumes qui recouvrent les
pennes de la queue les dépassent, disposition qui leur donne
un aspect particulier (fig. 208). Ces petits Gallinacés ne se réu-

nissent pas en compagnie ; elles émigrent régulièrement à
des époques déterminées, et malgré la brièveté de leurs ailes
elles traversent la Méditerranée en volant d'île en île.

Ordre des Brévipennes ou Oiseaux coureurs.

§ 126. Cette division comprend tous les oiseaux terrestres
actuellement vivants dont les ailes sont rudimentaires et par
conséquent impropres au vol ; mais, ainsi que je l'ai déjà dit, ces
Êtres diffèrent beaucoup entre eux ; ils sont constitués d'après
deux types bien distincts et forment deux familles naturelles,
celle des coureurs longipèdes ou *Struthioniens*, comprenant
les Autruches ainsi que les Casoars, et celle des Brévipennes
longirostres ou *Apteryx*.

§ 127. Les Autruches sont les plus grands des oiseaux

Fig. 209. — Autruche d'Afrique.

de l'époque actuelle ; leurs pattes sont très bien constituées pour la course, car elles sont fort longues, très robustes, mises en mouvement par des muscles extrêmement puissants et allégées à leur extrémité par la brièveté des doigts et la réduction du nombre de ces organes qui au lieu d'être de quatre comme chez la plupart des oiseaux est réduit à trois ou même à deux. Le cou est aussi fort long ; la tête est très petite et le bec est court. Ces Oiseaux sont essentiellement granivores et d'une voracité extrême ; ils sont excellents coureurs, mais inintelligents. Ils constituent deux genres bien distincts : les *Autruches proprement dites* ou Autruches à deux doigts qui sont propres à l'Afrique (fig. 209), et les *Nandous* (fig. 210) ou Autruches tridactyles qui ne se trouvent que dans l'Amérique méridionale. Les uns et les autres déposent leurs œufs à terre, et dans les pays très chauds ils se dispensent souvent de les couver, la chaleur des rayons du soleil étant suffisante pour maintenir dans les trous servant de nid la température nécessaire au développement des petits.

Il est également à noter que la puissance triturante de l'estomac de ces oiseaux est très considérable et qu'ils peuvent avaler impunément des corps très durs, tels que des cailloux ou des morceaux de fer.

L'Autruche d'Afrique est beaucoup plus grande que les Autruches d'Amérique et fournit de magnifiques plumes larges et flexibles, provenant principalement de ses ailes, dont elle se sert pour s'aider à courir, et de sa queue. Jusque dans ces derniers temps pour s'en procurer on se bornait à faire la chasse

Fig. 210. — Autruche d'Amérique.

de ces oiseaux gigantesques ; mais depuis quelques années on les élève en domesticité pour les plumer périodiquement, et aux environs du cap de Bonne-Espérance, cette nouvelle industrie agricole donne des profits considérables. Elle serait facile à introduire en Algérie.

Les plumes des Nandous sont de peu de valeur et ne sont guère employées que pour la fabrication des balais à épousseter.

Les Casoars appartiennent exclusivement à la région australienne. L'un de ces grands oiseaux qui constitue le genre _Emeu_

Fig. 211. — Casoar à casque.

habite la Nouvelle-Hollande et ne présente, quant à la conformation de sa tête, rien de remarquable ; mais chez d'autres Brévipennes de la même division appelés _Casoars à casque_ (fig. 211), le front est surmonté d'une grosse protubérance cornée.

A une époque reculée, la Nouvelle-Zélande était habitée par

des oiseaux de la famille des Struthioniens, dont quelques es-

Fig. 212. — Squelette de Dinornis à côté d'un Néo-Zélandais.

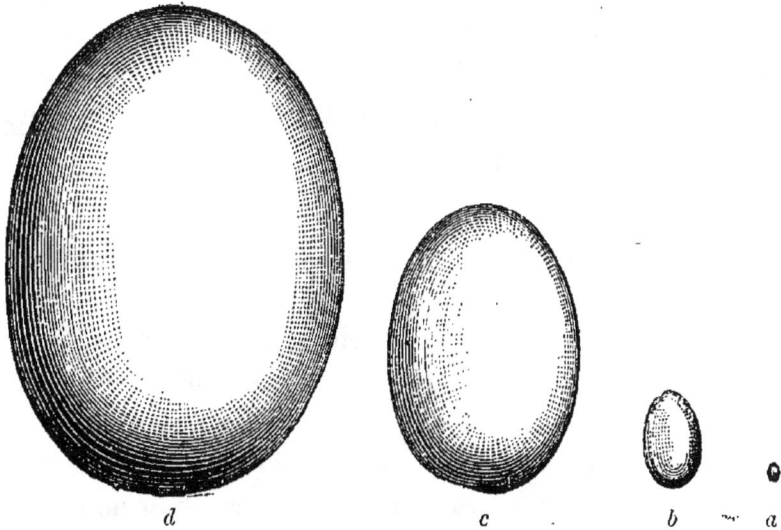

Fig. 213. — OEufs. *a*, oiseau-mouche; *b*, œuf de poule; *c*, œuf d'autruche ; *d*, œuf
de l'Æpyornis.

pèces étaient beaucoup plus grandes que l'Autruche d'Afrique : on les désigne sous le nom de DINORNIS (fig. 212).

Enfin il y avait autrefois à Madagascar des oiseaux gigantesques appelés Æpyornis qui paraissent avoir appartenu à la même famille. On trouve encore des parties de leur squelette ainsi que leurs œufs, dont la grosseur est énorme (fig. 213). Un seul de ces œufs équivaut à 150 œufs de Poule.

§ 128. Les APTERYX sont des oiseaux à long bec et à courtes pattes, dont les ailes sont encore plus rudimentaires que celles des Struthioniens. Ils ressemblent un peu à des Bécasses ; ils se nourrissent principalement de vers et ils habitent la Nouvelle-Zélande.

2ᶜ SECTION

OISEAUX D'EAU.

§ 129. Les Oiseaux essentiellement aquatiques sont les uns des nageurs, les autres des marcheurs qui cherchent leur nourriture dans les eaux peu profondes et se font remarquer par l'extrême longueur de leurs pattes, mode de conformation qui leur a valu le nom d'*Échassiers*. Les nageurs sont appelés collectivement les *Palmipèdes*.

Ordre des Échassiers ou Oiseaux de rivage.

§ 130. Les Échassiers sont reconnaissables à leurs jambes très longues, fort grêles et dépourvues de plumes non seulement sur le tarse, mais aussi sur la partie inférieure du tibia ; ce mode particulier de conformation qui leur permet de marcher facilement dans les eaux peu profondes est porté au plus haut degré chez quelques oiseaux d'Europe appelés *Échasses* (fig. 214).

A. EDWARDS. — Zoologie, 5ᵉ. 12

A raison de la conformation de leur bec et de quelques différences physiologiques on subdivise ces oiseaux en cinq grou-

Fig. 214. — Échasse.

pes ; les Pressirostres, les Cultrirostres, les Longirostres, les
Macrodactyles et les Flamants.

§ 131. Les **Pressirostres** ont le bec médiocre, les ailes
courtes et les pieds tridactyles ou dont le pouce est trop court
pour toucher à terre.

Les Outardes appartiennent à ce groupe et ont le corps
massif, elles ne volent que mal et ressemblent beaucoup à
certains Gallinacés ; si on avait égard à leurs mœurs seulement
on les réunirait à ceux-ci et on les séparerait des Oiseaux de
rivage, car ils n'ont pas des habitudes aquatiques et ils ne fréquentent que les lieux rocailleux et secs ou les terres à céréales ;
mais leurs caractères anatomiques ne permettent que de les
classer ailleurs que parmi les Échassiers. La *grande Outarde* est
le plus gros des oiseaux d'Europe, elle n'est pas rare en Hongrie ; mais en France on ne la voit que de loin en loin. Une
autre espèce du même genre, la *Cannepetière,* mais beaucoup

plus petite, se montre dans nos champs pendant tout l'été.

§ 132. La division des **Cultrirostres**, caractérisée par l'existence d'un bec fort et souvent très grand, de pattes à quatre doigts bien constitués mais de longueur médiocre et d'ailes généralement grandes, se compose de trois familles naturelles, celle des Grues, celle des Hérons et celle des Cigognes.

Les Grues sont des oiseaux à formes sveltes dont le bec est court, droit, peu fendu et occupé dans près de la moitié par les fosses membraneuses des narines et dont le régime est en grande partie herbacé. Une espèce de ce groupe la *Grue commune* est originaire du Nord (fig. 215), mais passe périodiquement en France au printemps et en automne; elle voyage pendant la nuit en troupe nombreuse disposée en triangle, son vol est très élevé et les cris stridents qu'elle fait entendre de temps en temps ont le son de la trompette. Elle a environ un mètre 30 centimètres de haut, son plumage est grisâtre, mais le dessus de sa tête est nu et rouge.

Fig. 215. — Grue.

La *Demoiselle de Numidie* et la *Grue couronnée* sont des espèces africaines moins grandes que la précédente, mais plus gracieuses.

Dans le groupe des Hérons le bec est long et fendu jusque sous les yeux qui sont entourés d'une peau nue. Ces oiseaux vivent sur le bord des eaux douces et se nourrissent presque exclusivement de Grenouilles, de Poissons et de Mollusques, qu'ils guettent patiemment en restant immobiles jusqu'au moment ou dardant en avant leur tête ils espèrent pouvoir les atteindre. Ce groupe est représenté en France par plusieurs genres, notamment par les *Hérons proprement dits*, les *Blongios* et les *Butors* (fig. 216). Parmi les espèces exotiques, je citerai

Fig. 216. — Butor d'Europe.   Fig. 217. — Savacou.

d'abord les *Savacous* d'Amérique (fig. 217) qui ont le bec très arge et très aplati, puis les *Balœniceps* de l'Afrique orientale.

Les Cigognes ont le bec encore plus fort que celui des Hérons et dépourvu de sillons nasaux ; leurs pattes sont réticulées au lieu d'être revêtues d'écussons écailleux, comme chez les autres cultrirostres, enfin leurs doigts sont sub-palmés, c'est-à-dire réunis par une petite palmure qui s'étend jusqu'au niveau de leur première jointure. On les voit souvent rester immobiles, perchées sur une seule patte ; cette position ne nécessite chez elles aucun effort, à raison d'une disposition particulière de leur articulation tarso-tibienne, par suite de laquelle la jambe une fois étendue ne peut se fléchir que par l'effet d'un effort musculaire.

L'espèce la plus commune est la grande *Cigogne blanche* à ailes noires, qui passe l'hiver en Afrique, mais arrive annuellement en France pour y rester tout l'été et y nicher. Elle établit son nid sur le haut des clochers ou d'autres points élevés et isolés, elle soigne ses petits avec beaucoup de tendresse et elle se nourrit principalement de Reptiles ou d'autres animaux réputés nuisibles qu'elle va chercher dans les marécages ou sur les bords des eaux. Dans beaucoup de contrées elle est l'objet d'un respect presque religieux et son histoire a été chargée de beaucoup de fables.

Les MARABOUTS ou *Cigognes à sac* (fig. 218), dont diverses espèces habitent l'Inde et l'Afrique tropicale, sont de grands oiseaux remarquablement laids mais qui portent sous la queue des plumes d'une légèreté extrême, dont les femmes ont fait usage pour orner leur coiffure.

Les SPATULES sont des Échassiers de la même famille que les Cigognes, mais leur bec, au lieu d'être pointu, est comprimé, aplati et très élargi vers le bout en forme de l'instrument dont

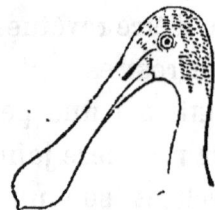

Fig. 218. — Cigogne à sac.

Fig. 219. — Spatule.

elles portent le nom. Un de ces singuliers oiseaux est commun en Hollande (fig. 219) et dans quelques autres parties de l'Europe.

§ 133. Les **Longirostres** ont le bec fort long, mais très grêle et si faible qu'ils ne peuvent guère s'en servir que pour fouiller dans la vase où ils vont chercher les Vers et les Insectes dont ils font leur principale nourriture.

Les Bécasses, les Barges, les Courlis, les Chevaliers, les Combattants et les Ibis (fig. 220) appartiennent à cette famille.

Ces derniers oiseaux ainsi que les Courlis ont le bec un peu

Fig. 220. — Ibis.

arqué et sont célèbres à raison du culte religieux dont l'un d'eux, appelé l'*Ibis sacré*, a été l'objet chez les anciens Égyptiens.

Les Bécasses ont le bec droit, un peu renflé, mou vers le bout et creusé dans presque toute sa longueur par les sillons des narines. La *Bécasse commune* est très répandue dans les deux mondes; sa taille est à peu près celle de la Perdrix (fig. 221); chez nous elles émigrent alternativement des montagnes aux plaines et *vice versa*; elles nichent dans les montagnes et elles sont en général très grasses lorsqu'elles en descendent en automne. Leur vol est lourd, bruyant et peu soutenu; enfin c'est un oiseau sauvage, stupide et qui se dirige mal pendant le jour parce que sa vue n'est bonne que pendant la nuit. La *Bécassine* est une espèce du même genre, qui nous arrive aussi en automne, mais au printemps va ordinairement nicher en Allemagne ou en Suisse. Enfin on appelle la *Sourde* ou *petite*

Bécassine une troisième espèce qui, pendant toute l'année, reste chez nous dans les marais.

Fig. 221. — Bécasse.

Les Barges et les Combattants appartiennent aux régions septentrionales, mais visitent annuellement nos côtes. Ces derniers doivent leur nom à la manière singulière dont ils s'attaquent sans cesse entre eux.

Les Chevaliers sont aussi des petits Échassiers de passage qui fréquentent les côtes de la Manche.

Enfin je citerai également ici un autre Longirostre, l'*Avocette* (fig. 222), qui est commune en Hollande et qui a le bec en sens contraire de la direction ordinaire, la pointe étant dirigée vers le haut.

§ 134. Les **Macrodactyles** sont caractérisés principalement par le grand développement de leurs doigts qui sont organisés de manière à leur permettre de marcher sur les plantes flottantes à la surface

Fig. 222. — Tête d'Avocette.

de l'eau ou même de nager avec facilité. Quelques-uns de ces

Macrodactyles qui habitent l'Amérique ont l'aile ornée d'un fort éperon : les *Jacanas* par exemple (fig. 223). Mais ce mode d'organisation n'existe pas chez les espèces européennes qui constituent deux groupes naturels : celui des *Râles* et celui des *Foulques* comprenant les *Poules d'eau* et les *Poules sultanes* aussi bien que les Foulques proprement dits.

Fig. 223. — Jacana.

Chez les RALES la base du bec ne se prolonge pas sur le front en manière d'écusson ainsi que cela a lieu chez les Foulques.

Une des espèces de ce genre, le *Râle des genêts* est appelé aussi le *Roi des Cailles* parce qu'il nous arrive souvent en compagnie des Cailles, qu'il est un peu plus gros qu'elles et qu'il est solitaire ; il vit et niche dans les champs ou dans les taillis.

Le *Râle d'eau* est commun en France et vit au milieu des joncs et des autres plantes aquatiques, il court avec agilité à la surface de l'eau en s'appuyant sur les feuilles flottantes, enfin il est bon nageur.

La *Marouette* ou *petit Râle tacheté* vit tout à fait solitaire sur nos étangs et y construit un nid flottant en forme de gondole et amaré à l'extrémité flexible d'un roseau de façon à pouvoir s'élever ou descendre lorsque le niveau de l'eau change.

Fig. 224. — Tête de Poule d'eau.

Les FOULQUES ou Macrodactyles à front écussonné sont représentés en France par les *Poules d'eau* (fig. 224) et par les *Morelles* ou *Foulques* proprement dits ; les uns et les autres ont les doigts bordés latéralement par des expansions lobiformes de la peau, qui chez les Foulques sont très développées, et constituent ainsi de larges rames natatoires. Les *Poules sultanes* au contraire ont les doigts libres.

§ 135. Les **Flamants** ou *Phénicoptères* ressemblent aux Échassiers les plus haut montés sur pattes sous le rapport de la conformation générale de leurs membres, de la longueur de leur cou et de leur manière de vivre, mais par d'autres particularités organiques ils tiennent au groupe des Palmipèdes Lamellirostres. En effet leurs pieds sont complètement palmés et leurs mandibules sont garnies à l'intérieur de la bouche d'une série de lamelles parallèles à peu près comme chez les Cygnes et les Canards. La forme de leur bec est aussi très singulière, car cet organe est oblong, aplati en dessus et coudé vers le milieu, et sa moitié terminale est fortement inclinée vers le bas (fig. 225). Ils vivent en troupes et ils ont l'habitude de se ranger en file, soit pour voler, soit lors-

Fig. 225. — Tête de Flamant.

Fig. 226. — Flamant.

qu'ils pêchent ou qu'ils se reposent. Une espèce de Flamant, dont les ailes sont presque entièrement rouges, est commune en Orient et arrive parfois sur les côtes de la Provence (fig. 226). Autrefois le groupe des Flamants était représenté en France par de nombreuses espèces dont on retrouve les restes à l'état fossile.

Ordre des Palmipèdes.

§ 136. Ce groupe naturel se compose d'oiseaux essentiellement nageurs dont les pattes sont
courtes et les doigts palmés (fig. 227).

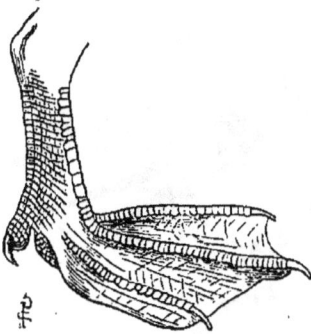

Les uns sont granivores et ont
le bec épais, revêtu d'une peau coriace plutôt que cornée et pectiné
sur les bords, c'est-à-dire garni latéralement de denticulations ou de
lamelles transversales à peu près
comme chez les Flamants ; on les
appelle pour cette raison les *Lamellirostres*.

Fig. 227. — Pied palmé.

Les autres ont le bec corné et non pectiné et constituent trois
familles : les *Longipennes* ou *grands Voiliers*, les *Totipalmes* dont
le pouce est compris dans la palmure pédieuse et les *Brachyptères* ou Plongeurs dont les ailes sont très courtes et parfois
impropres au vol.

§ 137. Les **Longipennes** appelés aussi *Grands Voiliers*
à raison de la puissance de leur vol, n'ont que trois doigts
palmés, le pouce lorsqu'il existe étant libre. Ils fréquentent la haute mer et nichent en général sur des îlots inha-
bités ou dans les fentes des falaises presque inaccessi-
bles. Plusieurs d'entre eux ont beaucoup d'affinité zoologique avec divers Échassiers, tels que les Chevaliers et les
Pluviers, sauf sous le rapport de la longueur des pattes, et ils
vivent aussi presque exclusivement de Poissons, mais c'est
en général au vol qu'ils font la chasse de ces animaux. Les
caractères propres à ce groupe sont marqués au plus haut
degré chez les *Sternes* ou *Hirondelles de mer* (fig. 228), oiseaux
qui ne se montrent que rarement dans nos mers, mais sont
très répandus vers l'est. Il est cependant à noter que les Lon-

gipennes n'ont pas les ailes aussi longues que certains Totipalmes, tels que la Frégate (Voy. fig. 234).

Fig. 228. — Sterne ou Hirondelle de mer.

Les Longipennes les plus communs sur nos côtes sont
les *Mouettes*, les *Mauves* et quelques espèces du genre Goé-
LAND. Ces oiseaux ont le bec robuste, allongé et pointu, un
peu arqué près du bout,
les narines étroites et
pas tubulaires (fig. 230),
enfin le pouce court et
bien distinct.

Chez d'autres oiseaux,
également piscivores et
chasseurs, les narines
sont au contraire percées
à l'extrémité antérieure

Fig. 229. — Pétrel.   Fig. 230. — Goéland.

de deux tubes couchés sur la base du bec (fig. 229), mode d'organisation qui est caractéristique des PÉTRELS et autres Palmipèdes pélagiens appelés vulgairement *oiseaux des tempêtes* à
cause de l'aisance avec laquelle ils volent au milieu des
bourrasques les plus violentes.

Les ALBATROS, qui sont les plus grands de ces Palmipèdes et qui appartiennent principalement aux mers de l'hémisphère sud, sont aussi des membres de cette famille. Ils ont le bec très fort et très crochu, ils ont le vol extrêmement puissant, et pour se reposer ils n'ont pas besoin d'aller à terre, car en conséquence de la quantité considérable d'air contenue dans leur corps, ils flottent à la surface de la mer et peuvent y dormir. Une des espèces de ce genre qui est commune au sud de l'Afri-

Fig. 231. — Albatros.   Fig. 232. — Bec en ciseau.

que est appelée par les matelots le *Mouton du Cap de Bonne-Espérance* (fig. 231).

Je citerai aussi parmi les Longipennes exotiques, l'oiseau appelé le *Bec en ciseau*, à cause de la conformation singulière de ses mandibules (fig. 232).

§ 138. Les **Totipalmes** sont pour la plupart non moins bien organisés pour le vol, et parfois même leurs ailes sont encore plus longues que celles des Longipennes, dont ils se distinguent par l'inclusion du pouce dans la palmure du pied.

Les Oiseaux les plus remarquables de ce groupe sont les PÉLICANS (fig. 233). Leur bec extrêmement long, est garni en dessous d'une grande poche constituée par le plancher de la cavité buccale et servant de réservoir pour les produits de la pêche jusqu'à ce que ces animaux aient le loisir de les manger ou d'en nourrir leurs petits. Ils sont communs dans l'est de l'Europe, en Afrique et dans les mers d'Asie et d'Amérique.

Les CORMORANS ont aussi le bec très long et crochu au

bout, mais la peau comprise entre les deux branches de la
mandibule inférieure quoiqu'un peu extensible ne constitue

Fig. 233. — Pélican.

pas une poche ; leur plumage est noirâtre ; ils ne sont pas

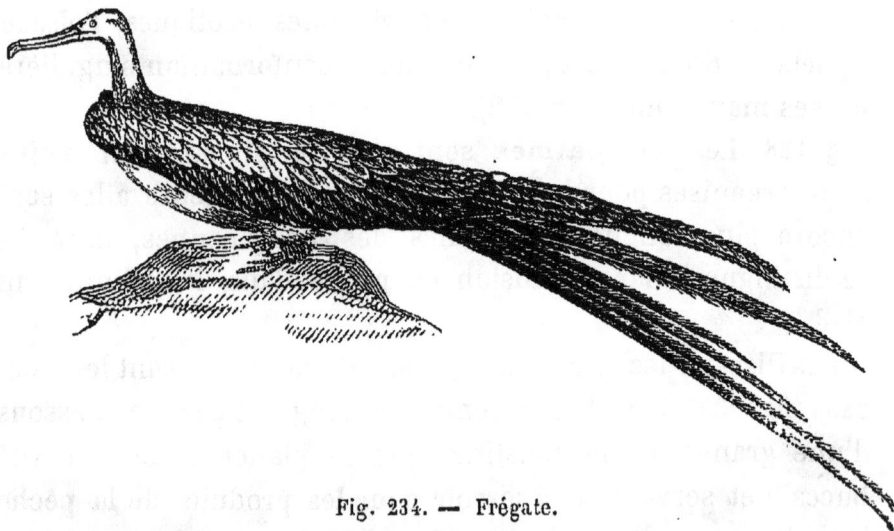

Fig. 234. — Frégate.

rares sur les côtes de France, et ils ont l'habitude de poursuivre un autre oiseau pêcheur de la même famille, appelé

le *Fou*, pour l'obliger à rendre gorge et pour dévorer les poissons que celui-ci rejette lorsqu'il se voit attaqué de la
sorte.

Les Frégates, dont j'ai déjà eu l'occasion de faire mention,
appartiennent aussi à cette famille (fig. 234). Elles sont propres
aux régions tropicales.

§ 139. **Famille des Lamellirostres.** — Les Palmipèdes
dont je viens de parler représentent, parmi les oiseaux d'eau,
les Rapaces parmi les oiseaux de terre ; ceux dont je vais m'occuper maintenant ressemblent davantage aux Gallinacés, car
leur régime est principalement végétal, bien qu'ils se nourrissent aussi de Vers ou de Mollusques ou même de petits poissons et de Grenouilles qu'ils prennent à la nage. Leur bec,
ainsi que je l'ai dit, est tantôt denticulé
sur les bords (mode d'organisation qui
existe chez les Harles) (fig. 235), tantôt
garni latéralement d'une série de petites
lamelles cornées disposées parallèlement ainsi que cela se voit chez les
Cygnes, les Oies et les Canards. Leurs

Fig. 235. — Harle.

ailes sont de médiocre longueur et la plupart d'entre eux
vivent sur les eaux douces. Tous nagent très bien ; mais ils
marchent mal et en se dandinant, allure qui dépend de
l'écartement considérable des pattes sur lesquelles le poids
du corps porte alternativement. Enfin ces oiseaux aquatiques
de même que les Gallinacés sont très précoces, car en sortant
de l'œuf, ils sont déjà couverts de plumes et en état de chercher
eux-mêmes leur nourriture, tandis que la plupart des autres
oiseaux naissent presque nus et incapables de pourvoir à leurs
besoins, de façon qu'ils doivent être protégés et nourris par
leurs parents.

Les Cygnes se distinguent des autres Lamellirostres par la
ongueur de leur cou et la forme de leur bec qui est aussi
long que la tête, aussi large en avant qu'en arrière, plus haut

que large et percé vers le milieu par les narines (fig. 236).

Chez les Oies, le cou est moins long ainsi que le bec, et ce dernier organe est à la fois plus étroit en avant qu'en arrière et plus haut que large à sa base (fig. 237).

Chez les Canards les proportions sont différentes : le cou est plus court; le bec est aussi large vers son extrémité qu'à sa base où il est moins haut que large; les narines sont plus rapprochées et situées plus près du front que chez les Cygnes; enfin les pattes sont courtes et plus écartées entre elles que chez les Oies.

Les Cygnes sont les plus gros des Lamellirostres et les

Fig. 236. — Cygne.

plus beaux des Palmipèdes; ceux de l'hémisphère nord sont d'un blanc pur, mais dans l'hémisphère sud, il y a une espèce dont la tête et le cou sont noirs et une autre dont le corps est également noir. Cette dernière espèce est propre à l'Australie ; le Cygne à col noir appartient à la partie sud de l'Amérique méridionale, et parmi les cygnes du Nord on distingue plusieurs espèces caractérisées principalement par la couleur du bec.

Notre *Cygne domestique* descend du *Cygne à bec rouge* qui existe à l'état sauvage dans l'est de l'Europe (fig. 236). Ces oiseaux sont complètement monogames ; en février la femelle pond six ou sept œufs qu'elle dépose dans un nid grossier construit à terre près du bord de l'eau ; elle les couve avec beaucoup de constance et, de même que le mâle, elle prend grand soin des petits qui en sortent. Pendant le jeune âge ceux-ci sont très sociables, mais à l'état adulte les mâles sont très batailleurs.

Le *Cygne à bec jaune*, que les ornithologistes appellent communément le *Cygne sauvage*, niche dans les régions arctiques ; mais en hiver il arrive souvent par bandes nombreuses, non seulement en Hollande et en Belgique, mais en France et jusque sur les bords de la mer Noire.

Enfin une troisième espèce dont le bec est noir, habite le nord de l'Amérique et a été appelé *Cygne trompette* à cause de sa voix stridente.

Les OIES sont plus utiles que les Cygnes, car elles sont plus fécondes, plus sociables et plus faciles à nourrir. Les agriculteurs en élèvent beaucoup et en tirent parti non seulement pour l'usage de la table, mais aussi en les plumant vives deux fois par an. Ces Oiseaux sont originaires des contrées orientales de l'Europe où ils nichent dans les bruyères et les marais. Les Oies domestiques donnent chaque saison jusqu'à 40 œufs ou même davantage et chaque femelle peut en couver environ 14 ou 15. L'incubation dure 30 jours. Pour nourrir ces oiseaux on les fait paître dans les champs par bandes nombreuses et, pour engraisser les jeunes individus, il suffit de leur fournir pendant une quinzaine de jours des ali-

ments en abondance. En les gavant d'aliments et en les empê-
chant de prendre de l'exercice, on détermine chez eux un état

Fig. 237. — Oie.

maladif du foie qui donne à cet organe des qualités fort estimées des gourmets. Ce que l'on appelle *foie gras* est en réalité
un produit pathologique.

Les *Bernaches* sont des Oiseaux de la même tribu que les
Oies, mais dont les lamelles de la mandibule supérieure sont
cachées dans l'intérieur de la bouche. Elles habitent la région
boréale, mais en hiver elles arrivent sur nos côtes. Elles ont
été l'objet de beaucoup de fables, leur histoire naturelle ne
présente en réalité rien d'extraordinaire.

Dans les parties australes de l'Amérique du Sud il y a
d'autres espèces d'Oies qui méritent également d'être signa-

lées ici. L'une d'elles, l'*Oie Magellanique*, a les ailes armées
d'éperons puissants.

La tribu des CANARDS est très nombreuse en espèces variées
et comprend même un nombre considérable de genres bien
caractérisés. Tels sont : 1° *les Canards ordinaires* (fig. 238), les

Fig. 238. — Canard domestique.

Tadornes, les *Souchets*, les *Sarcelles*, qui ont le cou très court et
le pouce sans membrane marginale ; 2° les *Macreuses*, les
Garrots, les *Millouins* et les *Eiders*, qui ont les pattes mieux
organisées pour la nage et plongent très bien. Leur pouce a
une bordure membraneuse, leurs doigts sont plus longs, et leur
tête est plus grosse que chez les espèces du groupe précédent.

L'*Eider* (fig. 239) est célèbre à cause du duvet qu'il nous fournit
et que nous appelons l'*Édredon* (corruption de l'expression an-
glaise *Eider-down*, c'est-à-dire duvet de l'Eider). Ces canards
habitent les côtes du Groenland, de l'Islande et de la Laponie ;
ils sont communs aussi sur quelques-unes des îles rocheuses situées au nord de l'Écosse, ils nichent dans les anfractuosités

des falaises les plus escarpées et pour garnir chaudement leur nid, ils arrachent de leur poitrine le duvet moelleux qui s'y

Fig. 239. — Eider.

trouve et qui se renouvelle rapidement. Les marins des localités adjacentes vont souvent en dépouiller ces nids et les lieux de reproduction de ces oiseaux leur donnent ainsi un revenu considérable.

§ 140. **Famille des Brachyptères.** — Les Brachyptères sont de tous les Oiseaux les mieux conformés pour la nage; ils ne marchent que difficilement et leurs ailes, toujours très courtes, sont en général tout à fait impropres au vol, souvent elles ne constituent que des rames analogues à des nageoires. Enfin leurs pieds sont très courts et placés à l'extrémité postérieure du corps, disposition qui est favorable à leur action dans la natation, mais oblige l'animal à se tenir dans une position presque verticale lorsqu'il est à terre, quand il marche ou qu'il reste stationnaire.

Ces Oiseaux essentiellement nageurs constituent trois groupes bien distincts appelés les *Plongeons*, les *Pingouins* et les *Manchots*.

§ 141. On range dans la division des Plongeons les *Grèbes,* oiseaux dont les doigts ne sont palmés que vers la base, et sont bordés dans le reste de leur longueur par de larges expan·sions lobiformes de la peau à peu près comme chez les Foulques dont j'ai parlé précédemment. Ce sont d'excellents plongeurs et leurs ailes, étroites et très courtes, sont habituellement cachées sous les plumes des côtés du corps, mais sont susceptibles de servir au vol. Plusieurs espèces de ce genre habitent l'Europe et fréquentent les eaux douces ; leur plumage très satiné et très épais est employé comme fourrure.

Les *Plongeons proprement dits* ont les pattes palmées à la manière des autres oiseaux du même ordre. Ils sont marins et ne quittent presque jamais l'eau, si ce n'est à l'époque de la ponte et de l'incubation ; mais ils émigrent à la nage, ils ne volent que peu, et à terre ils s'aident souvent de leurs petites ailes pour marcher. Ils habitent les mers arctiques.

On désigne sous le nom de *Guillemots* des oiseaux très semblables aux précédents, mais qui n'ont pas de pouce.

§ 142. La petite tribu des PINGOUINS se compose d'oiseaux de mer qui volent encore plus mal que les précédents et qui ont le bec très comprimé, très élevé, tranchant sur le dos et en général sillonné transversalement de chaque côté. Ils vivent dans le Nord et nichent par grandes bandes au milieu des rochers : une espèce de grande taille (l'*Alca impennis*) habitait jadis les côtes de l'Islande, mais dans les premières années du siècle actuel elle a été complètement exterminée.

Fig. 240. — Macareux.

Les *Macareux* sont remarquables par la forme très comprimée de leur bec. Ils habitent les côtes de l'Europe septentrionale (fig. 240).

Le groupe des MANCHOTS appartient exclusivement à la région antarctique et se compose d'oiseaux nageurs qui sont incapables de voler ; leurs ailes ont la forme de palettes garnies de petites plumes squamiformes et servent seulement à la natation.

Les Manchots (fig. 241) vivent en troupes très nombreuses sur différentes îles de la mer Glaciale du sud, ainsi que sur les bords du continent antarctique et y établissent des espèces de campements constitués par leurs nids creusés en terre et séparés par des allées analogues aux rues de nos villes.

§ 143. En terminant cette revue de la classe des Oiseaux, j'ajouterai qu'à une époque géologique ancienne il y avait des oiseaux de ce groupe dont la bouche était armée de dents et d'autres dont le corps était terminé par une longue queue analogue à celle

Fig. 241. — Manchot.

d'un Lézard mais garnie de plumes. Ces derniers oiseaux fossiles sont désignés sous le nom d'*Archéopteryx* et ont été trouvés dans les couches de calcaire exploitées comme pierre lithographique en Bavière.

Les oiseaux à dents appelés d'une manière générale des **Odonthornites** participent aux caractères des Plongeons et des Lézards.

Ils ont été trouvés à l'état fossile dans les montagnes rocheuses de l'Amérique septentrionale et ne laissant apercevoir aucun vestige d'ailes. L'un d'eux, l'*Hesperornis regalis* (fig. 160), avait plus d'un mètre de haut.

CLASSE DES REPTILES.

§ 144. Cette classe se compose des Vertébrés qui respirent
l'air par des poumons et dont la peau est garnie d'écailles
seulement.

Ce sont des animaux à sang froid et, de même que les Oiseaux, ils se multiplient au moyen d'œufs, mais chez quelques-
uns d'entre eux, la Vipère par exemple, les petits éclosent avant
la ponte et par conséquent naissent vivants.

Les formes des Reptiles varient beaucoup : les uns sont
complètement dépourvus de membres ; ce sont les Serpents ou
Ophidiens ; d'autres sont des quadrupèdes dont le corps est
allongé et flexible, et on les désigne communément sous le
nom collectif de Sauriens ; enfin d'autres encore ont, comme
la plupart des Sauriens, deux paires de pattes, mais leur tronc
est recouvert par un grand bouclier osseux appelé carapace ;
ce sont les Tortues.

On divise par conséquent la classe des Reptiles actuels en
trois ordres : les *Chéloniens* ou Tortues, les *Sauriens* ou Lézards
et autres animaux d'une forme analogue et les *Ophidiens* ou
Serpents. Autrefois, il existait d'autres Reptiles qui ont complètement disparu de la surface du globe et qui différaient
beaucoup des Sauriens par leurs habitudes aquatiques. Ils
constituent un quatrième ordre, celui des *Ichthyosauriens*.

Ordre des Chéloniens ou Tortues.

§ 145. Les Chéloniens ressemblent sous certains rapports
aux Oiseaux, bien qu'ils n'aient jamais d'ailes ; leur bouche est
dépourvue de dents et leurs mâchoires revêtues d'un bec corné.
Leur corps est logé dans une sorte de boîte osseuse constituée
en dessus par la carapace et en dessous par un large plastron
sternal. La carapace a pour charpente solide les vertèbres de
la région dorsale et les côtes correspondantes ainsi que quel-

ques autres pièces osseuses qui sont toutes plus ou moins
complètement soudées entre elles par les bords; le plastron
est formé par les os larges de la poitrine et, sur les flancs, les

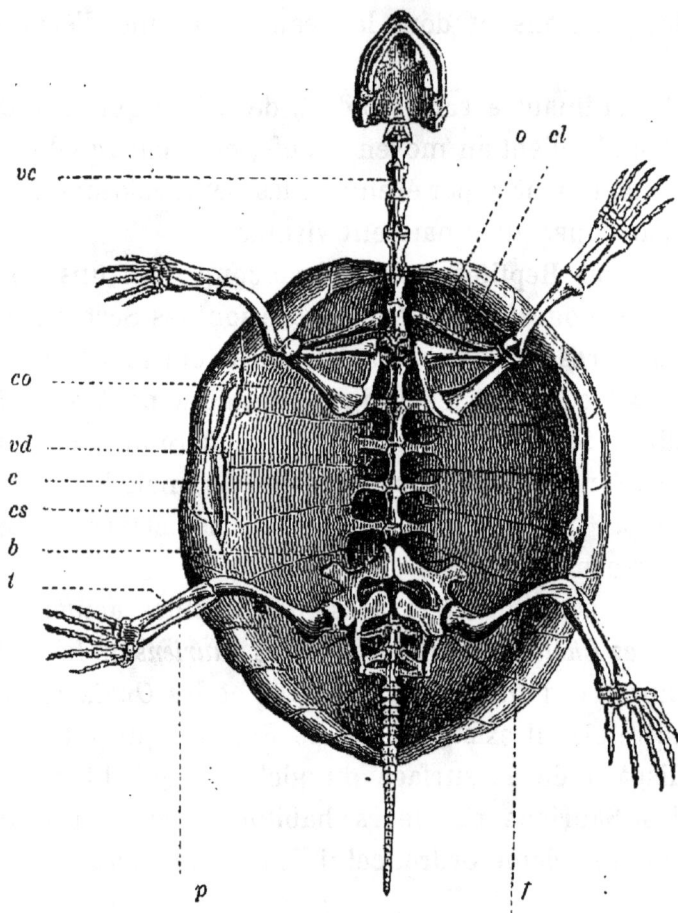

Fig. 242. — Squelette de Tortue (1).

deux boucliers ainsi disposés sont réunis quelquefois par la peau
et des muscles seulement, mais presque toujours par une sou-
dure directe. Les os de l'épaule et ceux du bassin sont cachés

(1) Squelette de Tortue dont le plastron est enlevé ; — vc, vertèbres
cervicales ; — vd, vertèbres dorsales ; — c, côtes ; — cs, côtes sternales
ou pièces marginales de la carapace ; — o, omoplate ; — cl, clavicule ;
— co, os coracoïdien ; — b, bassin ; — f, fémur ; — t, tibia ; — p, péroné.

dans l'intérieur de la boîte ainsi constituée et c'est par ces deux espaces laissés entre la carapace et le plastron que la tête et les membres antérieurs, d'une part, les membres postérieurs et la queue, d'autre part, font saillie en dehors, mais en général ils rentrent dans l'intérieur de la cavité viscérale ainsi constituée et s'y cachent complètement. Tous ces animaux ont un régime végétal.

La plupart des Tortues vivent principalement à terre et leurs pattes sont conformées pour la marche ; mais chez d'autres les pattes ont la forme de rames et ne sont appropriées qu'à la nage. Enfin il y a aussi des Tortues dont les pattes sont conformées pour la marche, mais dont les doigts sont palmés de façon à pouvoir servir aussi pour la nage. Ces différences sont en rapport avec la manière de vivre de ces Reptiles et motivent le classement de ceux-ci en quatre groupes : les *Tortues terrestres*, les *Tortues paludines*, les *Tortues fluviatiles* et les *Tortues de mer*.

§ 146. Les **Tortues de terre** ont les pattes tronquées au bout et les doigts très courts, mais non palmés (fig. 244). Leur

Fig. 243. — Tortue grecque.

Fig. 244.

Fig. 245. — Tortue grecque (vue en dessous).

carapace est très bombée. Elles appartiennent presque toutes aux pays chauds et on en connaît dont la taille est très grande.

Une petite espèce appelée la *Tortue grecque* (fig. 243 et 245) habite le midi de l'Europe et l'Algérie, elle vit dans les bois ou dans les herbages et passe l'hiver en léthargie.

§ 147. Les **Tortues paludines** ont les doigts courts, mais réunis par des palmures (fig. 246). Elles fréquentent les eaux douces, principalement les marais ; leur carapace est peu élevée et leurs pattes minces et larges sont bien palmées. Une petite espèce qui appartient à ce groupe appelée la *Tortue bourbeuse* n'est pas rare dans quelques parties du midi de la France, mais n'est commune qu'en Italie, en Grèce et dans les pays voisins ; elle aime à se cacher dans la vase, et pendant la saison froide elle demeure engourdie dans quelques trous.

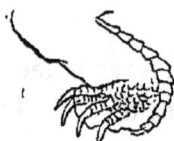

Fig. 246.

Une espèce de Chéloniens qui habite la Guyane et qui appartient aussi à la division des Tortues paludines est d'une forme bizarre. Sa carapace est beaucoup trop petite pour recouvrir la tête et les pieds. Sa bouche est largement fendue et à peine cornée sur les bords, enfin son menton et son cou sont gar-

Fig. 247. — Matamata.

nis de barbillons cutanés. On l'appelle la *Matamata* ou la Tortue à gueule (fig. 247).

§ 148. Chez les **Tortues fluviatiles** les pattes sont tout à fait impropres à la marche, les doigts sont allongés, les palmures sont très grandes et deux des doigts sont dépourvus d'ongles (fig. 248), caractère qui leur a fait donner le nom de *Trionyx* ; mais ce qui

les distingue davantage, c'est l'absence de grandes plaques
écailleuses sur la peau et la structure cartilagineuse du pour-

Fig. 248.

tour de la carapace, mode d'organisation qui les
a fait appeler *Tortues molles.*

§ 149. Enfin les **Tortues marines** ont les pattes
en forme de palettes natatoires, les doigts étant serrés
les uns contre les autres et cachés sous une peau
commune, celles de la paire antérieure sont très
grandes et constituent des rames puissantes. Ces Tortues ne sortent de la mer que pour déposer leurs œufs dans des
trous creusés dans le sable du rivage. Elles se nourrissent de
plantes marines et elles sont souvent de très grande taille. La
Tortue franche appelée aussi la *Tortue verte*, à cause de la cou-

Fig. 249. — Tortue caret.

leur de sa graisse, a quelquefois plus de deux mètres de
long et sa chair est fort estimée. Une autre espèce, le *Caret* ou la *Tortue imbriquée*
(fig. 249), au lieu d'avoir la
carapace garnie de plaques
cornées qui y adhèrent dans
toute leur étendue et se touchent par les bords seulement, comme chez la plupart
des Chéloniens, a le bouclier
dorsal couvert d'écailles libres
en arrière et se recouvrant
successivement comme les
tuiles d'un toit. Ce sont ces lames cornées qui constituent la
substance appelée *écaille*. Les Carets mangent des Mollusques,
des Crustacés, et même des petits poissons aussi bien que des
plantes marines ; elles habitent l'Océan Indien et les parties
chaudes de l'Atlantique ; elles sont très fécondes et fort recher-
chées des marins, mais leur chair est mauvaise.

Ordre des Sauriens.

§ 150. Par leur conformation générale tous les Reptiles qui
n'ont pas de carapace et qui sont pourvus de membres se ressemblent beaucoup et sont communément rangés dans un
seul ordre sous le nom commun de *Sauriens* (fig. 250), mais

Fig. 250. — Saurien du genre Agame.

par leur structure intérieure et par leurs caractères physiologiques, non seulement ils diffèrent beaucoup entre eux, mais
certaines espèces se distinguent de tous les autres animaux de
la même classe et se rapprochent des oiseaux. Ces *Sauriens*
supérieurs sont les *Crocodiliens*, et beaucoup de zoologistes les
considèrent comme devant constituer un sous-ordre particulier.
Les Sauriens ordinaires sont les Lézards, les Geckos et beaucoup d'autres Reptiles dont la peau du corps est garnie seulement de petites écailles, tandis que chez les Crocodiliens elle
porte aussi de grandes plaques de nature osseuse.

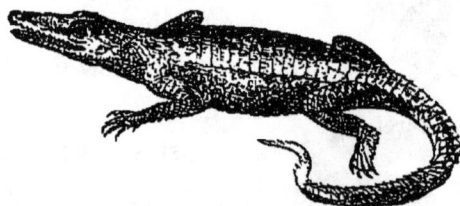

Fig. 251. — Crocodile.

§ 151. Les **Crocodiliens** se subdivisent en *Crocodiles* proprement dits, en *Alligators* et en *Gavials*, d'après quelques particularités dans la conformation des mâchoires.

Tous ont la bouche puissamment armée de dents coniques solidement implantées dans des alvéoles et la queue très comprimée de façon à constituer une longue nageoire horizontale. Ce sont des animaux carnassiers très voraces et fort dangereux lorsqu'ils sont dans l'eau ; mais peu agressifs lorsqu'ils sont à terre. Les Crocodiles appartiennent principalement à l'Afrique (fig. 251) et à l'Asie, les Alligators se trouvent presque exclusivement dans les parties chaudes de l'Amérique et les Gavials sont propres à l'Inde (fig. 252).

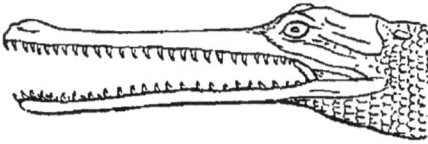

Fig. 252. — Tête de gavial.

§ 152. Les **Sauriens ordinaires** sont beaucoup plus nombreux et constituent plusieurs familles naturelles, parmi lesquelles je me contenterai de citer celle des Lézards, celle des Geckos, celle des Caméléons et celle des Scincoïdiens. Tous se nourrissent principalement d'Insectes.

Les Lézards sont de petits Quadrupèdes à corps svelte, à pattes de longueur médiocre, à doigts grêles, à langue filiforme et bifide (fig. 253) et à queue longue et arrondie, qui se plaisent dans des terrains secs. Plusieurs espèces habitent la France, par exemple le *Lézard des murailles*, le *Lézard vert* et le grand *Lézard ocellé* du Midi. Leur queue se casse très facilement, mais repousse.

Fig. 253. — Langue de Lézard.

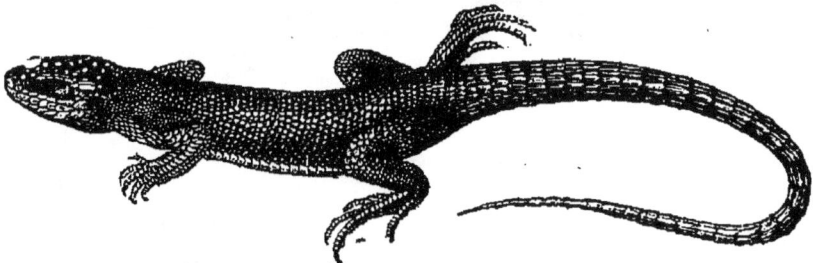

Fig. 254. — Lézard vert.

Les Geckos se distinguent des Lézards par leurs formes trapues, leur tête déprimée et leurs doigts terminés par des
palettes adhésives à l'aide desquelles ils peuvent s'attacher à

Fig. 255. — Gecko des murailles.

la surface des corps sur lesquels ils marchent; ils grimpent
aux murs ou courent même sur les plafonds de nos maisons
(fig. 255); un de ces Sauriens est commun dans le midi de la
France et y est connu sous le nom de *Tarente*.

Le mode d'organisation des Caméléons (fig. 256) est encore
plus singulier, leurs doigts sont divisés en deux paquets de

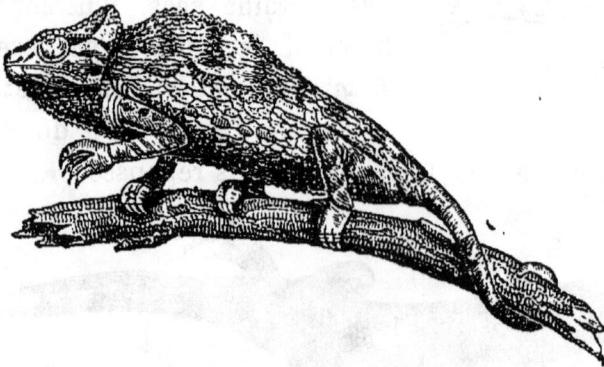

Fig. 256. — Caméléon commun.

façon à constituer une sorte de main ; leur queue est préhensile et leur langue, très charnue, mais grêle et cylindrique ; elle

est extrêmement extensible. C'est en dardant cet organe très loin
hors de leur bouche que ces Reptiles peuvent, malgré la lenteur de leurs mouvements généraux, s'emparer des Insectes,
dont ils se repaissent. Ces animaux sont également remarquables par la manière dont leur peau change rapidement de
couleur sous l'influence, soit de la température, soit d'actions
nerveuses ; un de ces animaux est commun en Algérie.

Les SCINCOÏDIENS ont les pieds très courts et la langue peu
extensible, les uns, comme les *Scinques* (fig. 257), ont le corps

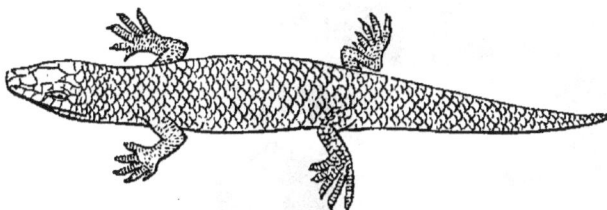

Fig. 257. — Scinque.

en fuseau, les autres, comme les *Seps*, à corps très grêle et à
queue très longue ressemblent à de petits serpents par leur
forme générale, mais sont pourvus de pattes très courtes, soit
au nombre de quatre, soit au nombre de deux seulement.

On connaît aussi des Sauriens dont la peau des flancs

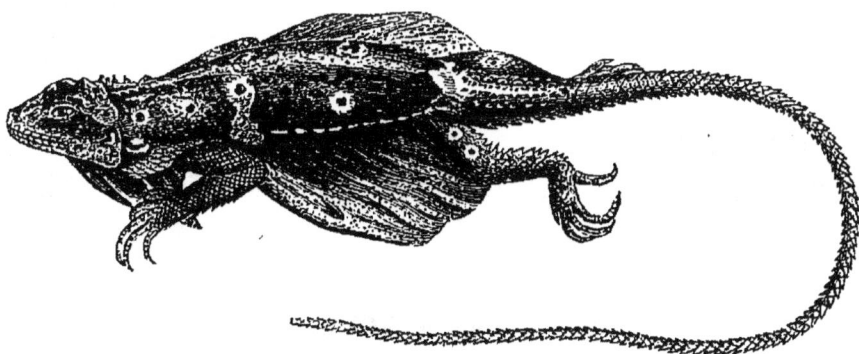

Fig. 258. — Dragon.

se prolonge entre les membres antérieurs et les membres
postérieurs de façon à constituer des parachutes analogues à

ceux des Écureuils volants. Tels sont les petits Reptiles que les zoologistes appellent des *Dragons* (fig. 258), mais qui ne ressemblent en rien aux animaux fabuleux dont ils portent le nom.

Enfin à une époque géologique fort reculée, il y avait des *Sauriens volants* qui étaient pourvus de grandes ailes analogues à celles des Chauves-souris, mais la partie membraneuse, au lieu d'être une palmure réunissant tous les doigts des pattes antérieures, le pouce excepté, n'était attachée que

Fig. 259. — Ptérodactyle.

sur un seul de ces organes excessivement long. Les Paléontologistes ont désigné ces Reptiles fossiles sous le nom de PTÉRODACTYLES (fig. 259).

Ordre des Ophidiens.

§ 153. On donne communément le nom de Serpents à tous les Reptiles qui sont dépourvus de membres et qui par conséquent ne peuvent changer de place qu'en rampant sur la terre au moyen d'ondulations de leur corps, ou nager à l'aide de mouvements analogues ; par leur structure intérieure, plusieurs de ces animaux ressemblent tant à un Seps, que la plupart des zoologistes les classent dans l'ordre des SAURIENS (les Orvets par exemple) et ne rangent dans l'ordre des OPHIDIENS que les animaux serpentiformes dont la bouche est très dilatable par suite d'une disposition anatomique particulière de la charpente osseuse de la face.

Chez tous ces Reptiles l'épiderme se renouvelle, comme le font les poils, les plumes et la pellicule épidermique des Vertébrés à sang chaud ; mais cette tunique, au lieu de se détacher par petites parcelles, ainsi que cela a lieu d'ordinaire, se sépare du corps de l'animal tout d'une pièce en conservant la forme de celui-ci. On appelle communément cette espèce de mue, un *changement de peau*, mais la partie principale de la peau appelée le *derme* ne tombe pas et la gaîne dont le serpent se dépouille est analogue à la pellicule qui s'élève en forme de cloche à la surface de la peau humaine dans le cas de brûlure légère.

Les Serpents ordinaires ou *Ophidiens* proprement dits se divisent naturellement en deux groupes qui sont représentés, d'une part, par la Vipère, d'autre part, par la Couleuvre ; ce sont les *Serpents venimeux*, d'un côté, et les *Serpents non venimeux*, de l'autre.

§ 154. Personne n'ignore que les SERPENTS VENIMEUX, en mordant même très légèrement leur victime, déterminent chez celle-ci une espèce d'empoisonnement qui est souvent une cause de mort presque foudroyante et que ces effets sont dus à la salive du Reptile. Ce liquide est produit dans des glandes comparables à celles qui fournissent la salive ordinaire chez l'homme et les autres Mammifères, mais qui sécrètent une matière toxique particulière. Ce venin est versé au dehors par un petit conduit qui, de chaque côté de la mâchoire, s'ouvre dans la gencive près de la base d'une dent aiguë creusée d'une gout-

tière ou d'un canal tubulaire. L'extrémité inférieure de ce canal
est ouverte près de la pointe de l'organe vulnérant de façon à

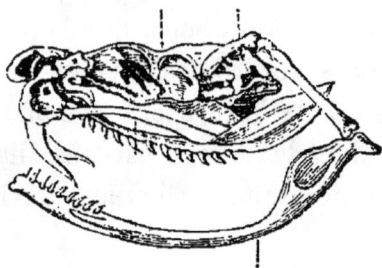

Fig. 260. — Crâne de Crotale.   Fig. 261 (1).

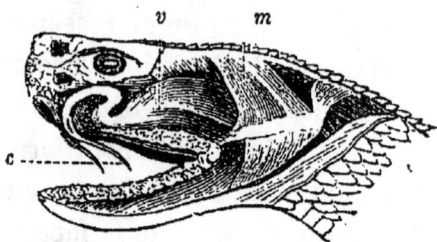

pouvoir verser au fond de la plaie résultant de la piqûre produite par celui-ci la salive toxique. Chez la *Vipère* et le *Crotale*,
de même que chez la plupart des autres Serpents venimeux,
ces dents venimeuses ont la forme de grands crochets susceptibles de se reployer en arrière et de se cacher ainsi dans un
repli de la tunique muqueuse de la bouche ou de se redresser
de façon à devenir presque perpendiculaires à la mâchoire et
à s'enfoncer dans le corps que le Reptile veut mordre.

Ces changements dans la position des crochets sont dus à
des mouvements exécutés par les maxillaires auxquels ces
dents sont fixées et l'appareil buccal est disposé aussi de manière à ce que les muscles dont la contraction détermine le
rapprochement exercent une certaine pression sur le réservoir
à venin en connexion avec ces organes, en sorte que le liquide toxique se trouve poussé au fond de la petite plaie produite par le crochet. Il est également à noter que derrière
chacune de ces dents se trouve une série de petits crochets de
réserve prêts à s'y substituer en cas de rupture des crochets
de service.

Enfin j'ajouterai que le poison déposé ainsi au fond de la
piqûre ne devient nuisible qu'après avoir été absorbé et mêlé

(1) Appareil venimeux : *c*, crochets ; — *v*, sac à venin ; — *m*, muscles
de la mâchoire et compresseurs de la glande venimeuse.

au sang de la victime, de telle sorte qu'en entravant le travail
physiologique au moyen duquel cette absorption s'opère, on
retarde d'autant les effets nuisibles du venin et que, en détruisant le venin sur la plaie à l'aide d'un fer chauffé au rouge ou
d'une substance caustique avant qu'il n'ait été absorbé, on peut
empêcher la morsure de produire ses effets ordinaires.

Chez les Serpents non venimeux il n'y a ni crochets, ni
glandes vénénifiques et ces Reptiles ne sont dangereux que
lorsqu'ils sont assez puissants pour étouffer leurs victimes en
s'enroulant autour d'elles.

La *Couleuvre* est un serpent non venimeux; la Vipère est au
contraire très venimeuse, et
comme ces serpents habitent
l'un et l'autre la France, il est
très utile de pouvoir les distinguer entre eux. Or, ils se ressemblent beaucoup, mais la
Vipère a la tête élargie en arrière et couverte comme le
dessus du corps de petites écailles imbriquées (fig. 263), tandis
que chez la *Couleuvre commune*
ou *Couleuvre à collier*, la tête
n'est pas plus large que le cou

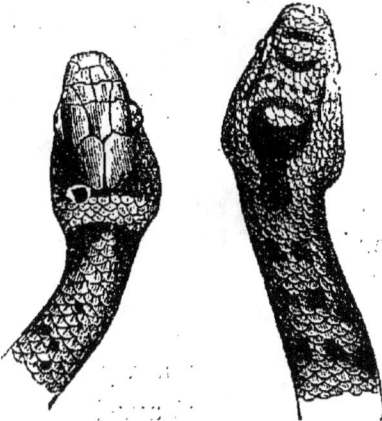

Fig. 262.   Fig. 263.

et elle est garnie en dessus de larges plaques disposées
comme une mosaïque (fig. 262).

Les **Aspics** sont des Serpents très venimeux qui se trouvent en Égypte et dont une espèce, le *Naja*, a la faculté d'é-
largir son cou (fig. 264). On le désigne aussi sous le nom de
Serpent à lunettes à cause d'une marque noire en forme de bési-
cle qu'il porte sur le cou. Le Naja est commun aux Indes, ou
les jongleurs l'emploient souvent dans leurs exercices.

Les **Crotales** ou *Serpents à sonnettes* sont également très venimeux. Ils sont propres à l'Amérique et doivent leur nom

vulgaire au bruit qu'ils produisent en faisant vibrer une série

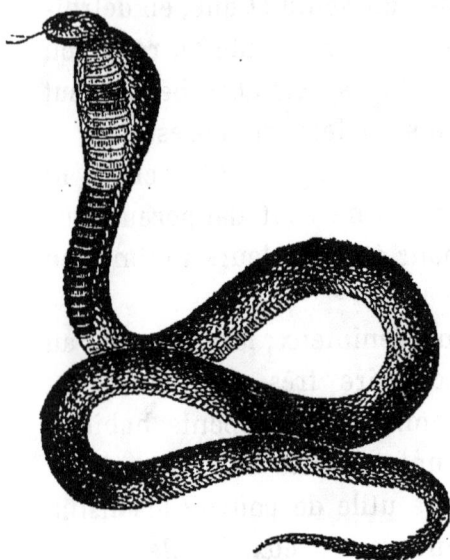

Fig. 264. — Naja.

Fig. 265. — Crotale
ou Serpent à sonnettes.

de grelots placés à l'extrémité de leur queue et formée par des bourrelets d'épiderme desséchés.

§ 155. Les Serpents non venimeux sont beaucoup plus nombreux en espèces. La plus connue est la Couleuvre qui abonde dans notre pays. Elle est de petite taille, mais dans les climats chauds quelques-uns de ces Serpents sont énormes.

Les **Boas** et les **Pythons** sont d'immenses Serpents de l'ancien monde qui ne sont pas venimeux, mais qui sont très redoutables à cause de leur force musculaire.

La plupart des Serpents sont terrestres, mais dans les mers de l'extrême Orient il y a aussi des Reptiles de cet ordre qui ont la queue comprimée en forme de rame et qui nagent très bien.

Ordre des Ichthyosauriens ou Reptiles à nageoires.

§ 156. A une époque géologique très ancienne il y avait non
seulement des Sauriens terrestres de taille gigantesque, mais
aussi de grands Reptiles lacertiformes dont les membres étaient
conformés en manière de rames.

L'un de ces Reptiles, appelé **Plésiosaure** (fig. 266), avait la

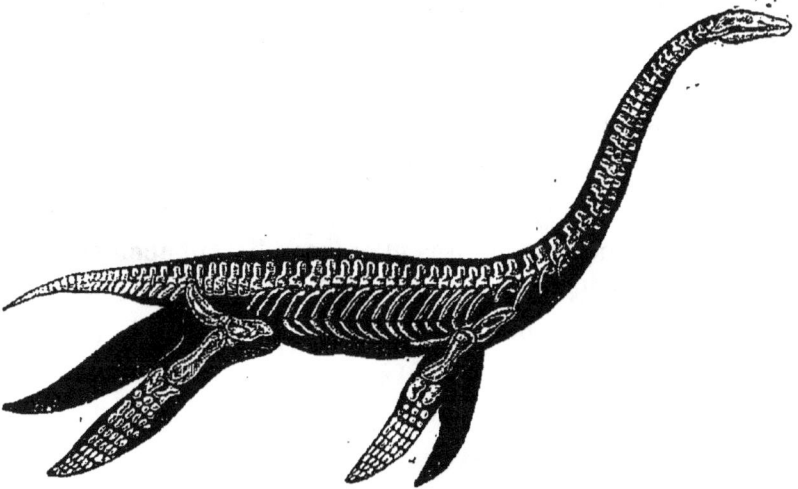

Fig. 266. — Plésiosaure.

tête petite, le cou très long et le corps grêle. Un autre auquel
on a donné le nom d'**Ichthyosaure** (fig. 267), ressemble

Fig. 267. — Ichthyosaure.

davantage à un Poisson ou à un Cétacé par sa conformation
générale.

VERTÉBRÉS BRANCHIFÈRES.

§ 157. Les Vertébrés qui dans le jeune âge ou même pendant toute la durée de la vie sont organisés pour respirer dans l'eau, et qui à cet effet sont pourvus de branchies au lieu d'avoir des poumons comme les Mammifères, les Oiseaux et les Reptiles, constituent un groupe naturel auquel le nom d'*Anallantoïdiens* a été donné parce qu'avant la naissance ils diffèrent déjà des précédents par l'absence d'un sac membraneux appelé allantoïde.

Ce sont les Batraciens et les Poissons qui, en sortant de l'œuf, respirent de la même manière, mais dont les uns conservent leur mode primitif d'organisation, tandis que les autres éprouvent des métamorphoses et en grandissant acquièrent des poumons. Ces derniers constituent la classe des *Batraciens* dont le représentant le plus généralement connu est la Grenouille appelée en grec *Batrachos*.

CLASSE DES BATRACIENS.

§ 158. Ces animaux ont la peau nue, c'est-à-dire n'ayant ni poils, ni plumes, ni écailles et en sortant de l'œuf ils ressemblent

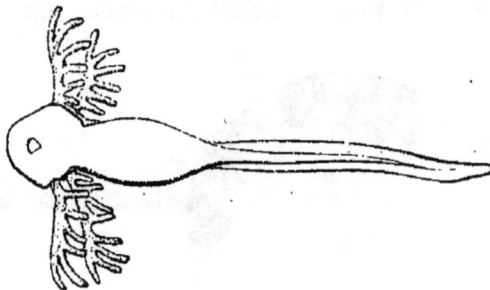

Fig. 268. — Têtard de Grenouille.

tout à fait à des Poissons. On les appelle alors des *Têtards* (fig. 268) ; c'est chez la Grenouille et les autres Batraciens de la même

famille que leurs métamorphoses sont les plus considérables. Ils ont la tête grosse et tout d'une venue avec le tronc ;
une grande queue comprimée en forme de nageoire verticale et pas de membres. Les branchies se montrent bientôt de
chaque côté en arrière de la tête, sous la forme d'arbuscules
rouges, et plus tard, ces organes se complètent par le dévelop-

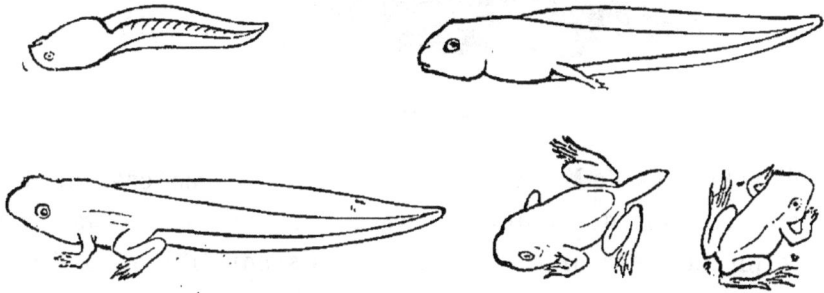

Fig. 269. — Métamorphoses de la Grenouille.

pement d'un appareil singulier analogue sous la peau du cou.
Les pattes apparaissent bientôt et les poumons se constituent
ensuite dans l'intérieur. Puis, lorsque les poumons fonctionnent,
les branchies cessent peu à peu d'exister, enfin la queue disparaît et finit par ne laisser à l'extérieur du corps aucune trace de
son existence (fig. 269).

Les Batraciens qui se transforment ainsi sont désignés sous le
nom d'*Anoures*, ce qui veut dire sans queue, ce sont non seulement les *Grenouilles,* mais aussi les *Rainettes*, les *Crapauds* et
les *Pipas*.

D'autres animaux de la même classe subissent des métamorphoses analogues, mais moins complètes ; ils conservent leur
longue queue et on les désigne collectivement sous le nom
d'*Urodèles*.

Il y a aussi des Batraciens qui restent toujours sous la forme
de Têtards et qui conservent leurs branchies aussi bien que
leur queue en acquérant des pattes et des poumons. Les **Pro-**

tées qui vivent dans les cavernes obscures de la Carniole (près d'Adelsberg), les **Sirènes** qui habitent certains marais de l'Amérique septentrionale, et en général les **Axolotls** qui se trouvent

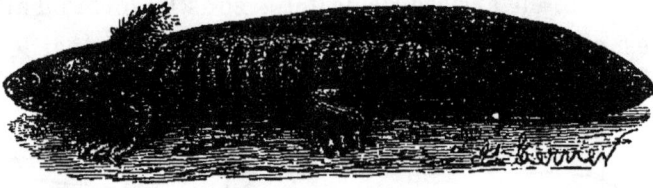

Fig. 270. — Axolotl.

dans les lacs de Mexico (fig. 270), sont dans ce cas, en sorte que ce sont des animaux ayant à la fois des organes de respiration aérienne et aquatique. Ils constituent la famille des Pérennibranches, et tous se reproduisent sous cette orme de Tétards; mais, parmi les Axolotls, il y a des individus qui se métamorphosent plus complètement et perdent leurs branchies.

§ 159. Comme exemple des Urodèles, je citerai les **Tritons** ou *Salamandres aquatiques* appelés vulgairement des *Lézards d'eau*. Leur queue est très comprimée et ils ont la singulière faculté de reproduire leurs pattes ainsi que leur queue, lorsque

Fig. 271. — Triton.

Fig. 272.
Salamandre terrestre.

ces organes ont été amputés. Ils sont communs dans les mares des environs de Paris.

Il y a aussi des **Salamandres terrestres** qui ont la queue ronde au lieu d'être comprimée en forme de nageoire (fig. 272).

Les Batraciens urodèles de nos contrées sont tous de très

petite taille : mais au Japon et dans quelques parties de la Chine, il y a une espèce qui est gigantesque, et on a trouvé en Allemagne à l'état fossile une autre Salamandre presque aussi grande et devenue célèbre par suite d'une singulière méprise dont elle a été l'objet : on l'a prise d'abord pour un fossile humain et on l'a décrite sous le nom de *Homo diluvii testis*.

§ 160. ANOURES. — **Les Grenouilles** sont des animaux sauteurs dont les pattes postérieures sont très longues et dont la peau est lisse ; elles font entendre des sons très particuliers qui sont produits par l'entrée de l'air dans une paire de poches membraneuses situées près des oreilles.

Les **Rainettes** ou *Grenouilles d'arbres* (fig. 273) diffèrent des Grenouilles ordinaires par l'existence de palettes adhésives situées à l'extrémité de leurs doigts et leur servant à grimper.

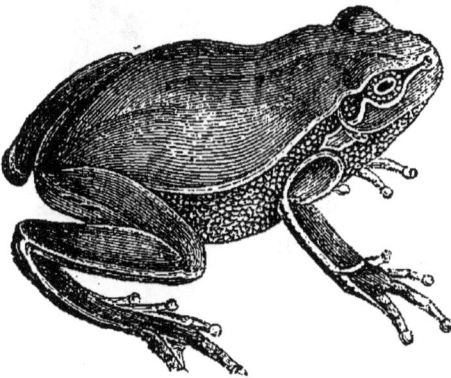

Fig. 273. — Rainette.

Les **Crapauds** ont la peau verruqueuse et présentent de chaque côté de la tête, près de l'oreille, un appareil glandulaire (appelé parotide) d'où suinte une humeur venimeuse qui est très irritante et qui peut déterminer une ophthalmie lorsqu'on se frotte les yeux après avoir touché un de ces animaux.

Les **Pipas** sont aussi des Batraciens anoures ; ils se trouvent à la Guyane et ils méritent d'être signalés ici à raison d'une particularité physiologique. Au lieu de déposer leurs œufs dans l'eau, comme le font d'ordinaire les autres Batraciens, la femelle les porte sur son dos où leur présence détermine un gonflement de la peau et la formation d'autant de petites fossettes dans lesquelles les petits se développent.

§ 161. Enfin on range aussi dans la classe des Batraciens quelques animaux serpentiformes qui, dans le jeune âge, sont pourvus de branchies et qui n'acquièrent pas de pattes ; leur

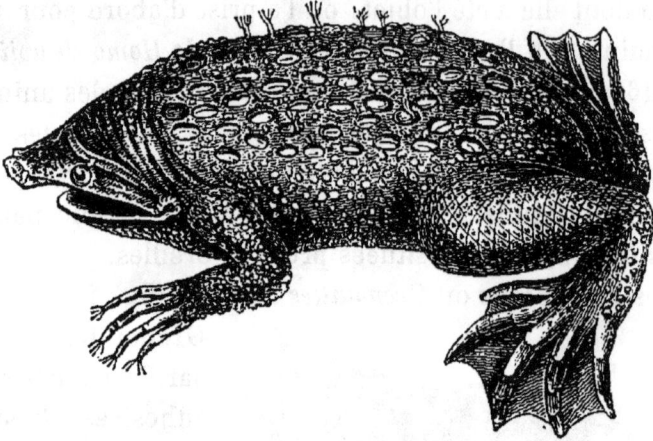

Fig. 274. — Crapaud-Pipa.

peau n'est pas complètement dépourvue d'écailles, ils vivent dans la terre humide et ils sont en général aveugles. On les désigne sous le nom de CÉCILIES.

CLASSE DES POISSONS.

§ 162. Les Poissons sont en général faciles à distinguer des autres Vertébrés branchifères par leur système tégumentaire aussi bien que par leur mode de respiration. En effet ces animaux, de même que les Batraciens, à l'état de têtards respirent l'air qui est en dissolution dans l'eau et conservent cette manière de vivre pendant toute leur existence.

Les branchies des Poissons sont logées de chaque côté de la partie postérieure de la tête dans des cavités particulières qui communiquent, d'une part, avec la bouche par une double série de fentes situées à la partie inférieure de celle-ci et, d'autre part, au dehors par des orifices spéciaux appelés OUÏES, mais n'ayant

14.

rien de commun avec l'appareil auditif. Pour respirer, l'animal fait entrer une gorgée d'eau dans sa bouche ; puis par un mouvement analogue à celui de la déglutition, au lieu d'avaler ce

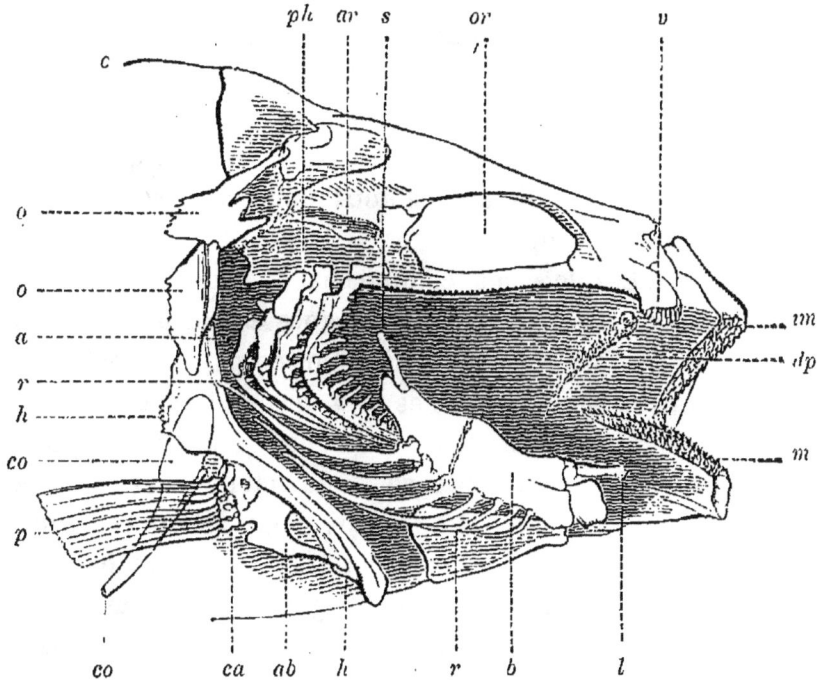

Fig. 275[1].

liquide il le pousse à travers les fentes dont je viens de parler, baigne ses branchies et ensuite le rejette à l'extérieur par les ouïes. Ces dernières ouvertures sont au nombre de 5 à 7 de chaque côté chez quelques Poissons, tels que les Raies, les Requins et les Lamproies ; mais en général il n'y en a qu'une seule paire située entre une espèce de ceinture formée par les

(1) Tête osseuse de la Perche dont on a enlevé la portion extérieure ; — c, crâne ; — or, orbite ; — v, vomer armé de dents ; — im, mâchoire supérieure ; — dp, dents palatines ; — mi, mâchoire inférieure ; — l, os lingual ; — b, branches latérales de l'appareil hyoïdien ; — r, régions branchiostèges ; — a, arceaux branchiaux ; — ph, os pharyngiens ; — o, a, h, ceinture osseuse supportant la nageoire pectorale p ; — o et o, omoplate ; — h, humérus ; ab, os de l'avant-bras ; — ca, du poignet ; — co, os coracoïdien.

os de l'épaule et une sorte de volet appelé l'*opercule* qui s'ouvre et se referme alternativement. C'est l'air en dissolution dans cette eau qui fait vivre le Poisson, et lorsqu'on place un de ces animaux dans de l'eau dont on a chassé l'air par l'effet de l'ébullition, cet animal s'asphyxie et meurt. Quelquefois les Poissons viennent à la surface de l'eau puiser de l'air dans l'atmophère ; mais ce gaz, absorbé ainsi directement, ne joue qu'un rôle peu important dans la respiration, ainsi que nous le verrons plus en détail lorsque nous nous occuperons de la physiologie de ces animaux.

§ 163. Les Poissons, comme chacun le sait, sont des animaux nageurs, et tout dans leurs organes est adapté à la vie aquatique. La forme générale de leur corps et la nature de leurs téguments sont favorables à la locomotion dans l'eau et ils sont pourvus de membres impropres à la marche, mais particulièrement bien appropriés à la natation. Leur corps généralement très aminci aux deux bouts et tout d'une venue, présente des surfaces courbes très régulières ou des bords tranchants ou arqués de façon à pouvoir fendre aisément l'eau, et la peau, sans être nue comme chez les Batraciens et peu propre à les protéger contre les contacts rudes, est également disposée à rendre le glissement facile, car elle est couverte d'un système de petites pièces solides à peine saillantes et continuellement lubréfiées par de la mucosité. En effet, de même que chez la plupart des Reptiles, tout le corps des

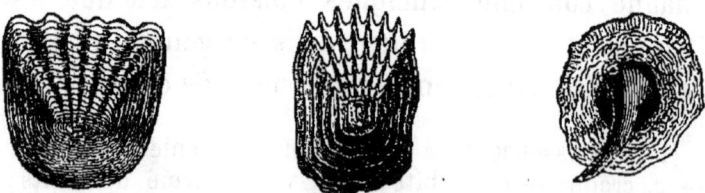

Fig. 276. — Écailles de Poissons.

Poissons est en général complètement revêtu d'une couche mince d'écailles solides (fig. 276) ou quelquefois de grains ou de

plaques osseux, mais qui presque toujours consistent en lamelles, couchées à plat sur la peau, solidement engagées
dans cette tunique par leur bord antérieur, mais libres en arrière et chevauchant les unes sur les autres comme le font les
ardoises des toitures de nos maisons. Ces lamelles sont appelées *écailles* ; leur structure varie et'fournit ainsi de bons caractères pour la classification de ces animaux ; mais ici nous
n'avons pas à nous occuper des détails de cet ordre. J'ajouterai seulement qu'elles sont incolores et que la coloration
souvent très vive et très variée du corps dépend des matières
contenues dans la partie membraneuse du système tégumentaire. Ainsi l'éclat argenté de la peau de beaucoup de Poissons
est dû à la présence de lamelles microscopiques d'une substance
particulière qui est soluble dans l'ammoniaque et qui est employée dans l'industrie pour la fabrication des fausses perles,
lesquelles ne sont autre chose que des bulles de verre argen-
tées intérieurement par une couche de cette matière.

La locomotion des Poissons s'effectue presque uniquement
au moyen de mouvements de flexion du corps qui se ploie

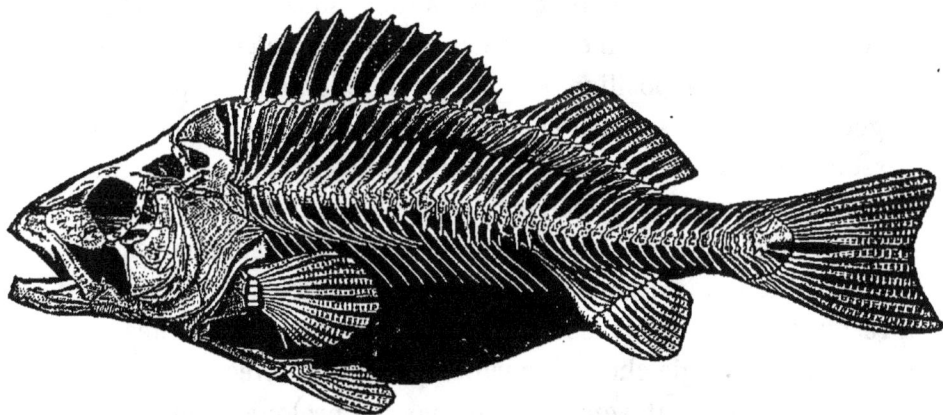

Fig. 277. — Squelette de Poisson.

alternativement en sens opposé et d'ordinaire les coups de
rames produits de la sorte sont dirigés latéralement.

C'est la portion caudale du corps qui forme la principale

partie de la rame qui agit de la sorte ; c'est elle qui constitue la majeure partie de la masse de l'animal et elle est d'autant mieux appropriée à ces fonctions qu'elle est plus longue et plus haute. Presque toujours l'animal se tient dans une position telle que sa surface dorsale est en dessus, mais quelques Poissons nagent couchés sur le côté et sont pour cette raison appelés Pleuronectes ; les *Plies* et les *Turbots* sont dans

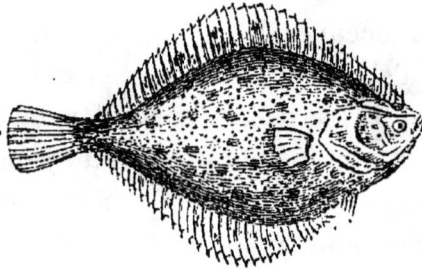

Fig. 278. — Plie.

ce cas et alors ils ont les deux yeux dirigés en dessus ; mais ces animaux sont conformés d'ordinaire d'une manière parfaitement symétrique. Chez beaucoup d'entre eux la flottaison dans la position que je viens d'indiquer est facilitée par l'existence d'une poche remplie d'air qui est située sous la voûte de la cavité abdominale et qui est appelée la *vessie natatoire* ; mais le maintien de cette position est dû essentiellement au jeu des nageoires situées sur les côtés du corps, et lorsque l'animal cessant de vivre ces organes ne fonctionnent plus, les Poissons restent presque toujours renversés le ventre en dessus.

Leurs nageoires sont de deux sortes : les unes sont paires et correspondent aux quatre membres locomoteurs des Vertébrés à respiration aérienne ; les autres sont impaires et médianes et n'ont pas d'analogie chez ces derniers, si ce n'est avec celles des Cétacés où elles sont représentées par un prolongement lobiforme de la peau du dos. Les nageoires latérales les plus importantes sont placées de chaque côté immédiatement en arrière des ouïes ; elles sont articulées sur la ceinture scapu-

laire qui, dans la constitution du squelette, représente l'épaule
et elles sont appelées *nageoires thoraciques*. Les nageoires de
la seconde paire, désignées sous le nom de *nageoires ventrales*,
sont placées plus bas, mais se trouvent tantôt sur le ventre
dans la région jugulaire, tantôt plus en avant sous l'appareil
branchial. Chez quelques Poissons (surtout dans le très jeune
âge) une seule nageoire médiane règne sur presque tout le
corps, en dessus, en arrière et en dessous (chez l'anguille par
exemple (fig. 299); mais d'ordinaire elle est divisée en trois
portions ou même davantage (fig. 279). L'une de ces portions

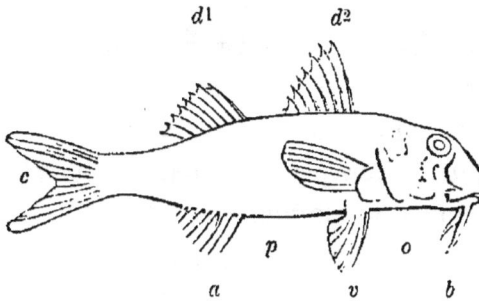

Fig. 279. — Rouget [1].

constitue la nageoire dorsale qui peut être entière ou subdivisée
en deux ou trois nageoires distinctes; une autre portion occupe
derrière l'anus le bord inférieur du corps : c'est la *nageoire ventrale;* enfin la portion postérieure située à l'extrémité de la
région caudale du corps constitue une nageoire caudale comparable à celle des Cétacés, mais dirigée verticalement au lieu
d'être horizontale comme chez ces Mammifères pisciformes.

Toutes ces nageoires, les nageoires latérales comme les nageoires médianes, sont constituées par un repli lamelliforme
de la peau soutenu intérieurement par une série de baguettes
parallèles et mobiles appelées *rayons* et disposées à peu près
de la même manière que les doigts styliformes de l'aile d'une

(1) Le Rouget (*Mullus barbatus*), pour montrer les diverses nageoires, etc. : *p*, nageoire pectorale; *v*, nageoire ventrale; *d¹*, première dorsale; *d²*, deuxième dorsale; *c*, caudale; *a*, anale; *o*, ouverture des ouïes; *b*, barbillons de la mâchoire inférieure.

Chauve-souris. Ces rayons permettent aux nageoires de se replier sur elles-mêmes ou de se déployer comme un éventail

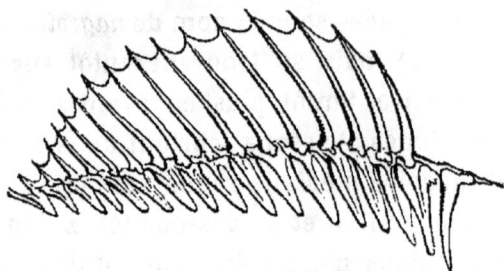

Fig. 280. — Nageoire dorsale.

(fig. 280); ils sont constitués tantôt par des os très grêles, tantôt par des baguettes cartilagineuses (fig. 281), et ils font partie de la charpente solide de l'animal, appelée *squelette*.

Le squelette tout entier présente dans cette classe de vertébrés des différences analogues ; il est tantôt osseux, tantôt cartilagineux et il est à noter que ces différences dans la nature de la charpente solide du corps coïncident presque toujours avec les différences dont je viens de parler dans la disposition des ouïes. Chez les Poissons dont l'appareil respiratoire présente de chaque côté une série de ces ouvertures (comme cela

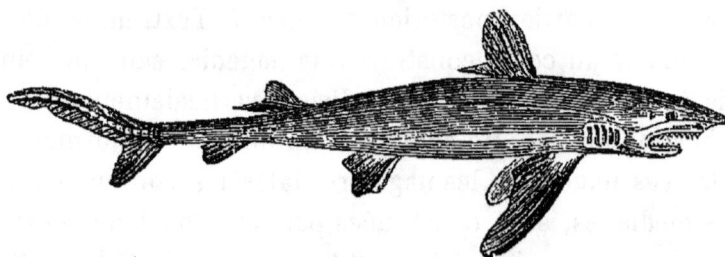

Fig. 281. — Requin.

se voit chez les Requins, fig. 281), le squelette est toujours cartilagineux, tandis que chez les Poissons pourvus d'une seule paire d'ouïes (la Carpe par exemple, fig. 282), il est presque toujours en majeure partie osseux.

On peut donc diviser la classe des Poissons en deux sections principales, celle des Poissons osseux et celle des Poissons cartilagineux, mais ces derniers ne constituent pas un groupe

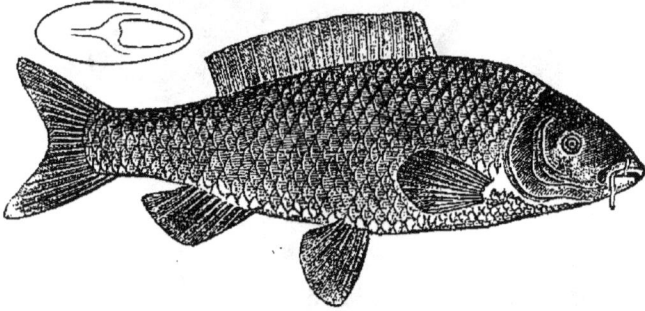

Fig. 282. — Carpe.

naturel et comprennent des animaux constitués d'après deux types très distincts : les CYCLOSTOMES ou *Poissons suceurs*, d'une part, et les PLAGIOSTOMES ou *Poissons à bouche ordinaire*, d'autre part.

Les *Cyclostomes* ont la bouche organisée en manière de ventouse. Ce sont les *Lamproies* (fig. 283 et 284) et quelques autres Poissons anguilliformes.

Fig. 283. — Lamproie.

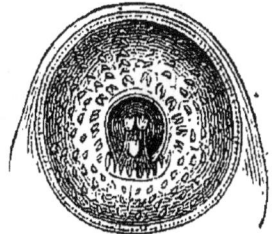

Fig. 284. — Bouche.

Les autres Poissons sont les *Raies*, les *Squales* et les *Esturgeons*.

SOUS-CLASSE DES POISSONS OSSEUX.

§ 164. La grande majorité des Poissons se compose de Poissons osseux. Le nombre en est immense et l'espace me manquerait pour en faire connaître les principaux types. Afin de ne pas sortir des limites tracées par le programme universitaire, je me bornerai donc à en citer quelques exemples,

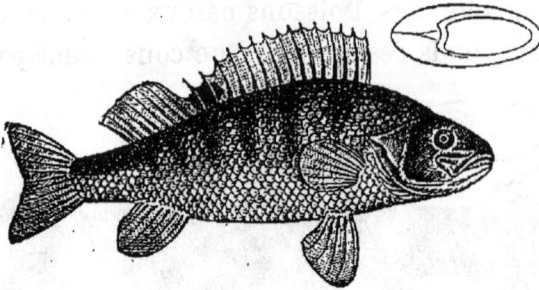

Fig. 285. — Perche.

tels que la *Perche* (voy. fig. 285), la *Carpe*, le *Brochet* et l'*Anguille*.

Un des Poissons les plus importants par les pêches auxquelles il donne lieu est la Morue (*Gadus morrhua*) ou *Cabillaud*, qui a environ un mètre de long et abonde dans les mers du Nord, principalement sur les côtes de Terre-Neuve, sur le grand banc du même nom situé en haute mer dans l'Océan

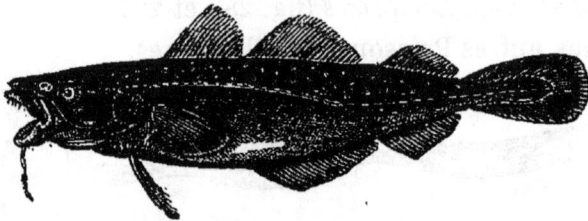

Fig. 286. — Morue commune.

Atlantique et dans la partie de la mer du Nord comprise entre l'Islande et la Norvège (fig. 286). A l'époque du frai, les Morues cherchent les bas fonds pour y déposer leurs œufs et sont alors d'une capture facile. La pêche de la Morue pratiquée par les Américains, par les Anglais et par les Norvégiens, est beaucoup plus active que celle faite par nos matelots, et cependant chaque année encore 10,000 de nos marins y sont employés pendant tout l'été. Ce poisson est fort bon et il se conserve très bien à l'aide de sel, de sorte qu'il peut être expédié partout, et qu'il constitue une ressource alimentaire importante ; son foie fournit une huile très employée en médecine. Un autre Poisson du même genre que la Morue est l'*Égrefin* que l'on vend sur le marché de Paris sous le nom de *Faux-Merlan*.

Les MERLANS appartiennent à la famille des Morues ou Gades, mais ils n'ont pas, comme la Morue proprement dite, un barbillon sous le menton et ils n'ont que vers 30 centimètres de long. Ils sont très communs dans la Manche ainsi que dans l'Océan. Le *Colin* ou *Merlan noir* et le *Lieu* ou *Merlan jaune* sont d'autres espèces dont la taille est deux fois plus grande ; mais le poisson appelé Merlan sur les côtes de la Provence est d'un genre différent et son vrai nom est MERLUCHE.

Enfin les *Lottes* ou *Lingues* qui se trouvent dans les mêmes parages que les Merlans font aussi partie de la famille naturelle des Gades.

§ 165. La pêche du HARENG est encore plus productive que celle de la Morue. Ce poisson est si généralement connu qu'il serait inutile d'en indiquer ici les caractères, mais son histoire naturelle et économique mérite l'attention. Le Hareng proprement dit (fig. 287) appartient à un genre dont les espèces sont très répandues, mais il se trouve presque exclusivement dans les mers boréales de l'Europe, de l'Asie et du Groënland ; il n'existe ni dans la Méditerranée, ni sur les côtes occidentales de l'Europe tempérée, mais à l'époque de la ponte il abonde dans la Manche ainsi que dans la mer du Nord où il se montre près de la surface de l'eau en bandes innombrables que les pêcheurs appellent des *bancs de harengs*. Peu de temps après il disparaît presque complètement des localités où il fourmillait et l'année suivante il arrive de nouveau. Vers le milieu du siècle dernier, divers faits relatifs à l'apparition successive des bancs de Harengs, d'abord au nord de l'Écosse, puis sur les

Fig. 287. — Hareng.

côtes de l'Angleterre et de la Hollande et plus tard dans la
Manche ayant été mal interprétés par un savant de Hambourg,
firent croirent aux naturalistes que ces Poissons effectuaient
périodiquement d'immenses voyages en suivant toujours la
même route pour émigrer alternativement du nord vers le midi
et du midi vers le nord. On supposait qu'en légions innombrables, ils sortaient tous de la mer Glaciale du Nord pour descendre vers le midi en se divisant en plusieurs bandes, dont les
unes visitaient Terre-Neuve, d'autres, les côtes de l'Islande,
de la Norvége, de la Frise et de la Hollande, tandis que la
principale troupe, disait-on, longeait la côte est de la Grande-
Bretagne pour aller frayer dans la Manche ; enfin on prétendait
aussi que les Harengs voyageant de la sorte traversaient ensuite l'Atlantique et retournaient vers la mer Glaciale en re-
montant vers le Nord le long du littoral américain. Mais des
études mieux conduites et dues principalement aux naturalistes scandinaves ont fait voir récemment que les choses ne
se passaient pas ainsi. Ce ne sont pas les mêmes Poissons qui
font cet immense trajet. Ce sont des bandes différentes qui se
montrent successivement dans les divers lieux énumérés ci-
dessus et chacune de ces troupes vient des grandes profondeurs de la mer plus ou moins voisines où les jeunes de l'année
précédente s'étaient retirés et avaient grandi. L'histoire du
Hareng a donc perdu tout le merveilleux dont on s'était plu à
l'orner ; mais son importance n'en a pas souffert, car la pêche
et la préparation de ce Poisson sont une source de richesse iné-
puisable pour un nombre immense de matelots (1).

C'est depuis la mi-octobre jusqu'à la fin de l'année que les
bancs de Harengs se montrent dans la Manche, principalement
depuis le détroit de Calais jusqu'à l'embouchure de la Seine,
mais nos pêcheurs vont aussi les chercher plus loin, notam-

(1) La question des migrations a été traitée récemment dans un livre
intitulé : *Nouvelles causeries scientifiques*, par M. H. Milne Edwards
(p. 186 et suivantes).

ment près de la côte est de l'Angleterre où on les rencontre dès le mois de septembre ou d'octobre. Ce sont des Poissons d'une fécondité remarquable ; une seule femelle peut contenir à la fois plus de 60,000 œufs. Une même bande est souvent longue de 5 ou 6 kilomètres sur 3 ou 4 kilomètres de large et présente quand la mer est calme un magnifique spectacle, car ces Poissons serrés les uns contre les autres et brillants d'un éclat argentin frétillent près de la surface de l'eau et leur nombre est incalculable ; un seul coup de filet suffit parfois pour le chargement d'un grand bateau de pêche et on rapporte que les marins de l'un des petits ports de l'Écosse prirent une fois dans l'espace d'une seule nuit au moins dix millions de ces Poissons.

§ 166. La *Sardine* est beaucoup plus petite que le Hareng, mais elle appartient à la même famille naturelle, la famille des *Clupes*. Elle habite l'Océan Atlantique, la Méditerranée ; pendant l'hiver elle se tient dans les grandes profondeurs de la mer, mais vers le mois de juin elle se rapproche du littoral en formant des légions innombrables. Elle est surtout abondante sur les côtes de la Bretagne, depuis l'embouchure de la Loire jusqu'à l'embouchure de la Manche ; elle y donne lieu à des pêches très importantes et pour l'attirer dans leurs filets nos matelots jettent à la surface de la mer un appât particulier, appelé *Rogue* et formé d'œufs de Morue conservés dans le sel.

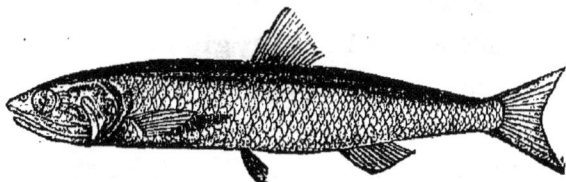

Fig. 288. — Anchois.

Les *Anchois* sont aussi de petits Poissons de la famille des Clupes (fig. 288) ; ils diffèrent des Harengs par plusieurs particularités de structure, notamment par la grandeur de leur bouche qui est fendue jusque fort loin derrière les yeux. L'Anchois commun fréquente presque toutes les côtes de l'Europe occidentale et abonde dans la Méditerranée. En général, on en fait la pêche pendant les nuits très obscures, et en y employant plusieurs bateaux, dont un seul est muni d'un fanal brillant qui attire les Poissons, ce qui permet aux autres de cerner ceux-ci au moyen de grands filets verticaux. Ces dispositions prises, on éteint brusquement le feu du fanal et les pêcheurs battent l'eau pour effrayer les Anchois qui, en fuyant de tous côtés, s'emmaillent dans les filets tendus tout à l'entour et y restent captifs.

Parmi les Poissons de la famille des Harengs je citerai aussi l'*Alose* qui est beaucoup plus grande que les diverses espèces dont je viens de parler et qui remonte fort loin dans nos rivières.

§ 167. Tous les Poissons dont je viens de parler sont classés dans une division du groupe des Poissons osseux, désignés sous le nom de **Malaptérygiens** et caractérisés par la structure cartilagineuse des rayons de la nageoire dorsale (fig. 289), mais chez les Maquereaux, dont j'ai à m'occuper maintenant, les rayons

Fig. 289. — Nageoire dorsale molle.

sont osseux (fig. 280) et cette particularité est caractéristique d'une autre section des Poissons osseux, celle des **Acanthopterygiens** où prennent également place les Perches et une multitude d'autres animaux de la même classe.

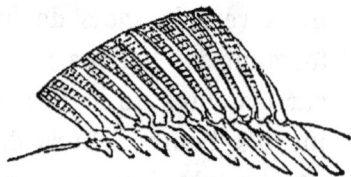

Les Maquereaux, les Thons et les Bonites sont de la même famille, celle des Scomberoïdes, et sont pour la plupart excellents à manger ; un des caractères qui les distinguent des autres Acanthopterygiens consiste dans la division de leur deuxième nageoire ventrale en une série de petites rames appelées *fausses-nageoires*. Les Maquereaux ont le corps couvert partout de petites écailles lisses et de même forme (fig. 290). Quelques naturalistes leur ont attribué des pérégrinations analogues à celles que l'on supposait être effectuées annuellement

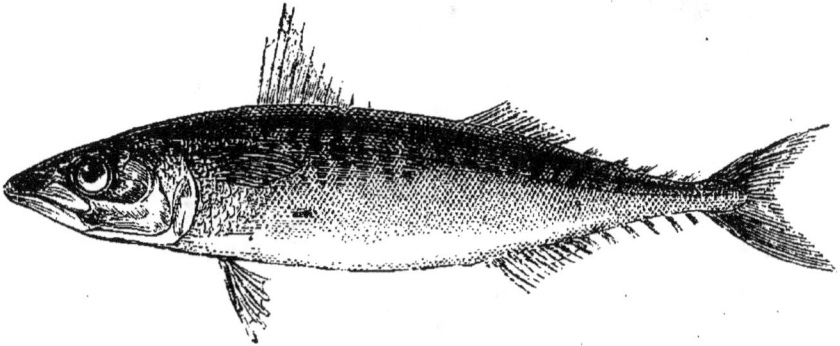

Fig. 290. — Maquereau.

par les Harengs, et, de même que ceux-ci, ils ne se montrent sur nos côtes que pendant une partie de l'année ; mais rien ne prouve qu'ils émigrent dans les mers circumpolaires et, lorsqu'ils s'éloignent du littoral, c'est probablement pour descendre non loin des lieux où ils ont déposé leurs œufs dans les parties profondes de l'Océan ; à l'époque du frai ils abondent dans la Manche et y sont l'objet d'une pêche très active qui dure ordinairement d'avril à juillet.

Dans la Méditerranée il y a une autre espèce du même genre qui, extérieurement, ne diffère presque pas du Maquereau vulgaire de nos côtes septentrionales, mais qui n'est pas, comme la précédente, dépourvue de vessie natatoire.

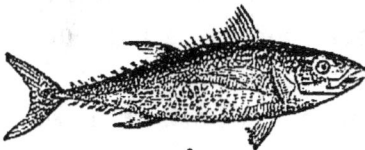

Fig. 291. — Thon.

Le Thon est un grand Scomberoïde peu différent des Maquereaux si ce n'est par sa taille, par l'existence d'une sorte de plastron thoracique d'écailles différentes de celles des autres parties du corps et par la couleur de sa chair, qui au lieu d'être

blanche comme chez la plupart des Poissons est rougeâtre.
Le *Thon commun* fréquente la Méditerranée et atteint souvent
de 4 à 6 mètres de long (fig. 291). A certaines époques de l'année il longe les côtes en bandes nombreuses et il donne lieu à
des pêches importantes.

Les Bonites appartiennent à la même famille de poissons.

§ 168. Enfin parmi les Scomberoïdes je citerai aussi les Es-
PADONS qui ressemblent beau-
coup aux Thons par la forme générale de leur corps (fig. 292):
mais qui se font remarquer
par l'existence d'une sorte de
glaive constitué par un pro-

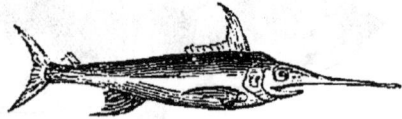

Fig. 292. — Espadon.

longement horizontal de la mâchoire supérieure. Ces grands
Poissons habitent la Méditerranée ainsi que l'Océan Atlantique.

§ 169. Je crois devoir ne pas passer sous silence quelques
autres familles de Poissons, qui appartiennent ainsi que celles
des Clupes à une division du groupe des *Malacoptérygiens* appelées *Malacoptérygiens abdominaux* parce que leurs nageoires
ventrales sont situées sous le ventre en arrière des nageoires
pectorales, tandis que chez les Gadoïdes ces organes sont
placés sous la gorge en avant des nageoires pectorales, disposition propre aux *Malacoptérygiens sub-branchiaux*. Je veux
parler des trois familles constituées par les Truites ou Saumons, par les Carpes ou Cyprins et par les Brochets ou Esoces.

. La première de ces familles se compose des Truites et
des Saumons: elle se distingue des autres par l'existence d'une
nageoire dorsale postérieure dépourvue de rayons et con-
sistant en un prolongement lobiforme de la peau du dos et
rempli de tissu graisseux ; on désigne cet organe sous le nom
de nageoire à dépense. La plupart de ces Poissons ne se multiplient que dans les eaux douces et se plaisent dans les torrrents;
ce sont d'excellents nageurs et l'un d'entre eux, le *Saumon*,
(fig. 293), avant d'arriver à l'âge adulte descend toujours en

mer, y séjourne pendant l'hiver, puis revient dans les fleuves vers le milieu de l'été suivant et les remonte jusque vers leur

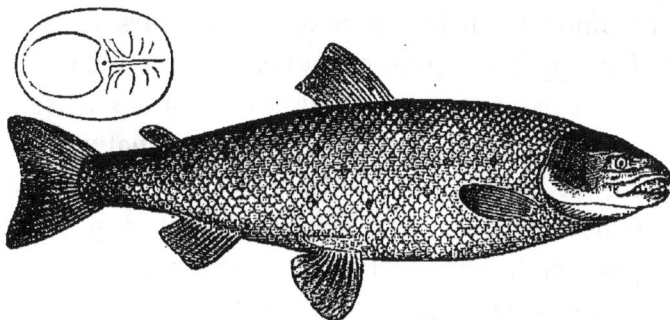

Fig. 293. — Saumon.

source à la recherche d'endroits convenables pour le dépôt des œufs. On a constaté expérimentalement qu'au cours de ce long voyage les Saumons cherchent à gagner les frayères où ils sont nés, et qu'après la saison de la ponte ils retournent à la mer. A la remonte, des obstacles considérables ne les arrêtent pas ; on en a vu qui d'un bond franchissaient des barrages de plusieurs mètres d'élévation et lorsqu'ils se voient menacés de quelques dangers, ils nagent avec tant de rapidité que l'on a peine à les suivre de l'œil.

Les *Truites* (fig. 294) proprement dites n'émigrent pas de la sorte et restent dans les ruisseaux ; elles se placent d'ordinaire

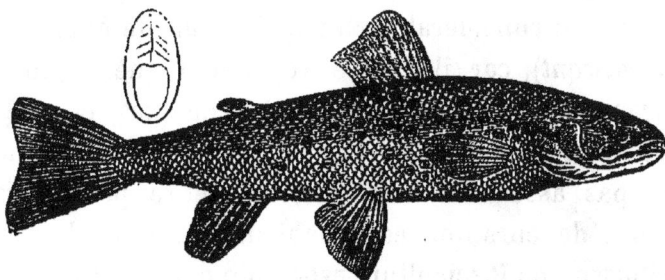

Fig. 294. — Truite.

dans les eaux torrentielles, mais pour frayer elles cherchent des endroits où les eaux sont peu profondes et le fond est sablonneux.

§ 170. C'est principalement pour favoriser la multiplication des Salmones que les pêcheurs ont recours à l'emploi de ce que l'on appelle la **pisciculture**. Dans ce but on dispose souvent dans les cours d'eau que les Saumons doivent remonter des sortes de gradins, là où des barrages naturels ou artificiels s'opposent au passage de ces Poissons; on prépare à leur usage des emplacements bien sablés et propres à servir de frayères; enfin dans certains cas on a recours à la fécondation artificielle pour féconder les œufs destinés au repeuplement des lacs ou des rivières. Cette dernière opération est très simple. Pour la pratiquer on fait sortir les œufs mûrs en pressant d'avant en arrière le ventre de la femelle, et en les recueillant dans un vase contenant déjà de l'eau; puis on les féconde en les arrosant avec la substance appelée *laite*. Bientôt après on voit le jeune Poisson se développer dans l'intérieur de l'œuf, et lors de l'éclosion il porte encore suspendu sous son ventre une vésicule contenant le jaune de l'œuf; mais cette substance nutritive ne tarde guère à rentrer dans l'intérieur de l'abdomen, et dès ce moment le jeune animal ressemble à peu de chose près à ses parents. Tous ces travaux de pisciculture ne présentent aucune difficulté sérieuse, et on peut obtenir ainsi à volonté des milliers de petites Truites ou de petits Saumons susceptibles d'être transportés au loin, mais les difficultés deviennent considérables lorsqu'il s'agit de nourrir ces jeunes (ou *naissant*), car ils ne se repaissent guère que de frai de Batraciens ou de Crustacés microscopiques, et en général les eaux que l'on cherche à peupler artificiellement ne contiennent pas assez d'aliments de ce genre pour satisfaire aux besoins de leurs nouveaux habitants. Aussi l'élevage artificiel du Poisson ou Pisciculture est-il loin d'avoir réalisé jusqu'ici les espérances que l'on en avait conçues il y a quelques années.

§ 171. Chez les *Brochets* et les autres Poissons de la famille

15.

des Esoces, la bouche est aussi fortement armée de dents, mais il n'y a pas de nageoire adipeuse (fig. 295). Ces animaux

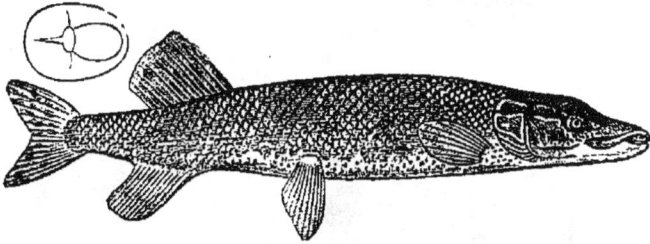

Fig. 295. — Brochet.

sont très carnassiers. Dans un autre genre de la même famille, celui des Exocets, il y a des espèces dont les nageoires pectorales sont tellement grandes qu'elles peuvent servir à la manière de parachutes pour soutenir pendant quelques instants le Poisson dans l'air, lorsqu'il s'élance hors de l'eau. Une disposition analogue existe aussi chez un Acanthoptérygien du

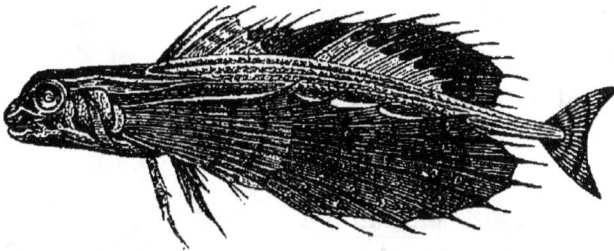

Fig. 296. — Dactyloptère.

genre Dactytoptère (fig. 296) et a valu à ces animaux le nom de *Poissons volants*.

§ 172. Enfin la famille des Cyprynoïdes comprend une multitude de Malacoptérygiens dont la bouche est presque entièrement dépourvue de dents et dont le régime est principalement végétal: tels sont les *Carpes*, les *Barbeaux*, les *Tanches* (fig. 297), les *Goujons* et toutes les petites espèces désignées communément sous le nom de Poissons blancs. Les Cyprinoïdes habitent presque tous les eaux douces.

Dans la division des *Malacoptérygiens sub-branchiens*, je citerai particulièrement les *Pleuronectes* ou *Poissons plats* dont le corps est extrêmement comprimé et qui dans leur position ordinaire

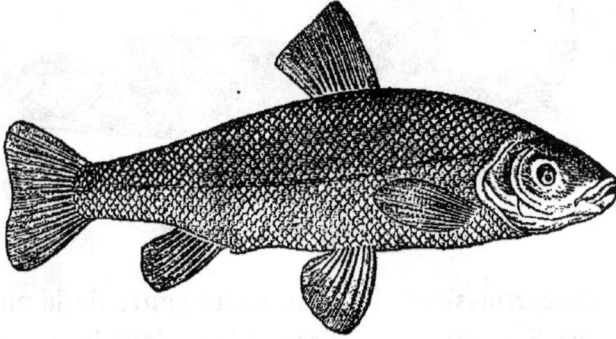

Fig. 297. — Tanche.

sont couchés sur l'un des flancs qui est blanchâtre, tandis que l'autre côté du corps est coloré d'une manière plus ou moins intense et, ainsi que j'ai déjà eu l'occasion de le dire, les yeux,

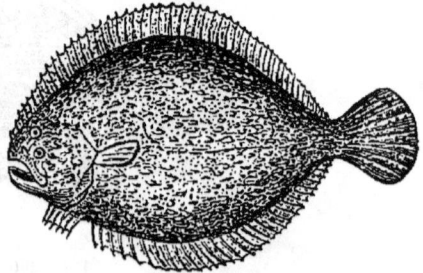

au lieu d'être placés symétriquement des deux côtés de la tête, sont tournés l'un et l'autre, tantôt à droite, tantôt à gauche, suivant le côté qui est dirigé en dessus. Cette famille comprend les *Plies*, les *Limandes*, les *Turbots* (fig. 298), les *Soles* et quelques autres

Fig. 298. — Turbot.

genres qui ont pour la plupart des représentants dans nos mers.

Dans une troisième section du groupe des Malacoptérygiens, appelée l'ordre des **Apodes**, les nageoires ventrales manquent et la portion caudale du corps est extrêmement longue. Les *Anguilles* appartiennent à cette division (fig. 299).

Enfin l'ordre des **Plectognathes** est caractérisé par un mode d'organisation particulier et l'ordre des **Lophobranches** est reconnaissable à la structure des branchies qui sont en houp-

pes au lieu d'être pectinées comme chez les autres Poissons
osseux. Les *Hippocampes* ou *Chevaux marins* (fig. 300) sont des

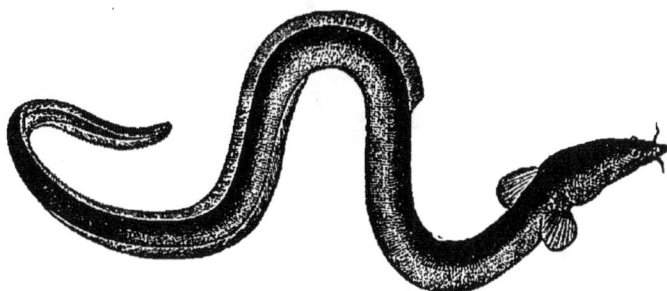

Fig. 299. — Anguille.

Lophobranches et comme exemple des Plectognathes, je citerai
les *Coffres* (fig. 301), poissons dont le corps est revêtu d'une

Fig. 300. — Hippocampe.

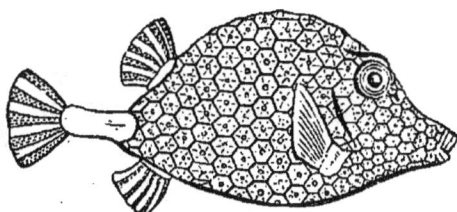

Fig. 301. — Coffre.

sorte d'armure rigide en forme de boîte constituée par des
plaques osseuses tenant lieu d'écailles et soudées entre elles
par les bords.

SOUS-CLASSE DES POISSONS CARTILAGINEUX A BOUCHE PRÉHENSILE.

§ 173. Les Poissons cartilagineux dont la bouche est conformée
pour la préhension d'aliments solides et se compose, comme
celle des Poissons osseux, de deux mâchoires susceptibles de
s'écarter l'une de l'autre ou de se rapprocher à la manière
d'une tenaille, constituent deux groupes bien distincts : savoir

les **Sturioniens** ou *Esturgeons* (fig. 302) dont l'appareil branchial est disposé de la même manière que chez les Poissons

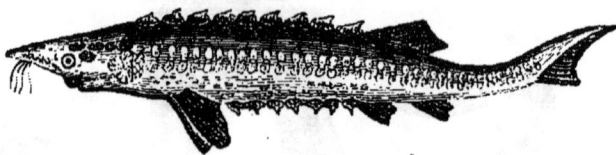

Fig. 302. — Esturgeon.

osseux ordinaires, et les **Plagiostomes** qui, au lieu d'avoir une
seule paire d'ouïes, en ont cinq paires.

Ces derniers forment deux familles naturelles très remarquables, celle des Squales et celle des Raies.

Comme exemple des Squales, je citerai les REQUINS et les
Poissons désignés communément sous le nom de *Chiens de
mer*.

Par la forme générale de leur corps, ils diffèrent peu des
Poissons ordinaires, mais leur nageoire caudale n'est pas
symétrique. Ils ont la bouche très puissamment armée et leurs
dents se renouvellent très facilement, enfin ils sont extrêmement voraces et la plupart d'entre eux sont de grande taille,
ainsi le *Requin proprement dit* atteint 8 ou 10 mètres de
long (fig. 281).

Les *Marteaux* sont des Plagiostomes du même groupe, mais
dont la tête, au lieu d'être atténuée
en avant, se termine par un cylindre transversal tronqué aux deux
bouts en forme de tête de maillet
fig. 303).

Fig. 303. — Marteau.

Je signalerai également ici le *Poisson scie* à cause d'une autre bizarrerie de forme ; sa mâchoire supérieure se prolonge en
forme de lame très longue au-devant de la bouche et porte de
chaque côté une série de grosses pointes constituées par autant
de dents.

§ 174. Dans la famille des RAIES, les nageoires pectorales, au lieu d'avoir la forme d'appendices latéraux, font corps avec le tronc et avec la tête, de façon à donner à l'animal l'apparence d'une espèce de disque terminé postérieurement par une queue et portant les yeux à sa surface supérieure, tandis que la bouche et la double série des ouïes se trouvent à sa face inférieure.

Chez la *Raie aigle* la tête reste dégagée et saillante, mais chez la *Raie commune*, les espèces d'ailes constituées par les grandes nageoires dont je viens de parler s'avancent jusqu'à l'extrémité de la tête, de façon à donner à la portion céphalo-abdominale une forme rhomboïdale, et chez les *Torpilles* ces nageoires se rencontrent au-devant du front.

Ces derniers Plagiostomes sont au nombre des singuliers animaux qui ont la faculté de donner des décharges électriques et d'imprimer ainsi aux corps adjacents des secousses dont les effets sont analogues à ceux que produirait en petit un coup de foudre. On les appelle pour cette raison des *Raies électriques* (fig. 304).

Les Torpilles ne sont pas rares dans la partie de l'Océan Atlantique qui baigne les côtes de la Vendée, et c'est à La Rochelle que l'on a constaté pour la première fois, la nature de l'agent dont dépendent les commotions dont je viens de parler. Mais ces Poissons électriques sont plus communs dans la Méditerranée. L'électricité qu'ils produisent se développe dans une paire d'organes particuliers situés sur les côtés de la tête entre les branchies et les branches antérieures des ailes ou nageoires pectorales et, dans une autre partie de ce livre, je ferai connaître la structure de cet appareil.

Fig. 304. — Torpille commune.

Quelques Poissons osseux possèdent cette propriété, notamment le *Malaptérure* ou *Silure électrique* du Nil (fig. 305), et un animal de la famille des Anguilles qui a reçu le nom de *Gymnote* et qui habite certaines rivières de l'Amérique méridionale (fig. 306); leurs organes sont placés latéra-

Fig. 305. — Malaptérure électrique.

lement tout le long du corps et les décharges qu'ils donnent sont beaucoup plus violentes que celles des Torpilles ou des Silures; elles suffisent pour abattre un cheval et pour tuer raide des Animaux de petite taille.

§ 175. Avant de passer à l'histoire des animaux invertébrés, j'ajouterai que beaucoup d'auteurs rangent dans la classe des Poissons les *Amphioxus*, animaux que d'autres naturalistes appellent des Subvertébrés, parce qu'ils n'ont pas de vertèbres et

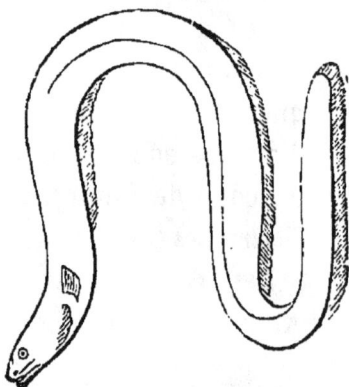

Fig. 306. — Gymnote.

qu'ils diffèrent des Vertébrés proprement dits par presque tous leurs principaux caractères. Ce sont de petits animaux marins, qui vivent dans le sable.

ANIMAUX INVERTÉBRÉS

§ 176. Les Animaux invertébrés, dont j'ai indiqué précédemment l'un des caractères (p. 5), se subdivisent en plusieurs groupes appelés embranchements ou sous-embranchements, qui à leur tour se composent de diverses classes. L'un de ces groupes les plus importants est celui des Animaux articulés, les Mollusques en constituent un autre et les Rayonnés un troisième.

Les Animaux articulés et les Vers se ressemblent sous beaucoup de rapports, notamment par la division de leur corps en une série de tronçons ou anneaux réunis entre eux par des jointures ou par des soudures, et dans une classification méthodique du Règne animal, il convient de les rapprocher en un même embranchement sous le nom commun d'*Animaux annelés*.

ANIMAUX ARTICULÉS.

§ 177. Cette grande division du Règne animal comprend tous les Animaux dont le corps, composé d'une série de tronçons, est pourvu de membres articulés, c'est-à-dire de pattes à jointures, ou d'autres appendices analogues. Elle est caractérisée aussi par l'existence d'un squelette extérieur, formé par la réunion de diverses parties de la peau, solidifiées de façon à constituer par leur réunion une sorte d'armure dont les fonctions sont analogues à celles de la charpente solide située intérieurement chez les Vertébrés et formant le squelette.

Cette enveloppe est ordinairement d'apparence cornée, et quelquefois elle est d'une dureté pierreuse par suite de la présence d'une substance minérale appelée chaux carbonatée ou carbonate de chaux. Elle engaîne les membres aussi bien que le corps et elle fait partie de la peau, mais elle n'est pas constituée par cette membrane tout entière et elle correspond seulement à la couche superficielle appelée épiderme, dont j'ai déjà eu l'occasion de parler et, de même que la pellicule épidermique des serpents, elle se renouvelle intégralement à certaines époques. Dans le langage ordinaire, on dit que l'animal change alors de peau, mais cette MUE n'affecte pas la couche profonde du système cutané.

Les muscles, au lieu d'entourer les diverses pièces de la charpente solide, comme cela a lieu chez les Vertébrés, s'insèrent à la surface interne de ce squelette tégumentaire et toutes les autres parties molles de l'organisme sont également logées dans son intérieur.

Les Animaux articulés sont de quatre sortes, et par conséquent les zoologistes les distribuent en autant de classes, savoir : les Insectes, les Myriapodes ou Mille-pieds, les Arachnides et les Crustacés.

CLASSE DES INSECTES.

§ 178. Les insectes sont des animaux articulés dont le corps

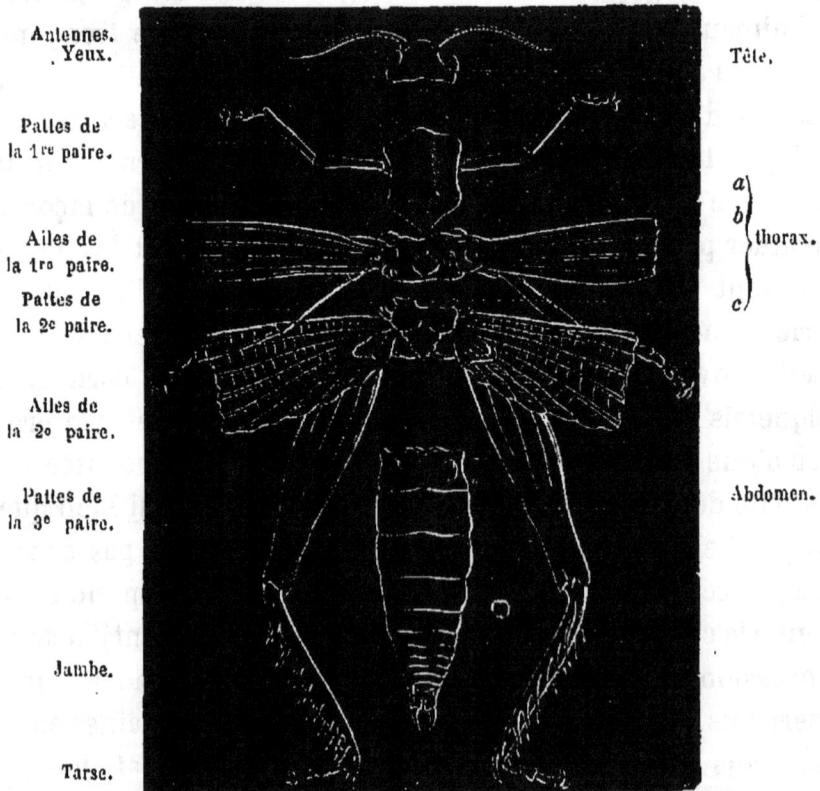

Fig. 307. — Anatomie du squelette d'une Sauterelle.

est divisé en trois régions principales, appelées *tête*, *thorax* et *abdomen*, dont les pattes sont au nombre de trois paires chez les individus adultes, mais peuvent manquer ou être beaucoup plus nombreuses dans le jeune âge, dont le thorax acquiert presque toujours en se développant des ailes, et dont la respiration est aérienne et s'effectue non au moyen de poumons, comme chez les vertébrés supérieurs, mais à l'aide de tubes qui communiquent avec l'extérieur et se ramifient jusque dans la substance de tous les organes intérieurs et que l'on appelle des *trachées* ; ces tubes s'ouvrent à l'extérieur par de petites bouches disposées symétriquement et nommées des *stigmates*.

Les Insectes sont ovipares et en sortant de l'œuf ils sont loin d'avoir encore le mode de conformation qu'ils auront à l'âge adulte. Ils ressemblent d'abord à des vers et ils sont désignés alors sous le nom de larves ou de chenilles ; mais en grandissant ils éprouvent des changements plus ou moins considérables et subissent presque toujours de véritables *métamorphoses*.

Parvenus au terme de leur développement (ou, comme disent les zoologistes, à l'état parfait) leur structure est très complexe,

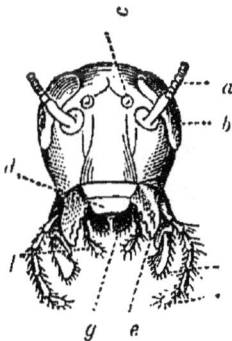

Fig. 308. — Tête de Blatte vue devant (1).

et pour avoir quelques notions sommaires relativement à leur mode d'organisation extérieure, il est nécessaire de passer en revue les diverses parties de leur corps.

La tête des Insectes (fig. 308) est toujours mobile sur le thorax et porte trois sortes d'organes, savoir : les yeux, une paire d'appendices filiformes appelés *antennes* et un appareil buccal, dont la constitution est fort compliquée.

(1) *a*, antennes ; *b*, yeux composés ; *c*, ocelles ; *d*, labre ; *e*, mandibules ; *f*, mâchoires ; *g*, languette ou lèvre inférieure ; *h*, palpes labiaux.

Les yeux de l'Insecte parfait sont ordinairement de deux sortes, il y a en général de petits *yeux simples* et lisses ou ocelles au nombre de deux ou trois et une paire de grands *yeux à facettes* composés d'une multitude d'appareils optiques microscopiques et situés sur les côtés de la tête.

Les antennes, comparables à de petites cornes flexibles et très mobiles, sont insérées sur la partie frontale de la tête et composées chacune d'une série d'articles réunis bout à bout par des jointures.

L'appareil buccal se compose principalement d'une pièce médiane et antérieure appelée *labre* ou trois paires de petits membres dont la lèvre supérieure et de conformation varie suivant que l'Insecte se nourrit d'aliments solides ou de substances liquides. Chez les premiers que l'on appelle les Insectes macheurs, il y a, immédiatement derrière la labre, une paire de *mandibules* placées non l'une au-dessus de l'autre, comme chez les vertébrés, mais latéralement sur les côtés de la bouche et se mouvant de dedans en dehors et *vice versa* à la manière des branches d'une paire de

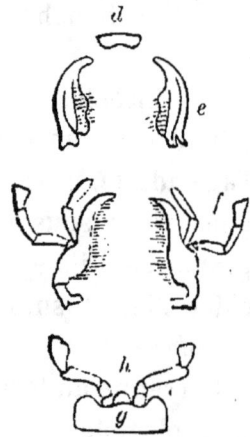

Fig. 309. — Pièces de la bouche (1).

tenailles (fig. 309). Une seconde paire d'appendices masticateurs appelés *mâchoires* fait suite à ces mandibules, s'appliquant contre elles et fonctionnant de la même manière ; elle n'est pas simple comme celles-ci et se divise en deux parties principales : l'une lamelleuse, l'autre filiforme, articulée sur le bord externe de la précédente et formant des espèces de petits tentacules appelés *palpes* maxillaires. Enfin la bouche est bordée postérieurement par une autre paire de membres analogues aux mâchoires, mais réunis sur la ligne médiane, constituant

(1) Mêmes lettres de renvoi que pour la figure précédente.

l'organe que les zoologistes appellent la *lèvre inférieure*, et portant également des *palpes*.

Chez presque toutes les Larves, l'appareil buccal est constitué de la manière que je viens d'indiquer, mais par suite des
métamorphoses que les Insectes subissent avant d'arriver à
l'état parfait, il change de caractère lorsque ces animaux,
après avoir vécu d'aliments solides pendant la première partie
de leur existence, adoptent un autre régime et se repaissent
seulement de liquides. Lorsqu'ils se nourrissent ainsi en
léchant les sucs fournis par les plantes, leur appareil buccal
conserve sa composition primordiale, seulement certaines de
ses parties constitutives s'allongent beaucoup, notamment la
partie médiane de la lèvre inférieure qui devient une sorte de
langue filiforme, ainsi que cela se voit chez les Abeilles (fig. 310)

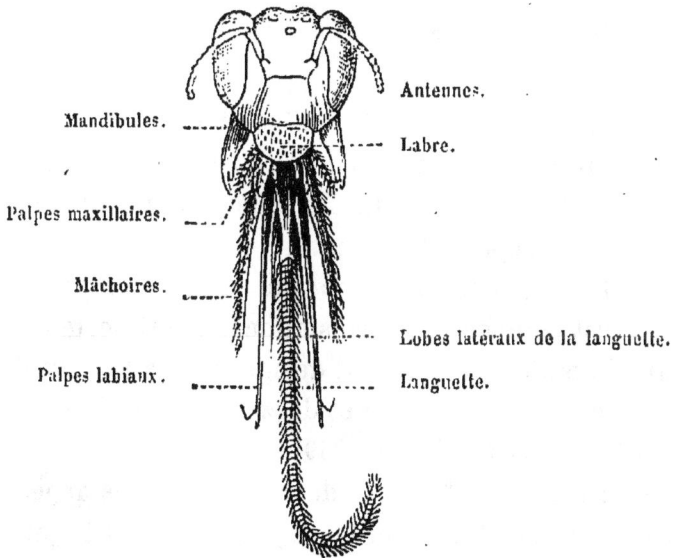

Fig. 310. — Tête d'un Anthophore.

et les Guêpes. Mais chez les Insectes suceurs la transformatio n
est plus complète. Ainsi chez les Papillons les mandibules
disparaissent presque complètement (fig. 311), tandis que les
mâchoires s'allongent excessivement et en s'appliquant l'une

contre l'autre constituent une trompe tubulaire (*t*) à la base de laquelle on reconnaît facilement la lèvre inférieure très réduite, mais encore munie de ses palpes (*p*). Chez les Punaises, les lèvres

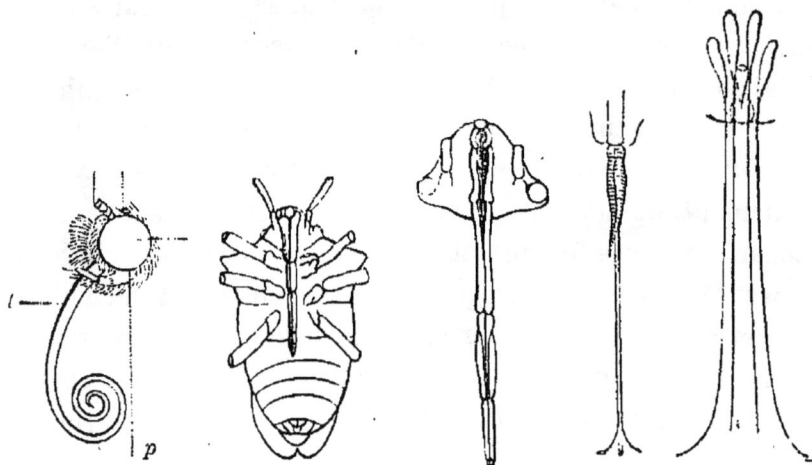

Fig. 311. — Trompe   Fig. 312.   Fig. 313.
d'un Papillon.   Punaise des bois.   Appareil buccal d'un Hémiptère.

constituent une pipette dans l'intérieur de laquelle se montrent deux paires d'aiguilles mobiles constituées par les mandibules et les mâchoires (fig. 313). Ces différences sont caractéristiques de divers groupes d'Insectes.

§ 179. La portion moyenne du corps de l'insecte appelée le *thorax* est composée de trois anneaux qui portent chacun une paire de pattes, et qui sont désignés sous le nom de *prothorax* ou *corselet*, de *mésothorax* et de *métathorax*. C'est elle qui porte les ailes (Voy. fig. 307, p. 269).

Les pattes sont formées de quatre parties appelées hanche, cuisse, jambe et pied ou tarse ; la cuisse et la jambe ne sont formées chacune que d'une seule pièce, mais le tarse se compose d'une série de petits articles dont le nombre varie ordinairement entre 3 et 5, sans compter les ongles ou crochets terminaux.

Chez les Insectes à l'état de larve il n'y a jamais d'ailes ; ces organes se constituent pendant la seconde période de la vie du jeune animal qui prend alors le nom de *Nymphe* ; mais ils ne sont pas encore aptes à fonctionner, c'est seulement à la suite d'une nouvelle mue qu'ils se déploient, l'animal est alors à l'état parfait. Quelquefois ils avortent et l'Insecte adulte est alors *aptère*, c'est-à-dire sans ailes.

Les ailes sont généralement au nombre de deux paires dont l'une dépend du mésothorax, l'autre du métathorax. Le prothorax n'en porte jamais. Les ailes de la seconde paire sont toujours membraneuses, pourvues d'une charpente solide, composée de baguettes appelées *nervures* et aptes à servir au vol ; mais celles de la première paire sont souvent conformées autrement et constituent des espèces de boucliers dorsaux qui protègent les ailes proprement dites (*a*) pendant le repos et qui sont appelés des étuis ou *élytres* (fig. 314, *e*). Enfin chez certains Insectes, tels

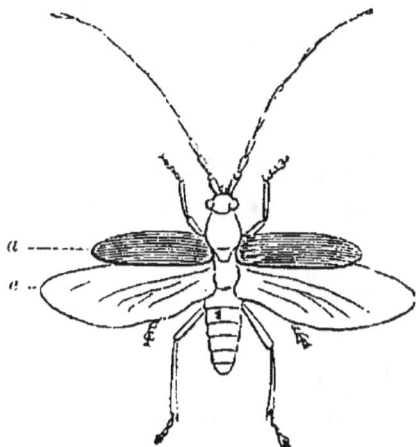

Fig. 314. — Coléoptère.

que les Mouches, il n'y a qu'une seule paire d'ailes.

§ 180. La région abdominale du corps se compose d'une série nombreuse d'anneaux et ne porte jamais de pattes articulées : mais, chez les larves, elle est souvent pourvue d'une double

Fig. 315. — Chenille.

série de tubercules charnus qui sont des organes de reptation et qui sont appelés *fausses-pattes* (fig. 315).

Lorsque les Insectes subissent leurs métamorphoses, ces

organes disparaissent ou se transforment, soit en appendices vulnérants, soit en organes préhenseurs ou en instruments affectés au service de la ponte.

§ 181. La manière dont les métamorphoses des Insectes s'accomplissent varie un peu ; chez es uns la période pendant laquelle les ailes se constituent n'amène aucun changement dans les mœurs du jeune animal qui continue à prendre de la nourriture et à mener une vie active, mais chez beaucoup d'autres la Nymphe ne mange pas et reste immobile jusqu'à ce qu'elle passe à l'état d'Insecte parfait. Les premiers sont appelés Insectes à *métamorphoses incomplètes* ou demi-métamorphoses ; les seconds Insectes à *métamorphoses complètes*. Les changements correspondent toujours à une mue et commencent en général à la quatrième, qui est généralement la dernière et celle qui marque le passage de l'animal de l'état de Nymphe à l'état d'Insecte parfait.

Ce sont les différences existant dans la conformation des ailes, dans la structure de la bouche et dans les métamorphoses qui servent de bases à la classification naturelle des Insectes et permettent de les distribuer en un certain nombre d'ordres dont les plus importants sont : les Lépidoptères, les Hyménoptères, les Névroptères, les Coléoptères, les Orthoptères, les Hémiptères et les Diptères. Le nombre de ces petits animaux est très considérable, on évalue à plus de 150,000 le nombre des espèces, et pour distinguer celles-ci entre elles, il est nécessaire de les classer méthodiquement non seulement en ordres, mais de subdiviser chaque ordre en tribus, en familles et en genres.

Ordre des Lépidoptères.

§ 182. Il serait impossible de passer ici en revue tous les groupes ainsi constitués, je me bornerai à en choisir quelques-uns des plus intéressants, et pour initier les élèves de nos

écoles à l'étude de ces Insectes, je ne suivrai pas la marche
généralement adoptée dans les livres d'entomologie ; je prendrai pour premier exemple une espèce que chacun peut se
procurer facilement, élever en captivité et observer à loisir,
savoir : le *Bombyx du mûrier* (fig. 316), connu sous le nom vulgaire de ver à soie.

Les **Bombyx** sont des papillons nocturnes, et de même que
tous les autres Insectes appelés d'une manière générale des

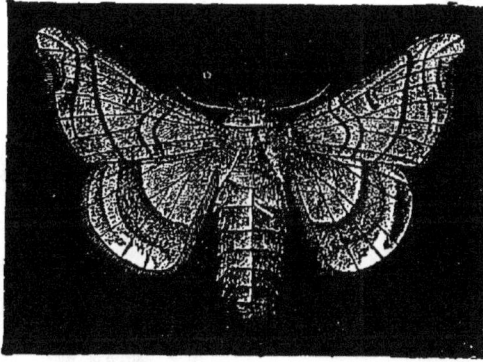

Fig. 316. — Bombyx du mûrier.

Lépidoptères, ils sont pourvus de deux paires d'ailes membraneuses dont la surface est recouverte d'une couche d'écailles
microscopiques fixées par un petit pédoncule situé au milieu
de leur bord antérieur, couchées à plat et se recouvrant successivement par leur partie postérieure, à peu près comme se
recouvrent les écailles des poissons où les tuiles d'un toit. Ces
écailles sont diversement colorées et c'est à leur existence que
les ailes des Papillons doivent l'espèce de peinture dont leur
surface est généralement ornée. Elles se détachent très facilement, et si on pose à plat sur une feuille de papier enduite d'une
mince couche de gomme humide ou de cire l'aile d'un de ces
Insectes, on peut facilement y fixer ces lamelles microscopiques et obtenir ainsi, après avoir enlevé l'aile dépouillée de ses
écailles une image colorée de cet organe.

Les Lépidoptères, à raison des différences dans leurs mœurs et dans leur mode de conformation, sont divisés en trois groupes : les **Papillons diurnes**, les **Papillons crépusculaires** et les **Papillons nocturnes**. Ainsi que je l'ai dit, c'est à cette dernière division qu'appartient le Bombyx, et pour la distinguer du groupe des Lépidoptères diurnes et des Lépidoptères crépusculaires, il suffit d'avoir égard à la disposition des ailes et à la forme des antennes. Chez les Papillons diurnes ou Papillons de jour (fig. 317) les ailes se relèvent verticalement et s'appliquent l'une contre l'autre quand l'Insecte est au repos et les antennes renflées en manière de bouton vers

Fig. 317. — Danaïde plexippe.   Fig. 318. — Bombyx feuille de chêne.

le bout, sont filiformes dans le reste de leur longueur. Chez les Papillons crépusculaires et les Papillons nocturnes, les ailes sont au contraire couchées sur l'abdomen pendant le repos (fig. 318) et les antennes sont fusiformes chez les premiers, plumeuses chez les derniers.

Enfin il est également à noter qu'en général les ailes sont ornées de couleurs vives chez les Papillons de jour et n'ont

que des couleurs effacées et ternes chez les Papillons de nuit.
Pour constater ces caractères différentiels, il suffit de compa-

Fig. 319. — Vanesse paon du jour.

rer le Papillon du Ver à soie au Papillon provenant de la chenille dite *Vanesse paon du jour* (fig. 319).

Ce dernier Lépidoptère a les ailes magnifiquement peintes,
tandis que chez le Bombyx du mûrier, elles sont blanchâtres
et ne présentent que des dessins obscurément tracés.

D'autres différences non moins importantes distinguent
entre eux les Lépidoptères diurnes et les Lépidoptères nocturnes lorsque ces Insectes se préparent à subir leurs métamorphoses et qu'ils se transforment de chenilles en nymphes ou chrysalides.

Chez les Papillons de jour la chenille se
borne à s'attacher à un corps étranger tel
qu'une branche d'arbre au moyen de quelques
brins de soie et reste à découvert, suspendue
verticalement par son extrémité postérieure
seulement (fig. 320) ou soutenue par une es-
pèce de sangle passée sous son thorax (fig. 321). Mais les Lépi-

Fig. 320.

doptères nocturnes se recouvrent en entier d'une couche épaisse de soie qui constitue un *Cocon* dans l'intérieur duquel ils subissent toutes leurs métamorphoses (fig. 323).

§ 183. C'est la substance constitutive du Cocon fabriqué de la sorte par la chenille du Bombyx du mûrier (fig. 322) qui est désignée spécialement sous le nom

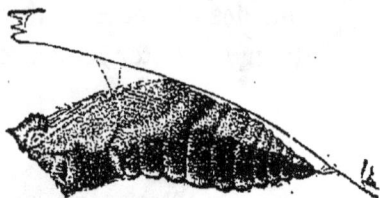

Fig. 321. — Chrysalide de Machaon.

de *soie* et qui fournit à notre industrie une matière première des plus précieuses.

Cette soie, de même que les substances filamenteuses analogues produites par tous les Lépidoptères, est fabriquée dans des organes analogues à des glandes salivaires qui débouchent au dehors par une petite filière située dans la lèvre inférieure. Elle est semi-liquide au moment de sa sortie de cet organe et colle alors facilement aux corps adjacents, mais par l'effet du contact de l'air, elle ne tarde pas à se consolider et à fournir un filament très fin et fort résistant, que le ver à soie enroule autour de son corps en tournant sans cesse sur lui-même.

Pour se développer et pour produire cette matière le ver à

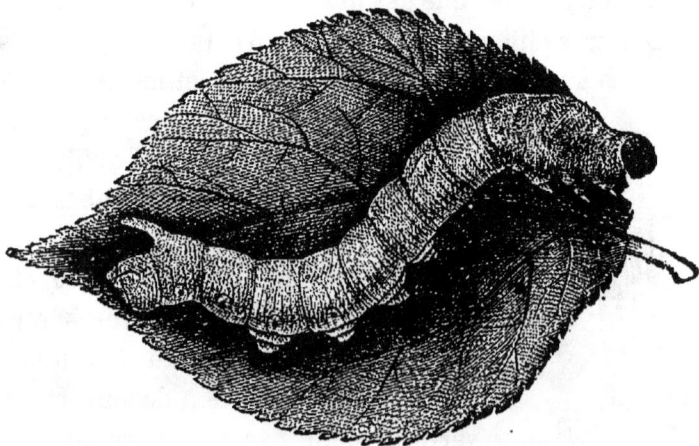

Fig. 322. — Chenille du Bombyx du mûrier.

soie a besoin de beaucoup de nourriture ; il ne mange volontiers que la feuille du mûrier (fig. 322), et vers le moment où il va filer il en fait une consommation énorme. L'élevage de cet Insecte est donc subordonné à la culture du mûrier dont on récolte les feuilles pour les distribuer régulièrement à ces larves appelées *Magnans* et logées à l'abri des intempéries de l'air et des oiseaux insectivores dans des établissements spéciaux nommés *magnaneries*.

Le Bombyx du mûrier est originaire de la Chine ; au sixième siècle de l'ère chrétienne, il a été introduit en Europe pour la première fois par des missionnaires grecs qui en portèrent des œufs à Constantinople. L'élevage de cet Insecte précieux se répandit promptement dans le Péloponèse qui prit ensuite le nom de *Morée* à cause des nombreux mûriers dont le pays fut couvert. A l'époque des Croisades, cette industrie rurale s'étendit à la Sicile ainsi qu'au nord de l'Italie continentale. Enfin vers la fin du xve siècle quelques gentilshommes qui avaient fait la guerre dans ce pays sous Charles VIII transportèrent des mûriers et des vers à soie en Provence et dans le Dauphiné ; mais la culture des mûriers et l'éducation des Bombyx du mûrier ne commença à devenir importante que du temps de Henri IV, dont le ministre Sully assisté par un agronome illustre nommé Olivier-de-Serres donna à cette branche d'industrie une grande et heureuse impulsion. Aujourd'hui, elle constitue une des principales richesses du midi de la France, malgré les désastres causés récemment par une maladie des vers à soie appelée *Pébrine* due à la propagation d'un certain végétal microscopique dont l'organisme de ces animaux ainsi que leurs œufs se sont trouvés infestés. Ce parasite n'est pas le seul dont les Bombyx ont à souffrir ; une espèce de champignon appelé *Muscardine* se développe aussi parfois dans l'intérieur de leur corps et détermine chez ces Insectes une maladie contagieuse des plus graves.

Le Ver à soie reste à l'état de larve pendant environ trente-quatre jours, et pendant ce temps il change quatre fois de peau, opération qui est toujours pour lui une cause de ma-

laise et d'inappétence. Il met trois jours et demi ou quatre
jours à construire son cocon (fig. 323) et là devient *Chrysalide*
(ou Nymphe, fig. 324) ; il reste
sédentaire pendant un laps de
temps, dont la durée varie
suivant que la température est
plus ou moins élevée. Enfin
vers le dix-huitième ou le ving-
tième jour il se dépouille de
l'espèce de gaîne cutanée qui
le recouvrait, puis perce son
cocon et en sort ayant d'abord
ses ailes molles, reployées

Fig. 323.
Cocon.

Fig. 324.
Chrysalide.

contre son corps, mais pouvant bientôt les déployer et s'en
servir pour voler. La durée de sa vie à l'état parfait est très
courte. Presqu'aussitôt après leur éclosion, les Bombyx se
recherchent entre eux, la ponte des œufs ne tarde guère et au
bout de quelques jours tous ces Papillons meurent en laissant
des œufs dans l'intérieur de chacun desquels une nouvelle
larve commence bientôt à se constituer, mais en général ne
vient au monde que l'été suivant.

Le genre BOMBYX se compose d'un nombre considérable
d'espèces qui toutes produisent de la soie ; on a fabriqué des
étoffes avec la soie du Bombyx de l'Aylanthe ou Vernis du
Japon, avec celle du Bombyx du chêne du Japon ou *Yamanaï*
et du chêne de la Chine et avec celle de chenilles d'espèces
voisines, mais la qualité de cette substance varie beaucoup,
et c'est le Bombyx du mûrier dont les produits sont les meilleurs et les plus abondants.

§ 184. D'autres Lépidoptères nocturnes au lieu de nous être
utiles sont au contraire fort nuisibles, par exemple la *Pyrale
de la vigne* (fig. 325), qui cause parfois de grands ravages en
dévorant les feuilles de cette plante, et les *Teignes* qui rongent
les étoffes de laine et qui se construisent avec les débris de

ces tissus un vêtement en forme de fourreau. Enfin je citerai également parmi les petits Papillons nocturnes diverses espèces

Fig. 325. — Pyrale de la vigne (1).   Fig. 326. — Nid de Tordeuse.

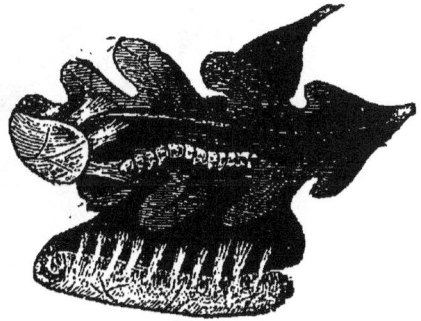

appelées *Tordeuses* à raison de la manière dont elles savent rouler les feuilles pour s'en envelopper (fig. 326).

Tous les Insectes dont je viens de parler se repaissent d'aliments solides pendant qu'ils sont à l'état de larves, mais ne se nourrissent que de substances liquides lorsqu'ils sont parvenus à l'état parfait et ils les prennent dans les fleurs à l'aide d'une trompe en général très longue, enroulée sous la tête pendant le repos, mais extensible et apte à servir de pompe (Voy. fig. 311).

Ordre des Hyménoptères.

§ 185. Chez d'autres Insectes qui subissent également des métamorphoses complètes et qui sont pourvus de deux paires

(1) Feuille de vigne attaquée par la Pyrale. — 4, le papillon mâle ; 4ª, la femelle ; 4ᵇ, la chenille ; 4ᶜ, les œufs ; 4ᵈ et 4ᵉ, les chrysalides.

d'ailes appropriées l'une et l'autre au vol, le régime est analogue, mais le mode de préhension des liquides alimentaires
est différent et les ailes au lieu d'être recouvertes d'une couche d'écailles microscopiques sont constituées par une membrane nue et transparente, disposition qui a valu à ces animaux le nom de *Hyménoptères*. Comme exemple de ces Insectes,
je citerai les Abeilles, les Bourdons (fig. 327), les Guêpes et les

Fig. 327. — Bourdon.

Fourmis. Ce sont des Insectes lécheurs et j'ai dejà eu l'occasion d'indiquer brièvement le mode d'organisation de leur appareil buccal.

§ 186. L'histoire naturelle des **Abeilles** mérite une attention particulière. Ces Insectes se
réunissent en sociétés coopératives
dans lesquelles la division du travail est portée fort loin. En effet,
dans les nombreuses communautés
formées par ces Insectes sociaux,
il y a, outre les mâles et les femelles qui ne servent qu'à perpétuer
leur race, des individus stériles

Fig. 328. — Abeille ouvrière.

(fig. 328) qui travaillent sans relâche, et ces *Abeilles ouvrières*
remplissent différents rôles, car les unes s'employent à bâtir

des nids pour les petits qui sont encore à naître, d'autres font
fonction de nourrices et d'autres encore vont au loin recueillir
sur les fleurs les matières sucrées nécessaires à l'alimentation
de tous les membres de la colonie. Ces associations établissent leur résidence dans l'intérieur d'un arbre creux ou dans
des demeures préparées à leur intention par les cultivateurs et
appelées *ruches*, et les ouvrières ont soin de boucher herméti-
quement avec des substances résineuses récoltées sur des plantes toutes les ouvertures de ces réduits, à l'exception d'une
seule qui sert de porte. Le nombre des individus qui vivent
réunis dans chacune de ces demeures s'élève souvent à trente
ou quarante mille, mais dans chacune d'elles il n'y a qu'une
seule femelle à l'état parfait qui reste presque toujours au logis,
qui est l'objet des soins assidus de la part de toutes les ouvrières et qui est appelée l'*Abeille reine* (fig. 330). Elles est un

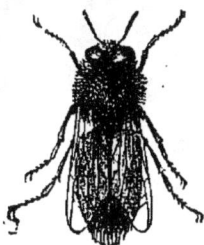

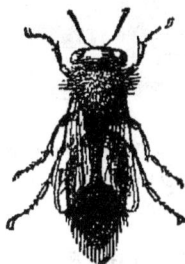

Fig. 329. — Mâle.   Fig. 330. — Abeille reine.

peu plus grande que ses compagnes et diffère aussi par la forme
de son abdomen. C'est la mère commune de toute la colonie
car seule elle pond tous les œufs. Les mâles, appelés *Faux-*
Bourdons (fig. 329), sont intermédiaires par leur taille à la
Reine et aux ouvrières dont ils se distinguent aussi par le
nombre des articles dont leurs antennes sont composées (13 au
lieu de 12 comme chez celles-ci et chez la Reine). Les mâles
et les Reines ne présentent quant à leurs mœurs que peu de
particularités importantes à signaler; mais pour les ouvrières
il en est tout autrement, et il nous faut surtout examiner suc-

cessivement les travaux qu'elles exécutent comme constructeurs, comme pourvoyeurs et comme nourrices.

La Reine ne s'occupe pas de sa progéniture, mais elle est d'une fécondité merveilleuse et elle va déposer ses œufs successivement dans autant de petits berceaux préparés par les soins des ouvrières et confectionnés avec de la cire que ces Insectes produisent dans de petites poches situées à la face inférieure de leur abdomen. Pour travailler cette substance les Abeilles ouvrières font usage de leurs mandibules qui sont disposées à peu près comme chez les Insectes broyeurs, mais ne servent pas à la préhension des aliments. Elles la malaxent et en font de petites loges rangées en séries accolées entre elles

Fig. 331. — Cellules suivant
l'épaisseur du gâteau.

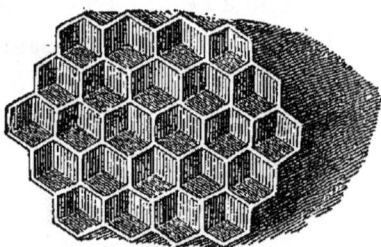

Fig 332. — Cellules
vues de face.

et disposées sur deux plans verticaux adossés l'un à l'autre (fig. 331). Ces loges, appelées *alvéoles*, sont hexagonales (fig 332) et par leur réunion elles constituent des espèces de *gâteaux* (fig. 334) suspendus verticalement au plafond de la ruche par leur bord supérieur et destinées à servir non seulement comme logement pour les larves, mais aussi comme magasins pour les provisions de miel amassées pendant la belle saison afin de sustenter la colonie pendant l'hiver. Les gâteaux alvéolaires sont appelés aussi *rayons* parce qu'ils sont placés parallèlement entre eux, à quelque distance les uns des autres, à peu près comme les rayons d'une bibliothèque, mais verticalement au lieu d'être horizontalement comme ces tablettes. Les alvéoles

sont d'une régularité parfaite et construits de manière à éco-
nomiser le plus possible la cire servant à les faire ainsi que
l'espace qu'ils occupent et à les ren-
dre en même temps aussi solides que
le comporte la délicatesse de leurs
parois. On pourrait supposer que l'ha-
bileté déployée de la sorte par les

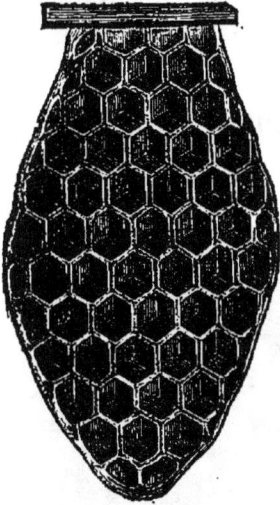

Fig. 333. — Rayons en construction.

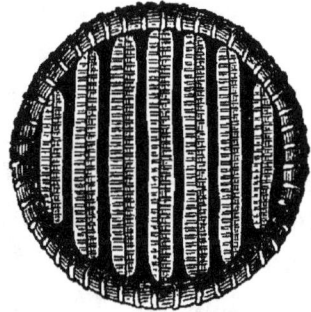

Fig. 334. — Rayons.

ouvrières serait le résultat d'habitudes acquises si ces travailleurs descendaient d'ouvriers de leur espèce ; mais leurs

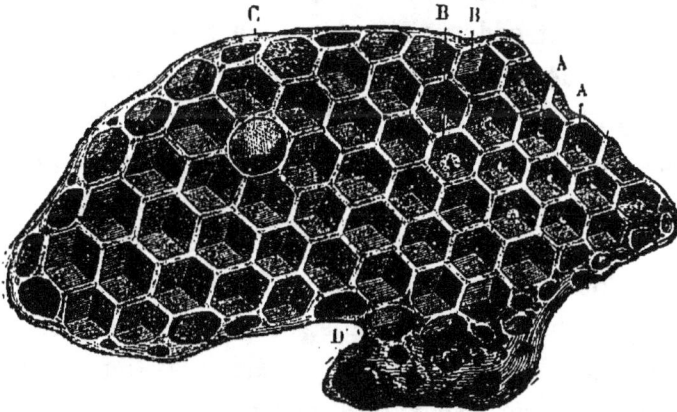

Fig. 335. — Rayon d'Abeilles (1).

parents ne bâtissent jamais, et dès qu'une jeune Abeille neutre

(1) Rayon contenant en A et B des cellules d'ouvrières dont quelques-
unes logent des larves ; C, cellules des mâles ; D, cellules de Reine.

se met à travailler, elle construit non moins bien que ses compagnes. L'art de bâtir est donc chez ces Insectes le résultat d'un instinct inné, et chose encore plus inexplicable, la manière de bâtir les alvéoles varie suivant la nature des œufs qui doivent y être déposés et qui ne sont pas encore formés. En effet les alvéoles destinés à recevoir les œufs dont naîtront des larves d'ouvrières sont plus petits que ceux devant servir de berceau pour les mâles, et les cellules destinées à l'élevage des Reines sont non seule-

ment beaucoup plus grandes que ces derniers, mais d'une forme très différente (fig. 335). On comprend difficilement comment les abeilles ouvrières peuvent être guidées dans ces opérations qui supposent une science automatique et innée.

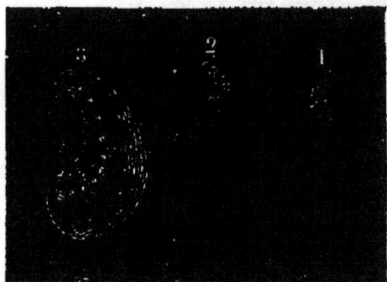

Fig 336. — OEufs et larves d'Abeille.

Les larves qui naissent de ces œufs sont aveugles, complètement privées de pattes et incapables de marcher ou de ramper ; elles restent sédentaires dans leurs alvéoles respectifs et ont besoin de nourrices qui les nourrissent de miel et de sucs provenant de fleurs. Pour faire la récolte de cette dernière substance les pourvoyeuses ont les pattes postérieures garnies d'une grande brosse avec laquelle ces insectes réunissent en boule le pollen qui s'est attaché aux poils de leur corps lorsqu'ils vont se poser sur les fleurs, et pour transporter ensuite ces boulettes au logis, elles les chargent sur la face postérieure de leurs jambes postérieures (fig. 337) où se trouve disposée une excavation entourée d'une bordure de longs poils raides et appelée la *corbeille*, mode d'organisation qui n'existe ni chez les Reines, ni chez les Faux-Bourdons. La brosse ou carde est constituée par le premier article du tarse, et l'espèce de pince formée par cette pièce et le bord posté-

rieur de la jambe sert à l'animal pour prendre dans les poches à cires situées à la face intérieure de son abdomen les
lamelles de cire dont il fait usage
pour bâtir son gâteau.

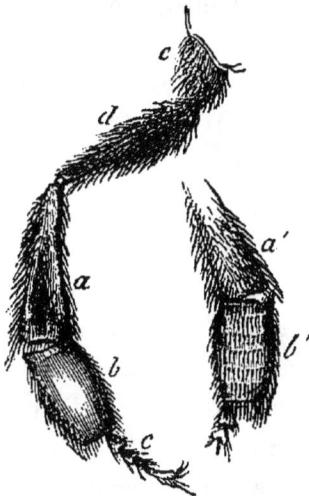

Les Abeilles ouvrières ont aussi
l'instinct de fermer l'entrée des alvéoles à l'aide d'une couche en cire,
lorsque la larve, ayant achevé sa
croissance, doit se métamorphoser
en nymphe et cesse de prendre de
la nourriture pendant que le travail constitutif des ailes s'effectue.
Un instinct encore plus surprenant
détermine les ouvrières à agir autrement lorsque par suite d'un
accident elles se voient privées de

Fig. 337 (1).

leur *Reine* et que leurs rayons ne contiennent aucune jeune
femelle en voie de développement.

Dans ces circonstances elles agrandissent l'un des alvéoles
contenant une larve d'ouvrière et donnent à celle-ci une
nourriture spéciale qui a pour effet de changer son mode de
développement et d'en faire une femelle féconde au lieu d'une
femelle stérile, comme le sont les individus neutres. L'influence exercée ainsi sur l'organisme des larves en voie de
développement par le régime alimentaire auquel elles sont
soumises est un des faits physiologiques les plus remarquables que l'on connaisse et il a été très bien constaté par un
naturaliste suisse nommé Hubert.

D'ordinaire, ainsi que je l'ai déjà dit, il n'y a dans chaque
ruche qu'une seule femelle ou *Reine* qui vit en bonne intelli-

---

(1) *e*, hanche ; *d*, cuisse; *a*, jambe ou *palette* formant la *corbeille* ;
b, premier article du tarse constituant la *brosse* ; *c*, portion suivante
du tarse.

gence avec les neutres et le reste de la population, mais lorsque deux Reines viennent à se rencontrer, une sorte de jalousie furieuse s'empare aussitôt de l'une et de l'autre ; elles se combattent avec acharnement en cherchant à se percer avec le dard à venin dont l'extrémité de leur abdomen est armé, et la lutte ne cesse qu'à la mort de l'une d'elles.

Ce sentiment de jalousie est dans certaines circontances la cause d'un autre phénomène remarquable, l'émigration d'une partie de la population qui abandonne la ruche pour aller chercher gîte ailleurs et y fonder une colonnie. Cela arrive lorsque dans une ruche très peuplée une jeune Reine vient à naître et que les ouvrières s'interposant entre elle et l'ancienne Reine, le combat dont je viens de parler ne peut avoir lieu. La vieille Reine s'agite alors d'une manière insolite et elle finit par sortir de la ruche ; elle est suivie par toutes les ouvrières qui se trouvent au logis en ce moment. La troupe ainsi formée est appelée *essaim*, elle fait élection de domicile là où la vieille Reine va s'établir. Mais la ruche abandonnée de la sorte ne reste pas inoccupée : les ouvrières qui étaient en campagne occupées à butiner au moment de l'essaimage y rentrent ; de nouvelles ouvrières déjà prêtes à sortir de leurs alvéoles s'y montrent en grand nombre, les unes et les autres se groupent autour de la jeune Reine et de la sorte une nouvelle colonie se trouve fondée.

L'appareil vulnérant dont les Reines font usage pour se battre entre elles existe aussi chez les ouvrières (fig. 338), et celles-ci s'en servent non seulement

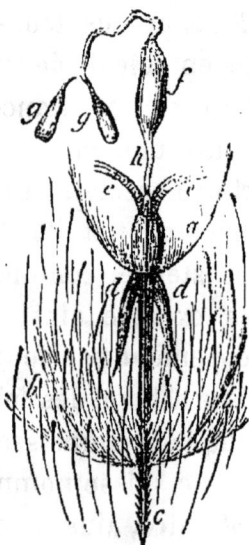
Fig. 338.

pour blesser leurs ennemis, mais aussi pour se débarrasser des mâles lorsque vers la fin de la belle saison les provisions

commencent à devenir rares. Les Faux-Bourbons sont alors
des bouches inutiles et onéreuses à nourrir, aussi les ouvrières
en font-elles à ce moment un massacre impitoyable, et aux
approches de l'hiver il n'en existe plus un seul ; mais au
printemps suivant la nouvelle Reine après avoir produit
beaucoup d'œufs d'ouvrières pond des œufs de mâles de façon à compléter la population de la colonie dont elle est le
chef

L'histoire naturelle des Abeilles montre que les actes de ces
Insectes ne sont pas déterminés par l'instinct seulement ;
elles sont douées d'un certain degré d'intelligence, car dans
certaines circonstances exceptionnelles on les voit faire des
choses qui ne leur sont pas ordinaires et qui sont calculées de
façon à parer à des accidents imprévus. Il est également évi-
dent que les Abeilles ont une sorte de langage à l'aide duquel
elles peuvent communiquer entre elles et se transmettre des
nouvelles de nature à les intéresser ; par exemple la découverte d'une cachette où se trouve emmagasiné du sucre ou
du miel. Des expériences faites, il y a quelques années, par un
zoologiste de Reims, feu Dujardin, en donnent la preuve.

§ 187. Les Abeilles ne sont pas les seuls Hyménoptères sociaux dont les mœurs dénotent l'existence de la faculté de rai-
sonner, les Bourdons, les Guêpes et les Fourmis sont dans ce
cas.

Les **Bourdons** sont de gros insectes qui produisent du miel
et de la cire comme les Abeilles et qui vivent aussi en société
(fig. 327) ; mais les associations qu'ils forment au lieu d'être
permanentes se renouvellent chaque année, car les vieilles
femelles, les mâles et les ouvrières périssent tous au commencement de l'hiver et ce sont les jeunes femelles qui seules
survivent pour fonder au printemps suivant une nouvelle colonie.

Il y a aussi dans la famille des *Mellifères*, qui comprend les
Abeilles et les Bourdons, des insectes qui vivent solitaires, par

exemple le *Xylocope* (fig. 339) ou Abeille perce-bois, gros Hy-
ménoptère d'un noir violacé qui
creuse de longues galeries dans
le bois mort pour y déposer ses

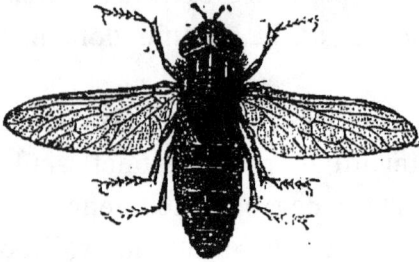

Fig. 339. — Xylocope.

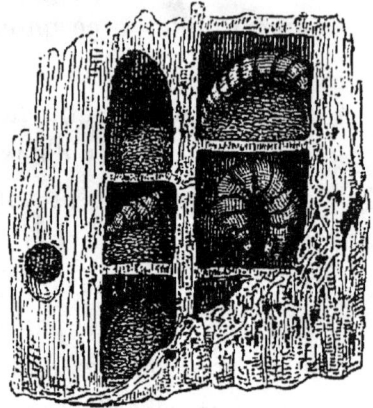

Fig. 340. — Nid de Xylocope.

œufs dans autant de loges séparées et contenant chacune la
provision de pollen nécessaire à l'alimentation de la larve.

§ 188. Les **Guêpes** sont des Hyménoptères qui ressemblent
beaucoup aux Abeilles et qui sont munies d'un aiguillon, mais
dont les ailes au lieu de rester toujours plates, se reploient
longitudinalement sur elles-mêmes pendant le repos. Les unes
sont solitaires, d'autres vivent réunies en sociétés nombreuses
formées de neutres aussi bien que de femelles et de mâles et
habitant des nids communs, qui contiennent pour l'élevage
des jeunes des alvéoles analo-
gues à ceux des Abeilles, mais
construits avec une substance
semblable à du papier mâché. Les
Insectes de ce genre qui habitent
la France bâtissent de la sorte,
soit en terre, soit sur les arbres,
des nids fragiles dont le volume
est souvent très considérable (fig.

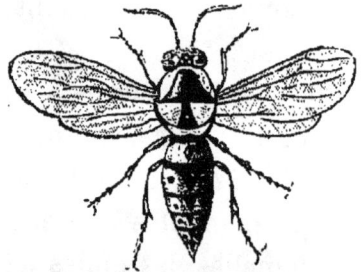

Fig. 341. — Guêpe cartonnière.

342); et en Amérique, il y a d'autres espèces du même genre
dont le nid a des parois très solides, formées par une sorte de
carton, on les appelle des *Guêpes cartonnières* (fig. 341).

§ 189. Les **Fourmis** sont aussi des Hyménoptères sociaux, mais d'une famille différente de celle constituée par les Abeilles et par les Guêpes, et reconnaissables à l'étranglement de la portion post-thoracique du corps. Elles sont aussi de trois sortes, les mâles et les femelles ont des ailes (fig. 343), mais

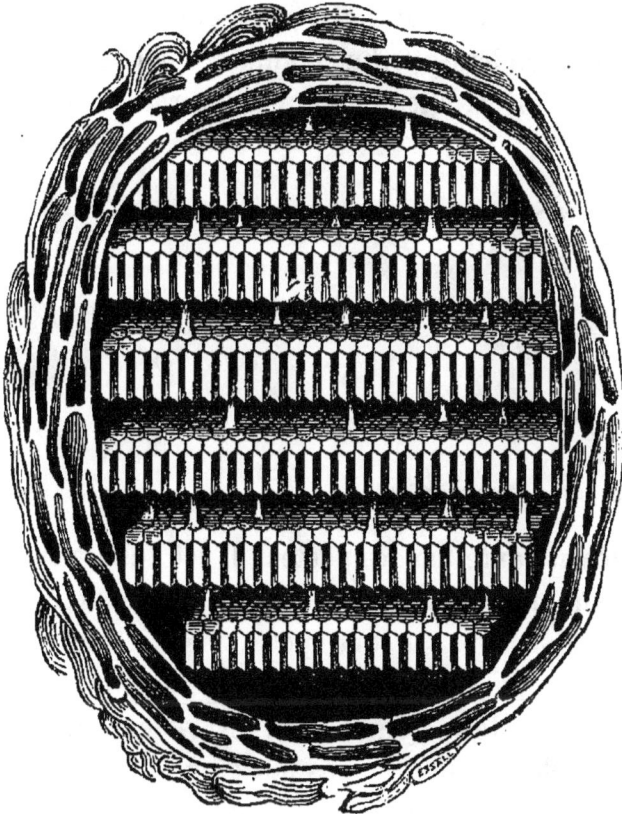

Fig. 342. — Nid de Guêpe.

les ouvrières ou neutres en sont dépourvues (fig. 344) et remplissent dans la communauté des fonctions différentes, les unes s'employant à bâtir leur demeure commune ou fourmilière et à soigner les larves, les autres désignées sous le nom de *soldats* étant seulement des combattants affectés à la défense du logis. Ces singulières nourrices, qui ne sont jamais mères prodiguent aux larves nées des œufs pondus par leurs compa-

gnes fécondes les soins les plus tendres ; non seulement elles
les nourrissent bien, mais les nettoient, les portent au dehors
pour les réchauffer aux rayons du soleil et les rentrent dans
la fourmilière dès que l'air devient froid ou qu'un danger les
menace. Elles déploient aussi une grande activité en allant
chercher au loin des matériaux pour leurs constructions, mais
c'est à tort qu'on leur attribue d'amasser pendant l'été des provisions pour l'hiver, elles n'ont que très rarement ce genre de

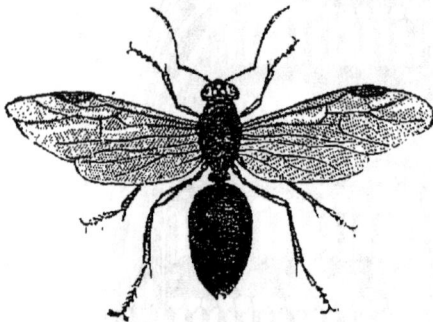

Fig. 343. — Fourmi ailée.

Fig. 344. — Fourmi.

prévoyance si vanté par les poètes. Il est aussi à noter que les
Fourmis aiment beaucoup un liquide sucré excrété de l'abdomen des Pucerons et que pour se procurer cet aliment
sans sortir de chez elles, elles transportent souvent ces Insectes
dans l'intérieur de la fourmilière et les élèvent comme nos
cultivateurs élèvent nos vaches laitières. Enfin je dois ajouter
que les différentes espèces de Fourmis se font souvent la
guerre entre elles et emportent les larves des vaincus pour
les élever chez elles en captivité et s'en servir comme des esclaves ou plutôt comme des auxiliaires. On appelle *Fourmilières
mixtes* celles qui sont habitées ainsi par des espèces différentes.

§ 190. On désigne sous le nom d'HYMÉNOPTÈRES PORTE-AIGUIL-
LONS, les Abeilles, les Guêpes, les Fourmis et les autres Insectes
du même ordre dont l'abdomen est armé d'un dard vénifique.
Chez les autres Hyménoptères cet appareil est remplacé par
des instruments perforants servant à effectuer le dépôt des

œufs dans la substance des plantes ou dans le corps des animaux où les larves doivent vivre en parasites jusqu'à ce
qu'elles aient achevé leurs métamorphoses. Ces insectes constituent la section des Hyménoptères térébrans et se subdivisent en *Porte-scies*, en *Pupivores* et en *Gallicoles*.

Les **Porte-scies** diffèrent de tous les autres Hyménoptères
par leur mode d'organisation lorsqu'ils sont à l'état de larve,
car pendant cette période de leur existence au lieu d'être
vermiformes et apodes, ils ont beaucoup de pattes et ressemblent à des Chenilles, tels sont les *Tentredes* et les *Sirex* (fig. 345)

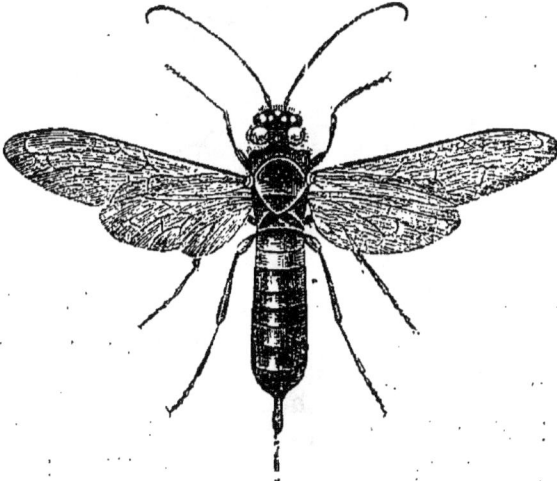

Fig. 345. — Sirex géant.

dont les larves appelées *fausses chenilles* causent souvent dans
les forêts d'arbres résineux de grands dégâts.

Les **Hyménoptères pupivores** sont au contraire fort utiles
à l'agriculture, car ils détruisent un nombre incalculable de
chenilles et d'autres insectes nuisibles en déposant leurs œufs
dans l'intérieur du corps de ces animaux dont les organes servent de pâture aux larves parasites logées de la sorte. Les Insectes appelés *Ichneumons* appartiennent à ce groupe (fig. 346).

Enfin les **Gallicoles** se comportent d'une manière analogue mais en s'attaquant à des végétaux et en déterminant dans les parties de la plante irritée par la présence de ces corps étrangers la formation de tumeurs appelées galles.

Les formes de ces galles diffèrent suivant les espèces d'Hyménoptères qui les produisent; elles sont très variées et parfois d'un aspect remarquable comme celles qui se développent sur les Rosiers et que l'on appelle *Badéguars*.

La *noix de Galle*, dont on retire une matière astringente employée pour la fabrication de l'encre et pour la teinture des

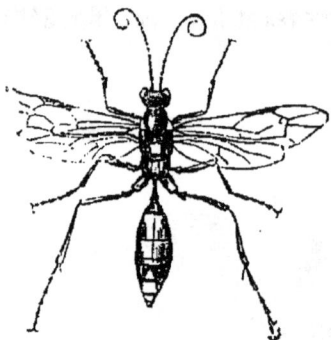

Fig. 346. — Ichneumon.

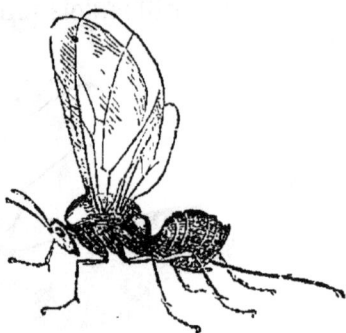

Fig. 347. — Cynips.

étoffes en noir, est un produit de ce genre dû aux piqûres pratiquées sur les feuilles du chêne par de petits Hyménoptères térébrans appelés *Cynips* (fig. 347). La larve se développe dans l'intérieur de la tumeur dont la subtance lui sert de nourriture, et elle finit par se frayer un chemin pour en sortir lorsqu'elle doit passer à l'état d'Insecte parfait.

Ordre des Névroptères.

§ 191. Les autres Insectes qui sont pourvus de deux paires d'ailes membraneuses au lieu d'être des animaux suceurs, se nourrissent d'aliments solides et constituent l'ordre des **Névroptères ;** ils sont reconnaissables à leurs ailes de longueur égale, transparentes et divisées par des nervures très grêles en une multitude de petits compartiments comparables en général aux fines réticulations d'une dentelle. Beaucoup de ces Insectes habitent dans l'eau pendant qu'ils sont à l'état de Larve et de Nymphe, et ne vivent que très peu de temps après avoir acquis leurs ailes : les *Libellules* ou *Demoiselles* et les *Éphémères*, par exemple.

Les ÉPHÉMÈRES ne vivent que peu de temps à l'état d'Insectes ailés (fig. 348) mais leur existence

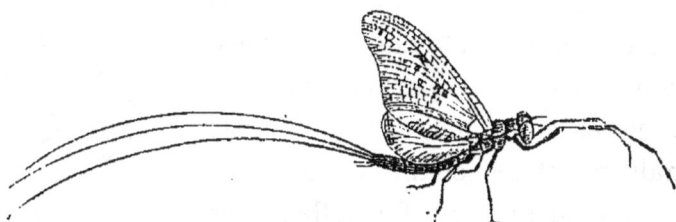

Fig. 348. — Éphémère.

Fig. 349.

larvaire dure environ 2 années. La larve est aquatique et elle respire dans l'eau au moyen de lames disposées sur les côtés de l'abdomen (fig. 349). D'autres sont toujours terrestres ; les *Fourmilions* sont dans ce dernier cas et se font remarquer par l'art avec lequel, avant d'être ailés,

Fig. 350. — Fourmilion.

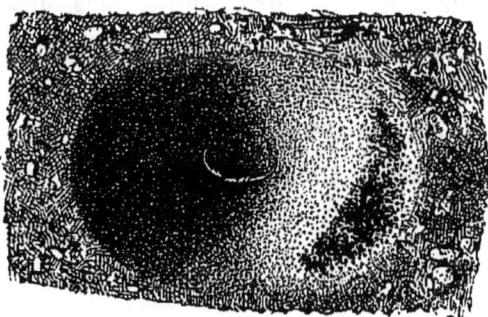

Fig. 351. — Piège de la larve du fourmilion.

ils creusent dans le sable des pièges en forme d'entonnoir pour s'emparer de leur proie (fig. 351).

§ 192. C'est aussi dans l'ordre des Névroptères que prennent place les TERMITES appelés vulgairement *Fourmis blanches* (fig. 352). Ces petits insectes vivent réunis en sociétés très nombreuses à peu près comme les *Fourmis proprement dites* et construisent pour leur demeure des nids communs, dont les dimensions sont parfois énormes. Ils sont aussi très destructeurs, car ils rongent le bois non seulement pour s'en nourrir, mais, afin de se servir des miettes détachées par leurs puissantes mandibules pour construire d'abord leur nid, puis de longues galeries tubulaires leur permettant d'aller au loin sans s'exposer à la lumière, car ils restent toujours dans des lieux où l'obscurité est profonde. Une espèce de ce genre habite diverses parties de l'ouest de la France et cause de grands dégâts dans les maisons et les chantiers de construction à Rochefort et à La Rochelle ; mais les espèces les plus redoutables sont propres à l'Afrique et aux parties chaudes de l'Amérique méridionale. Certains Termites bâtissent leur nid dans des arbres, d'autres construisent leur demeure en terre (fig. 353) et élèvent ainsi des monticules assez grands et assez solides pour supporter le poids d'un Bœuf.

Au centre de ces bâtisses se trouve une chambre spéciale où demeure sédentaire la mère commune de la colonie, et tout alen-

Fig. 352. — Termites.

tour se trouve une multitude de cellules irrégulières et de passages destinés à la circulation de la communauté et à l'élevage des jeunes. Dans chacune de ces colonies il y a beaucoup d'ouvrières et de soldats, dont les uns sont des larves ou des Nymphes en voie de développement, d'autres des individus imparfaits qui restent toujours aptères et stériles comme le sont les ouvrières parmi les Abeilles et les Guêpes. Les femelles sont ailées lorsqu'elles éclosent, mais elles perdent bientôt

ces organes, et dès ce moment elles ne sortent plus de leur
chambre, où les ouvrières viennent leur apporter leur nourri-

Fig. 353. — Nids de Termites (1).

ture et enlever les œufs pour les distribuer dans les cellules
destinées à servir de demeure aux larves. La femelle devenue
sédentaire grossit et bientôt produit des milliers d'œufs.

Ordre des Coléoptères.

§ 193. Les Insectes tétraptères, c'est-à-dire les Insectes à
quatre ailes, dont il me reste à parler, n'ont qu'une seule paire
d'ailes membraneuses, celles de la première paire étant transformées en totalité ou en partie en élytres, ce sont les Coléoptères, les Orthoptères et les Hémiptères.

(1) Les grands nids appartiennent au Termite belliqueux, l'un a été
coupé pour montrer l'intérieur. Le petit nid (*a*) appartient au Termite
des arbres et communique avec le sol au moyen d'une galerie (*b*) qui
s'enroule autour du tronc.

Les Coléoptères sont des Insectes broyeurs, qui subissent des métamorphoses complètes.

Les Orthoptères ont aussi l'appareil buccal approprié à l'emploi d'aliments solides, mais ils ne subissent que des demi-métamorphoses et ils diffèrent aussi des Coléoptères par la conformation de leurs ailes membraneuses.

Enfin les Hémiptères, ainsi nommés parce que leurs ailes antérieures ne sont qu'incomplètement transformées en élytres, sont des Insectes suceurs, dont la bouche, au lieu d'être armée de mandibules et de mâchoires préhensibles et sécatrices, est pourvue d'un siphon ayant forme de pipette et contenant des aiguilles perforantes.

§ 194. Les **Coléoptères** sont extrêmement nombreux et sont de tous les Insectes ceux dont le squelette tégumentaire est le plus solide. Dans le jeune âge ils sont vermiformes, et pendant qu'ils sont à l'état de Nymphe, ils ne prennent ni nourriture ni exercice.

Pour donner une idée plus complète de ces animaux, je choisirai comme premier exemple un des Insectes les plus communs et les mieux connus du vulgaire : le *Hanneton* (fig. 355).

Ce Coléoptère passe la plus grande partie de sa vie en terre, à l'état de larve, et il est alors connu des cultivateurs sous le nom de *Mans* ou de *Ver blanc* (fig. 354).

Fig. 354. — Larve du Hanneton.

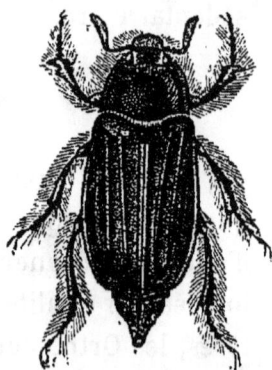

Fig. 355. — Hanneton.

Il est déjà pourvu de trois paires de petites pattes, mais il ne se déplace qu'en rampant sur le flanc et il est très sédentaire. Il se nourrit principalement de la racine des plantes, et en les coupant il cause de grands dégâts dans les jardins potagers. En hiver, cette larve s'enfonce profondément en terre de façon à échapper aux effets mortels du froid atmosphérique, et jusqu'au retour de la belle saison elle reste endormie ; mais au printemps, elle remonte près de la surface du sol et recommence à dévorer les végétaux tendres qu'elle trouve à sa portée. En général, elle ne se transforme en Nymphe que dans sa troisième année et elle se construit alors une coque ovoïde où elle reste immobile jusqu'à ce que ses ailes s'étant formées, elle passe à l'état d'Insecte parfait. Celui-ci sort alors de terre, voltige lourdement dans l'atmosphère et grimpe aux arbres dont il dévore avidement les feuilles. Sous cette forme, les Hannetons ne ressemblent en rien aux vers-blancs dont ils proviennent ; ils ont des antennes bien développées et terminées en forme de masse feuilletée ; leurs téguments au lieu d'être mous et blanchâtres ont une consis-

Fig. 356.

tance cornée et sont fortement colorés ; enfin, ils ont une paire de grandes élytres et une paire d'ailes membraneuses notablement plus longues que leur abdomen et disposées de façon à se reployer transversalement sur elles-mêmes pendant le repos (fig. 356).

La structure feuilletée de la portion terminale des antennes

Fig. 357.

(fig. 357) se voit chez beaucoup d'autres Coléoptères phytophages et caractérise une famille naturelle à laquelle on a donné le nom de LAMELLICORNES. Les Insectes appelés *Scarabés*, Bousiers ou Pilulaires appartiennent à ce groupe et sont remarquables par la manière dont ils enveloppent chacun de leurs œufs dans une boulette de fiente qu'ils enterrent ensuite au fond d'un trou creusé dans le sol. Un de ces Coléoptères joue un grand rôle dans l'écriture hiéroglyphique des anciens Égyptiens, et symbolise la résurrection des morts ; car c'est du sein de cette matière immonde que l'individu nouveau, né de l'œuf ainsi enfoui, s'échappe au bout d'un certain temps de léthargie ou de mort apparente. Ce Coléoptère, appelé communément le *Scarabé sacré* (fig. 358), appartient à un genre particulier voisin de nos Bousiers et désigné par les entomologistes sous le nom d'*Ateuchus*. Le Bousier commun de France

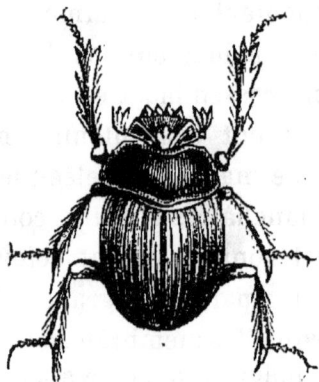

Fig. 358. — Scarabée (ou Ateu des Égyptiens).

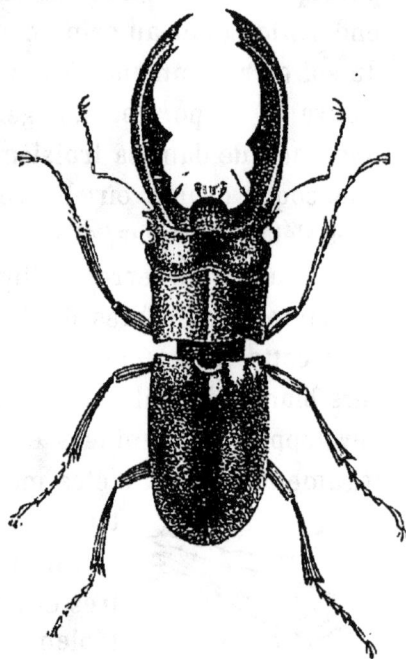

Fig. 359. — Lucane métallique.

s'en distingue par l'existence d'une grande corne frontale.

Un autre genre de Lamellicornes mérite également d'être cité ici à raison de l'énorme développement et de la forme bizarre de ses mandibules qui chez le mâle sont extrêmement grandes et ressemblent à des bois de cerf. Le nom scientifique de ces singuliers insectes est *lucane*, mais on les appelle communément des *Cerfs-volants* (fig. 359).

§ 195. Les Coléoptères sont extrêmement nombreux et pour les reconnaître entre eux les entomologistes les divisent ordinairement en plusieurs groupes d'après le nombre d'articles

dont se compose le tarse ou pied de ces Insectes. Chez les
Lamellicornes, le tarse se compose partout de cinq articles,
et on désigne sous le nom de **Pentamères** tous les Coléoptères
qui leur ressemblent sous ce rapport, puis on subdivise ce
groupe d'après la conformation des mâchoires et des antennes.
Ainsi chez certains de ces Insectes, les mâchoires sont pourvues de deux palpes (fig. 361) au lieu de n'avoir comme d'ordinaire qu'un seul de ces appendices, ce sont les *Pentamères carnassiers* dont une espèce, le *Carabe doré* ou *jardinier*, est commune
dans les jardins (fig. 365). D'autres
carnassiers sont organisés pour la
nage, par exemple les Dytisques et les
Gyrins dont une espèce est appelée

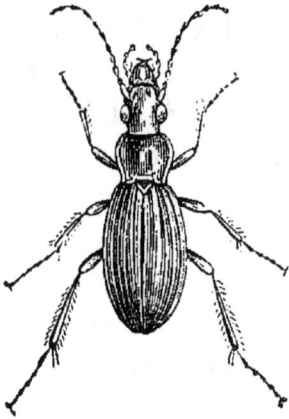

Fig. 360.
Insecte du genre Carabe.

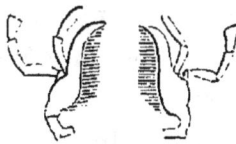

Fig. 361.

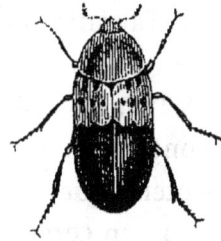

Fig. 362.
Dermeste du lard.

communément le *Tourniquet* à cause de la manière dont elle
s'agite à la surface de l'eau.

§ 196. Parmi les Coléoptères pentamères dont les mâchoires ne sont pourvues que d'un seul palpe, disposition
qui existe chez toutes les Lamellicornes, je citerai les Der-
mestes (fig. 362) qui rongent les pelleteries, les étoffes de laine
et le lard et qui prennent place dans la famille des *Clavicornes*,
parce que les antennes y sont renflées vers le bout en forme
de massue.

Les Insectes appelés Lampyres (fig. 363 et 364) ont, de même
que quelques autres Coléoptères, la singulière faculté de produire de la lumière. Une espèce de ce genre est commune

dans nos campagnes, et la femelle qui reste toujours dépourvue d'ailes et qui est très brillante est désignée sous le nom de *Ver-*

luisant. En Italie, on rencontre une autre espèce dont les individus de l'un et l'autre sexe sont ailés et en volant de buisson en buisson ces Insectes produisent une illumination mobile des plus jolies. Dans l'Amérique méridionale, il y a d'autres Coléop-

Fig. 363.
Lampyre mâle.

Fig. 364.
Lampyre femelle.

tères phosphorescents qui sont beaucoup plus grands et plus brillants ; ils appartiennent à la famille des *Taupins* et sont désignés dans leur pays sous le nom de *Cucujo*, et de même que les Lampyres, ils sont rangés dans une section du groupe des Taupins appelée famille des Serricornes et caractérisée par l'existence d'antennes filiformes.

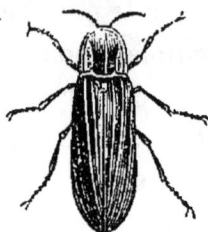

§ 197. Les **Hétéromères** sont des Coléoptères dont les tarses n'ont pas à toutes les pattes la même composition et ne présentent que quatre articles aux membres postérieurs, tandis qu'on en compte cinq aux autres pattes.

C'est dans cette division que se placent les Cantharides,

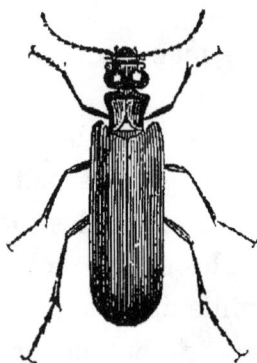

Fig. 365. — Cantharide vésicante (grossie).

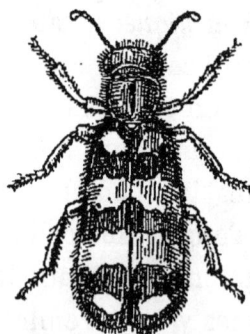

Fig. 366. — Mylabre (grossi).

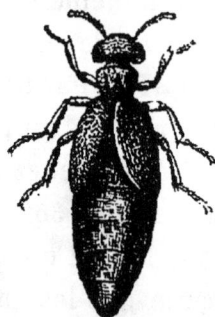

Fig. 367. — Méloé.

(fig. 365), Insectes vésicants qui produisent sur notre peau une

irritation très vive suivie d'une exsudation abondante de liquide
sous l'épiderme et la formation d'une cloche ou ampoule ; elles
se trouvent dans le midi de la France ainsi qu'en Espagne, et
leur corps réduit en poudre est employé en pharmacie pour
la confection des vésicatoires. Quelques autres Coléoptères
appelés Mylabres (fig. 366) appartiennent à la même section
et possèdent des propriétés analogues.

Parmi les Insectes vésicants je citerai aussi les Méloés, remarquables par leur couleur noirâtre et par la brièveté de leurs élytres qui laissent l'abdomen en partie à découvert (fig. 367). Les
Larves de ces Insectes (fig. 368), aussitôt après leur éclosion,
s'attachent aux poils de certains Hyménoptères voisins des

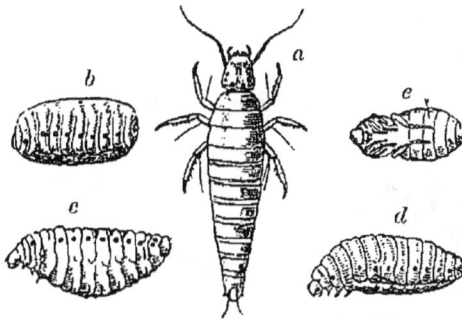

Fig. 368. — Larves et Nymphes d'Insecte vésicant (1).

Abeilles, et se font transporter ainsi dans les cellules où elles
achèvent leur développement en dévorant l'œuf et le miel qui
y sont placés.

§ 198. C'est à la division des **Coléoptères tétramères**, c'est-
à-dire des Coléoptères ayant quatre articles à toutes les pattes
qu'appartient une famille d'Insectes très remarquables par la
forme de la tête dont la portion antérieure se prolonge en manière de bec, ce sont les *Charançons* ou *Calandres* (fig. 369) qui
présentent ce mode d'organisation, et l'un de ces petits Insectes
a acquis une triste célébrité par les dégâts qu'il occasionne

(1) Développement d'un Insecte vésicant (le Sitaris). *a*, Larve au sortir de l'œuf, *b*, *c*, *d*, états successifs de la larve après ses divers changements de peau *e*, nymphe (ces figures sont grossies).

souvent dans les magasins à blé. A l'état de larve, il est vermiforme et apode ; il ronge alors l'intérieur du grain et s'y établit pour se métamorphoser d'abord en Nymphe, puis en Insecte parfait tout en restant aptère. Il se multiplie avec une grande rapidité ; on a calculé qu'une seule paire de Calandres dans l'espace d'une année, pouvait être la souche d'une famille composée de 23,000 individus. Diverses espèces de la même famille vivent d'une manière analogue aux dépens d'autres plantes dont ils rongent les graines ou dont ils coupent les jeunes pousses.

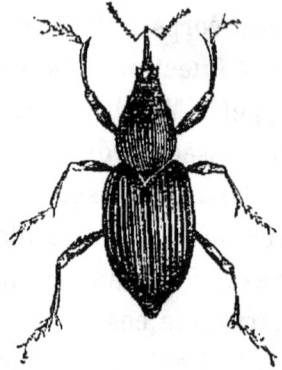

Fig. 369. — Calandre (grossi).

Je citerai également ici les Tétramères à tête courte qui constituent la famille des Xylophages, comprenant les Bostriches et les Scolytes. Ces Insectes nuisent beaucoup aux arbres en logeant leurs œufs entre l'écorce et le bois, car les larves qui en naissent y prati-

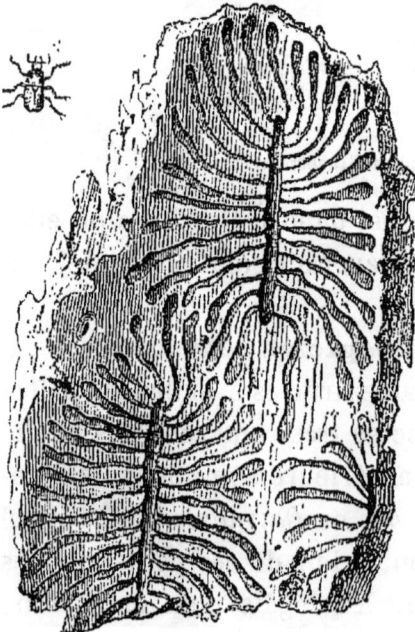

Fig. 370. — Galeries de Scolytes.

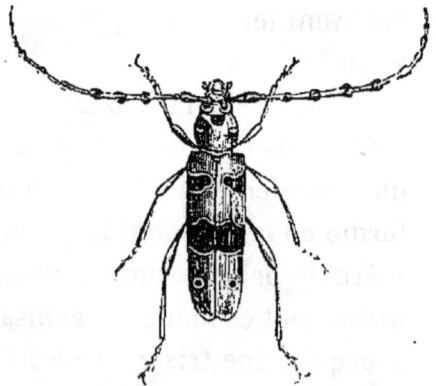

Fig. 371. — Capricorne des Alpes.

quent chacune une galerie et creusent ainsi des sculptures

dont la disposition varie suivant les espèces (fig. 370).

Une autre famille remarquable de la division des Tétramères est celle des Longicornes, caractérisée par l'allongement excessif des antennes (fig. 371). A l'état de larve, ces Coléoptères rongent l'intérieur du bois, et ils subissent leurs métamorphoses dans les cavités creusées de la sorte.

Enfin divers Tétramères dont le corps est arrondi et dont la larve est munie de pattes au lieu d'être apode comme chez les Longicornes, nuisent à l'agriculture d'une manière différente, en dévorant les feuilles. De ce nombre est l'*Altise des potagers* dont la multiplication est très rapide et l'*Eumolpe* de la vigne (fig. 372) appelé aussi *Ecrivain* ou *Gribouri* qui se nourrit des feuilles et des bourgeons de la vigne (fig. 373).

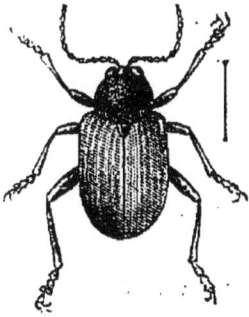

Fig. 372. — Eumolpe.
(Grossi.)

§ 199. La division des Coléoptères dont

Fig. 373. — Eumolpe de la vigne.

les tarses ne se composent que de trois articles, ou même de

deux seulement, est beaucoup moins nombreuse. Les Cocci-
nelles appelées vulgairement *Bêtes à Dieu* appartiennent à ce
groupe.

Ordre des Orthoptères.

§ 200. Ces Insectes, dont j'ai déjà indiqué les caractères communs (Voy. fig. 299), sont en général beaucoup plus grands que
tous ceux dont j'ai parlé jusqu'ici. Les plus importants à connaître sont les Criquets et les Sauterelles (fig. 374), Insectes phytophages qui sont caractérisés par le grand développement des
pattes de la troisième paire et qui sont d'une voracité extrême

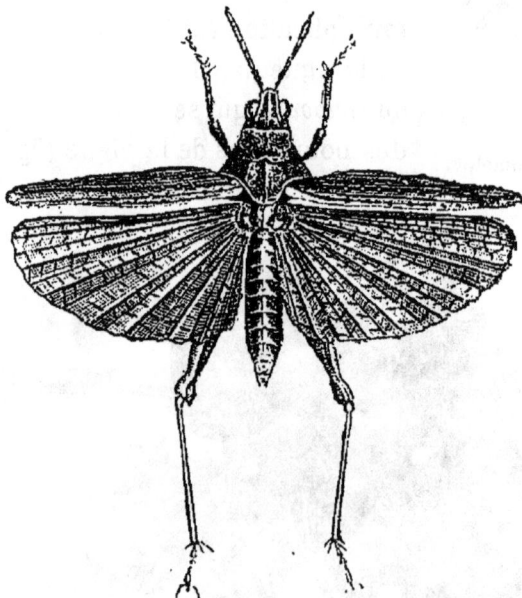

Fig. 374. — Sauterelle.

tant à l'état de larve et de nymphe qu'à l'état parfait. Sous
cette dernière forme ils sont munis d'ailes dont les deux premières constituent des élytres coriaces et les deux autres,
membraneuses et plissées en éventail, sont très grandes.
Plusieurs de ces Orthoptères voyagent en troupes innombra-

bles et dévastent tout sur leur passage, ne laissant après eux
ni un brin d'herbe sur le sol, ni une feuille sur les arbres.
L'Algérie est souvent exposée à des invasions de ce genre.
La plupart des Insectes de cette famille sont pourvus d'organes stridulans à l'aide desquels ils font entendre un bruit
assourdissant appelé *chant*. En général c'est en frottant
la face interne de leurs cuisses postérieures contre l'une des
nervures des élytres ou en frottant un de ces étuis contre
l'autre que ce son est produit.

D'autres Orthoptères, que l'on trouve dans le midi de la
France ainsi que dans beaucoup de pays tropicaux et qui sont

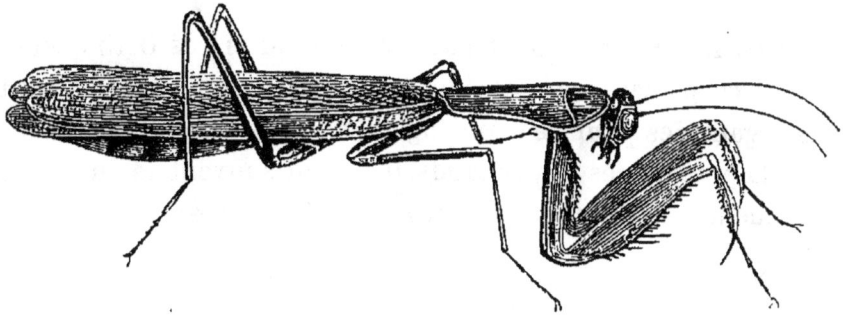

Fig. 375. — Mante religieuse.

désignés sous le nom de Mantes (fig. 375), ont la jambe des pattes antérieures conformée en manière de griffe et pouvant se
reployer contre la cuisse de façon à constituer un instrument
préhensible très puissant.

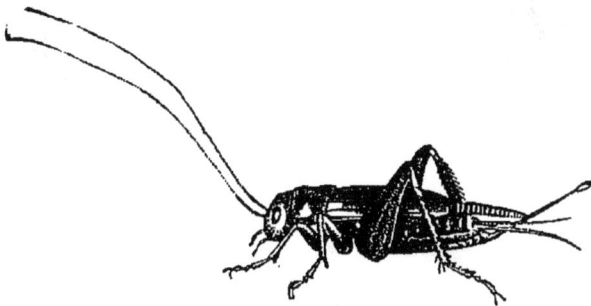

Fig. 376. — Grillon domestique.

Le Grillon des foyers (fig. 376), le *Grillon des champs* et la

Courtilière (fig. 377) sont aussi des Orthoptères sauteurs, et cette dernière est remarquable par la conformation de ses

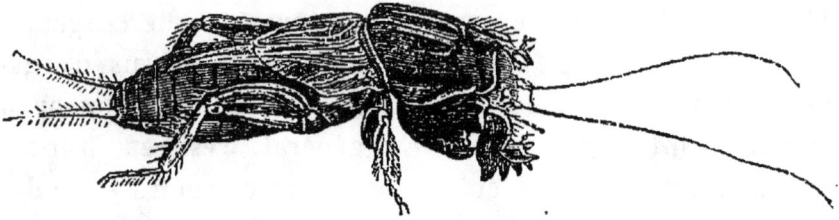

Fig. 377. — Courtilière.

pattes antérieures dont elle se sert pour creuser la terre et pour couper les racines des plantes qui se trouvent sur son passage.

§ 201. Les BLATTES ou *Cakerlats* sont aussi des Orthoptères dont le corps est aplati, et dont les pattes postérieures ne sont pas organisées pour le saut (fig. 378). Elles sont communes dans la plupart des pays chauds, infestent souvent les navires, répandent une odeur infecte et sont très voraces.

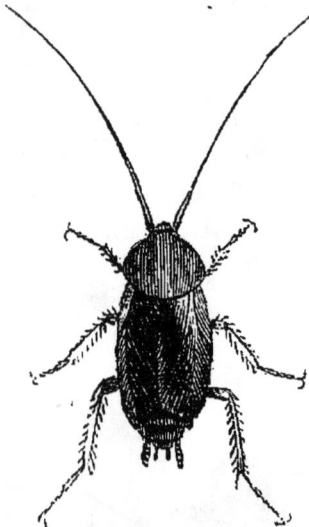

Fig. 378. — Blatte.

Fig. 379. — Forficule,

Enfin on classe communément dans le même ordre les FOR-FICULES ou *Perce-oreilles*, bien que leurs ailes soient conformées

souvent d'une manière un peu différente (fig. 379). Ce sont des
Insectes coureurs dont l'abdomen est terminé par une pince à
deux branches ; ils font beaucoup de dégâts dans nos jardins fruitiers, et jadis on croyait qu'ils avaient l'habitude de s'insinuer
dans notre oreille, mais cette opinion n'est pas fondée. Ils ne
subissent que des métamorphoses incomplètes, et la larve ainsi
que la Nymphe sont conformées à peu près comme l'Insecte
ailé.

Ordre des Hémiptères

§ 202. L'Ordre des Hémiptères se compose d'Insectes à quatre
ailes qui diffèrent de tous les Insectes dont j'ai parlé jusqu'ici
par la conformation de la bouche chez la larve. En effet les
Hémiptères sont à toutes les périodes de leur vie des animaux
suçeurs dont l'appareil buccal constitue un siphon en forme de
bec tubulaire (Voy. fig. 313, page 273). Ils doivent leur nom
commun à ce que leurs ailes de la première paire sont en gé-

Fig. 380. — Halys.

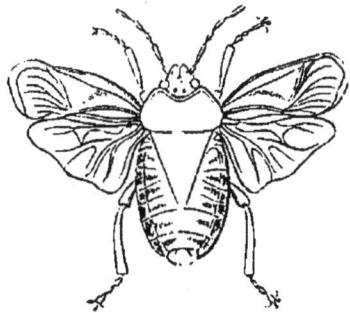

Fig. 381. — Pentatome.

néral coriaces dans leur partie antérieure et membraneuses
postérieurement.

On peut les diviser eu deux groupes formés l'un par les *Punaises des bois* (fig. 380 et 381) et quelques autres espèces dont

la partie épaisse des élytres est très développée ; l'autre par les
Cigales, les Pucerons et d'autres espèces dont les ailes de la première paire sont presqu'entièrement membraneuses (fig. 386.)

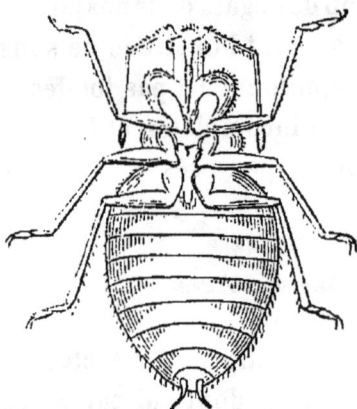

Fig. 382. — Punaise des lits vue en
dessous (grossie 7 fois).

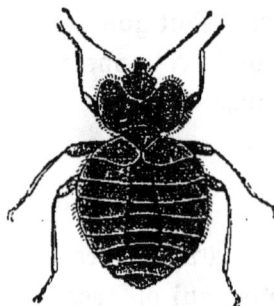

Fig. 383. — Punaise.
(Vue en dessus).

Il est aussi à noter que parfois les ailes font complètement défaut ainsi que cela se voit chez la Punaise des lits (fig. 382 et 383).

D'autres Hémiptères du même groupe vivent sur l'eau ; ils
se distinguent des Punaises
terrestres (ou Géocorises) par
l'extrême brièveté de leurs
antennes et on les appelle des
Hydrocorises. Ils sont très
carnassiers et piquent fortement; les uns constituent le
genre *Nèpe* (fig. 384), d'autres
ont reçu le nom de *Notonectes*
parce qu'ils nagent renversés
sur le dos (fig. 385).

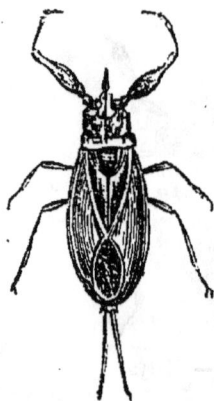

Fig. 384. — Nèpe.

Fig. 385.
Notonectes.

Les Cigales sont de gros Insectes à formes trapues qui
passent la plus grande partie de leur vie accrochés à l'écorce
des arbres et font entendre continuellement un bruit monotone

produit par un appareil spécial, situé de chaque côté de la base de l'abdomen et composé d'une sorte de caisse, munie

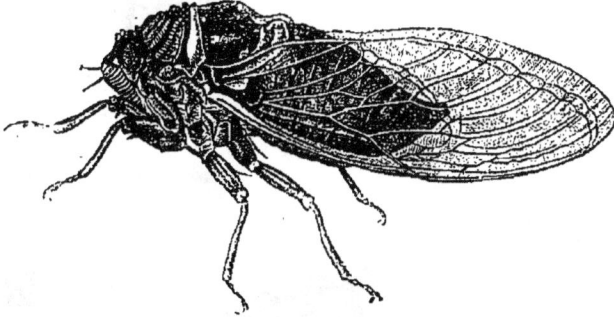

Fig. 386. — Cigale commune.

d'une membrane disposée à peu près comme un tambour de basque et susceptible d'être mise en vibration par des muscles particuliers. Par suite d'une erreur causée par la similitude du chant de ces Hémiptères et des Sauterelles, le vulgaire confond ces animaux sous le même nom, et dans la plupart des images placées dans les Fables de La Fontaine, l'insecte figuré sous le nom de Cigale est une Sauterelle.

C'est un Hémiptère du genre Cigale qui en piquant l'Orme fait découler de cet arbre le sucre mielleux appelé *Mane* et employé en pharmacie comme purgatif. On le trouve dans les parties méridionales de l'Europe.

§ 203. Les **Aphidiens** ou *Pucerons* au lieu d'avoir comme les Cigales trois articles aux tarses n'en ont que deux et la forme de leur corps est très différente. Leurs téguments sont mous ; leurs antennes très longues ; leur abdomen est très renflé et à sa partie postérieure se trouvent de petits tubes par lesquels suinte le liquide sucré dont j'ai parlé précédemment comme étant fort recherché par les Fourmis (fig. 387). Les Pucerons pullulent avec une rapidité extrême et naissent de deux manières ; pendant la belle saison ils sortent vivants du ventre de leur mère et constituent ainsi plusieurs générations successives composées uniquement de femelles sans ailes, mais en automne il y a aussi production d'individus ailés (fig. 387) et plus tard les femelles au lieu d'être vivipares pondent des œufs qui résistent au

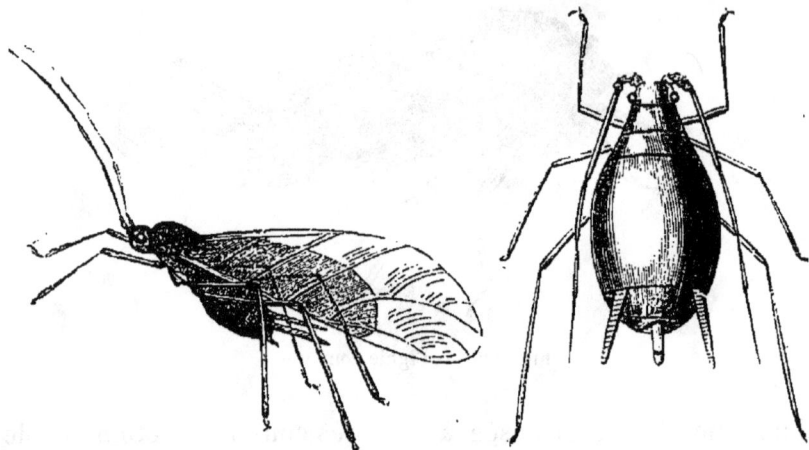

Fig. 387. — Puceron et sa larve.

froid de l'hiver et donnent naissance à une nouvelle génération quand le printemps revient, tandis qu'au commencement de la mauvaise saison tous les individus préexistants périssent. Une espèce de ce genre pullule sur les rosiers et une autre espèce appelée *Puceron lanigère*, parce que son corps se couvre de flocons blancs constitués par de la cire, vit sur les pommiers et nuit beaucoup à ces arbres fruitiers.

§ 204. Enfin on donne le nom de **Gallinsectes** à des Hémiptères peu différents des Pucerons, mais qui n'ont aux tarses qu'un seul article.

La Cochenille (fig. 388), qui vit sur les plantes grasses appelées Cactus (fig. 389) est un Insecte de cette famille dont le mâle est ailé, tandis que la femelle est aptère, et dont le corps contient une substance colorante d'un beau rouge très employée en teinture. Cette espèce est originaire du Mexique, mais elle a été acclimatée dans d'autres pays, notamment en Algérie.

La *laque* qui sert pour la teinture et qui est aussi employée à la fabrication des vernis est fournie par un Insecte de la même famille originaire de l'Inde. Cette espèce appelée *Coccus*

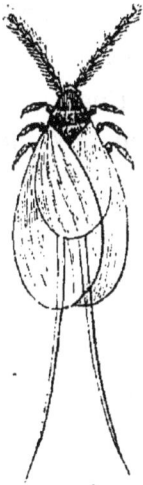

Fig. 388. — Cochenille.

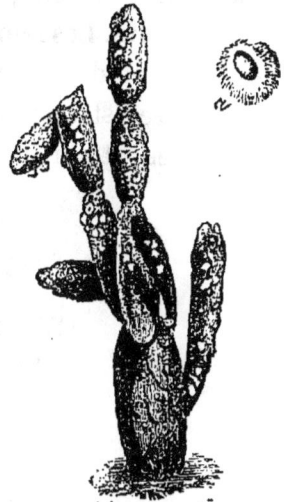

Fig. 389. — Cactus avec Cochenille.

lacca vit sur le Figuier des Pagodes et détermine à l'extrémité

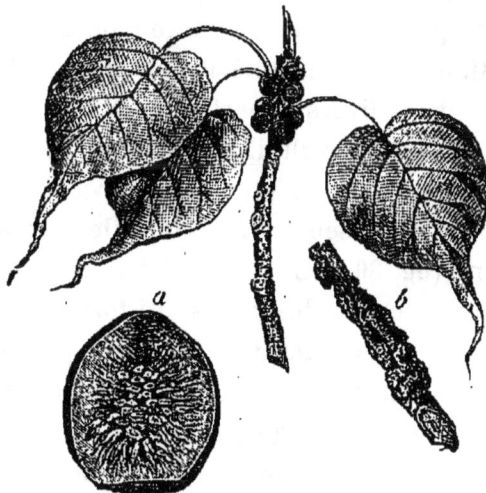

Fig. 390. — Coccus de la Laque.

du rameau la formation de petites masses résineuses au milieu desquelles pullulent ces petits animaux (fig. 390).

Le *Kermès* du Chêne donne aussi une teinture rouge et il est employé en médecine, il ressemble à la Cochenille mais ses antennes ont cinq articles et l'abdomen est dépourvu de tubes sécréteurs. Les femelles vivent fixées sur les rameaux du Chêne; elles sont de la grosseur d'un pois et leur corps d'un rouge noirâtre est recouvert d'une poussière blanche. Une espèce de Kermès vit sur le Figuier (fig. 391), une autre sur la Vigne.

Fig. 391. — Kermès du Figuier.

C'est aussi à la famille des Gallinsectes qu'appartient le *Phylloxera*, Insecte microscopique et qui est l'ennemi le plus redoutable de nos vignes. Il s'attaque principalement aux racines de ces plantes, et sa piqûre y détermine un état morbide qui en général ne tarde guère à devenir mortel. C'est par l'importation des vignes américaines que ce fléau est arrivé en France, et dans diverses parties du Midi, notamment dans le département de l'Hérault, il a été depuis quelques années une cause de ruine pour la plupart des vignerons.

Le Phylloxera présente une forme ailée (fig. 392) et une forme souterraine (fig. 393). L'insecte ailé vit sur les feuilles et pond des œufs d'où sortent des larves qui tombent sur le sol, s'y enfoncent, se fixent sur les racines et en pompent les sucs au moyen d'un suçoir aigu. Quelques-uns de ces animaux après avoir subi trois mues produisent des mères (fig. 394) qui donnent naissance à d'innombrables jeunes, d'autres subissent des transformations plus considérables et se changent en Phylloxeras ailés (fig. 392) qui s'envolent et produisent quelques œufs seulement d'où sortent des mâles et des femelles sans suçoirs et chargés d'assurer la reproduction de l'espèce. Ces

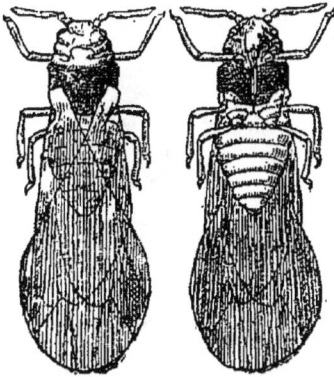

Fig. 392. — Phylloxera ailé.

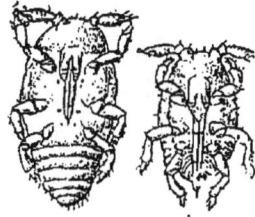

Fig. 393. — Jeunes Phylloxeras.

femelles ne pondent qu'un seul œuf qu'elles cachent dans les

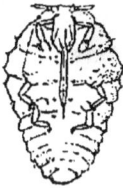

Fig. 394. — Mère pondeuse.

Fig. 395. — Groupe de Phylloxeras des racines.

interstices de l'écorce où il reste inactif pendant tout l'hiver pour éclore au printemps.

Ordre des Diptères.

§ 205. L'Ordre des Diptères se compose aussi d'Insectes suceurs, mais qui n'ont qu'une seule paire d'ailes, et à la place occupée d'ordinaire par les ailes de la seconde paire, le Meta-thorax porte une paire de petites baguettes renflées au bout et appelées *balanciers*. Les Mouches et les Cousins appartien-nent à ce groupe, et leur bouche, conformée en manière de trompe, est armée de petits stylets aigus. Tous ces Insectes subissent des métamorphoses complètes, et lorsqu'ils sont à

l'état de Nymphe ils sont renfermés dans une sorte de coque
formée non par de la soie comme
le cocon des Lépidoptères, mais par
la dépouille épidermique de la larve
restée en place et desséchée de façon à ressembler à une gaîne.

Les **Mouches** en sortant de l'œuf
sont des petits animaux vermiformes, complètement apodes; ce sont

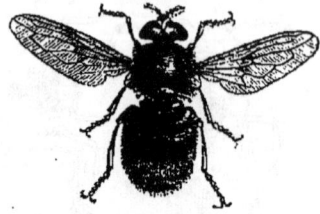

Fig. 396. — Volucelle.

les larves déposées par les Mouches de la viande à la surface
des charognes qui sont appelées communément des *asticots*.
Jadis on supposait que ces prétendus vers se constituaient de
toutes pièces aux dépens de la viande en putréfaction et nais-

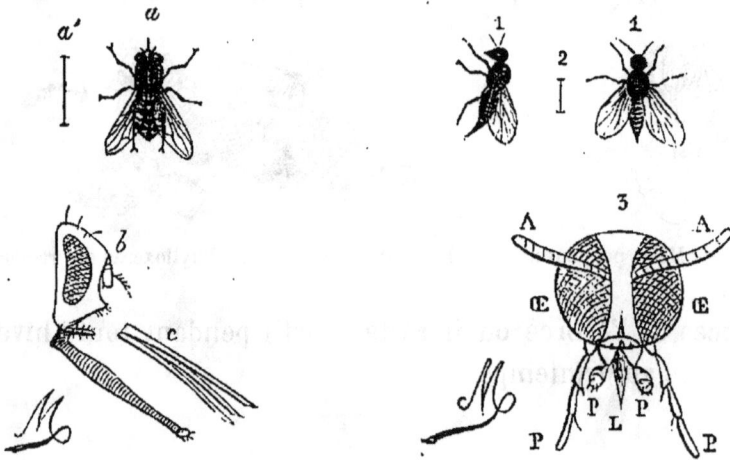

Fig. 397. — Mouches charbonneuses (1).

saient sans avoir eu de mère, mais un naturaliste italien du
xviie siècle nommé Redi a constaté expérimentalement que les
choses ne se passent pas ainsi et que les Asticots sortent d'œufs
pondus par des Mouches.

(1) *Stomoxis calcitrans*, a, un peu grossie; a', grandeur naturelle;
b, tête grossie; c, pièce du rostre. — *Simulium cinereum*; 1, un peu
grossie; 2, grandeur naturelle; 3, tête grossse montrant les antennes;
A, les yeux; OE, le bec; L, les palpes.

Certaines Mouches après s'être posées sur les viandes charbonneuses et en avoir pompé les sucs, peuvent en piquant
l'homme ou les animaux transmettre la maladie connue sous
le nom de *Charbon*; ces Mouches appartiennent à plusieurs espèces (fig. 397).

Les **Taons** sont de grosses Mouches qui tourmentent beaucoup les Chevaux et les Bœufs, dont ils percent la peau pour en
sucer le sang (fig. 398).

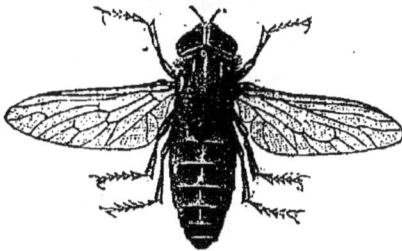

Fig. 398. — Taon.

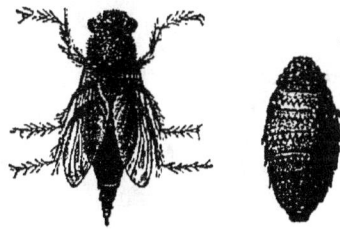

Fig. 399. — OEstre.

Enfin les **OEstres** sont des Diptères qui ont à peu près la
même conformation que les Mouches ordinaires (fig. 399), mais
qui ont des mœurs très différentes, car lorsqu'ils sont à l'état
de larves ils vivent en parasites dans l'intérieur du corps de
divers grands quadrupèdes tels que le Cheval et le Bœuf.

L'*OEstre du Cheval* dépose ses œufs sur la peau de cet animal
qui, en se léchant, les porte dans sa bouche puis les avale. C'est
dans son estomac que les larves naissent et se développent ;
elles descendent ensuite dans l'intestin et sont enfin évacuées
au dehors par l'anus ; elles tombent alors à terre et y subissent leurs métamorphoses pour devenir Insectes ailés.

D'autres espèces du même genre percent la peau de divers
ruminants, tels que les Bœufs, pour y introduire leurs œufs
dont la présence détermine autant d'abcès.

Il y a en Amérique certains Insectes de la famille des OEstres qui s'attaquent de la même manière à l'espèce humaine
et d'autres Diptères qui en s'introduisant dans les fosses na-

sales pour y vivre pendant toute la période larvaire déterminent quelquefois la mort de leur victime; un de ces dangereux Insectes a été décrit récemment sous le nom de *Myiasis anthropophaga*.

§.206. Les **Cousins** sont des Diptères nocturnes (fig. 400), qui à l'état de larve vivent dans l'eau et y respirent à la façon des Poissons au moyen d'organes d'une nature particulière (fig. 401). Lorsque leurs métamorphoses sont accomplies et qu'ils sont pourvus d'ailes ils s'en-

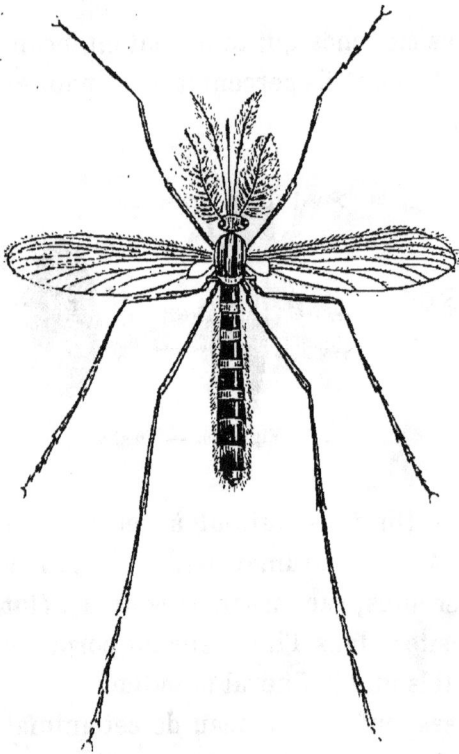

Fig. 400. — Cousin.

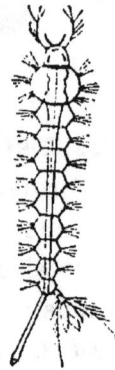

Fig. 401. — Larve de Cousin.

volent et vont se repaître de sang qu'ils obtiennent en piquant avec leur trompe la peau de leurs victimes (fig. 402). Les plaies produites de la sorte sont envenimées par leur salive et déterminent la formation d'autant de petites tumeurs douloureuses.

Dans le voisinage des eaux stagnantes l'homme a souvent beaucoup à souffrir de ces faibles ennemis, dans les régions boréales aussi bien que dans les climats chauds.

D'autres Diptères qui constituent le groupe des Tipules, ressemblent beaucoup aux Cousins, quelques espèces déposent

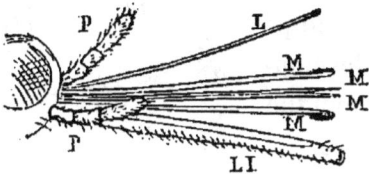

Fig. 402. — Bouche du Cousin (1).

leurs œufs dans des trous microscopiques pratiqués dans l'intérieur des fleurs, et les larves introduites ainsi dans la substance du fruit grandissent en même temps que lui. Telle est l'origine des larves vermiformes que l'on trouve si souvent dans le centre des fruits véreux.

§ 207. Divers Insectes **aptères** qui diffèrent notablement de tous les types dont je viens de parler sont répartis dans des groupes particuliers appelés *ordre des Aphaniptères*, *Ordre des Anoploures*, *ordre des Parasites* et *ordre des Thysanoures*.

Ordre des Aphaniptères.

§ 208. La première de ces divisions comprend les Puces, Insec-

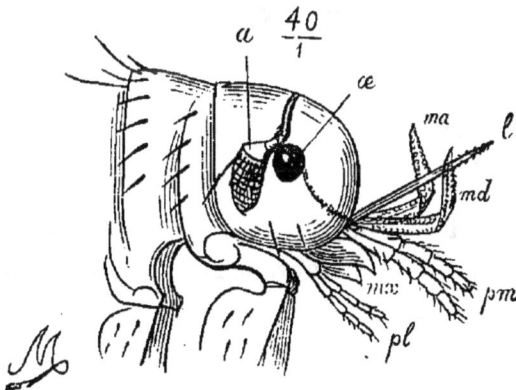

Fig. 403. — Tête de Puce (2).

tes suçeurs qui ressemblent un peu aux Hémiptères et qui ont aussi la bouche conformée en manière de bec (fig. 403), mais constituée d'une manière différente. En sortant de l'œuf elles sont vermiformes et dépourvues de pieds ;

(1) L, labre ; LI, lèvre inférieure ; M, mandibules et mâchoires ; P, palpes maxillaires.

(2) *a*, antennes ; *l*, languette ; *md*, mandibules ; *mx*, mâchoires ; *œ*, œil ; *pl*, palpes labiaux ; *pm*, palpes maxillaires.

elles se roulent en cercle ou en spirale, puis vers le douzième jour de leur existence elles se renferment dans une coque soyeuse, se transforment en Nymphe, et au bout de quelques jours de réclusion, temps pendant lequel leurs pattes se développent, elles sortent à l'état parfait quoique sans ailes et mènent une vie active. La *Puce commune* (fig. 404) se nourrit du sang de l'homme et de divers de nos animaux domestiques, le mâle est beaucoup plus petit que la femelle et celle-ci pond une douzaine d'œufs qu'elle dépose à terre.

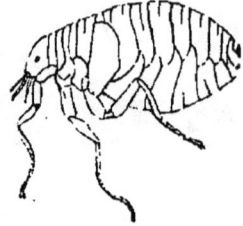

Fig. 404. — Puce.

En Amérique, il y a une espèce de ce genre appelée *Chique* ou *Puce pénétrante* (fig. 405) qui s'introduit sous les ongles ou

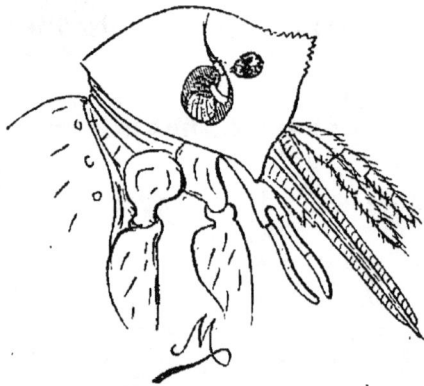

Fig. 405. — Tête de la Chique.

dans la peau et y acquiert le volume d'un pois par suite du développement énorme d'un sac membraneux placé sous son ventre et contenant ses œufs.

Ordre des Anoploures.

§ 209. L'ordre des ANOPLOURES se compose des *Poux* et des *Ricins*. Ces Insectes dont le corps est aplati, n'ont pour organes

visuels que des yeux simples et ils ne subissent pas de métamorphoses. Les Poux (fig. 406) ont la bouche tubulaire et leurs
tarses ne se composent que d'un
seul article en forme de crochet
avec lequel ils saisissent fortement les cheveux ou les poils auxquels ils se tiennent suspendus.
Leurs œufs sont désignés communément sous le nom de *lentes*. La
croissance des jeunes dure une di-
zaine de jours et ils pondent beaucoup d'œufs ; on a calculé qu'une
seule paire de ces parasites peut
dans l'espace de deux mois fournir
18,000 individus, et dans quelques

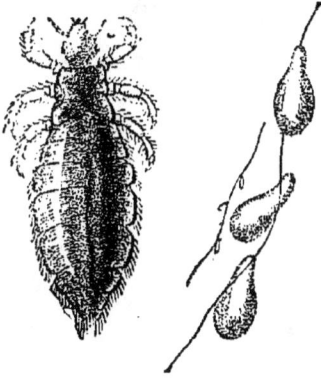

Fig. 406. — Pou et lentes.

circonstances ils pullulent sur le corps humain avec une rapidité
effrayante. On a donné le nom de *Pityriasis* à l'espèce de maladie qui est caractérisée de la sorte, et parmi les personnages
qui en ont été atteint on cite Platon, Sylla, les deux Hérodes
et Philippe II d'Espagne. Aujourd'hui cette degoûtante affec-
tion a presque disparu.

Les *Ricins* se distinguent des Poux par l'existence de deux
articles aux tarses et par plusieurs autres caractères. Une espèce de ce genre vit sur le chien et beaucoup d'autres sont
propres aux oiseaux.

Ordre des Thysanoures.

§ 210. L'ordre des Thysanoures se compose de petits Insectes
coureurs qui ne subissent pas de métamorphoses et qui ont l'abdomen terminé par une sorte de queue tantôt traînante, tantôt
disposée de façon à constituer un ressort au moyen duquel ils
peuvent sauter très haut. Ce dernier mode d'organisation est
propre aux Podurelles (fig. 407), petits insectes que l'on ren-

contre souvent en troupes nombreuses sur la neige dans les hautes montagnes et dans les régions polaires.

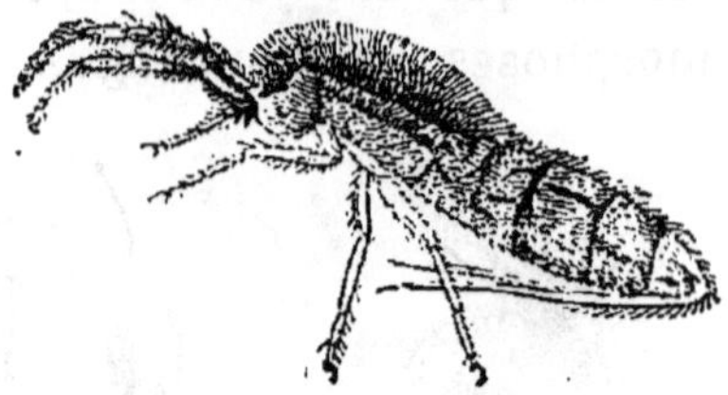

D'autres Thysanoures appelés *Lépismes*, vivent en général dans l'intérieur des maisons, ils ne sautent pas ; ils se tiennent ordinairement cachés dans les endroits obscurs, ils frétillent en courant et ils ont le corps couvert d'écailles microscopiques souvent blanches et d'un éclat brillant, circonstances qui ont valu à l'une des espèces de ce genre le nom populaire de *petit Poisson d'argent*.

Fig. 407. — Podurelle.

CLASSE DES MYRIAPODES.

§ 211. Les *Myriapodes* ou *Millepieds* sont des animaux articulés, à respiration aérienne, chez lesquels la tête est distincte du tronc ; celui-ci est conformé de la même manière dans toute sa longueur et par conséquent n'est pas divisé en thorax et en abdomen comme chez les Insectes (fig. 408). Le nombre des pattes sans être aussi élevé que l'implique le nom vulgaire de ces animaux est plus considérable que dans les au-

Fig. 408. — Millepied.

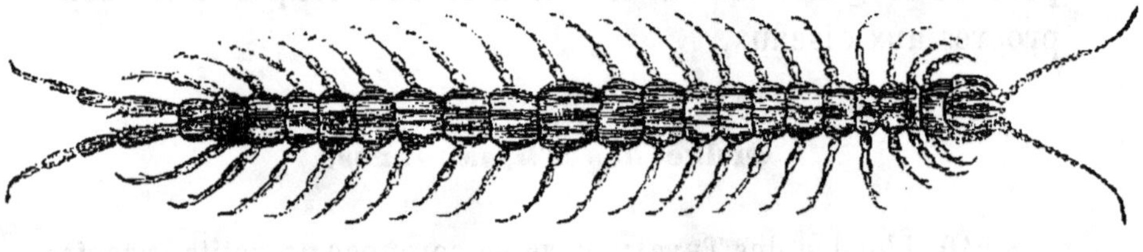

tres classes du même sous-embranchement. On compte au moins 15 paires de ces organes ; en général 30 ou 40 et quelquefois davantage. La bouche est toujours conformée pour la mastication, et les organes de la respiration sont comme chez les Insectes des trachées rameuses débouchant directement au dehors par une série d'ouvertures spéciales situées de chaque côté du corps.

Les Myriapodes les plus importants à connaître sont les *Iules* (fig. 409) et les *Scolopendres* (fig. 408).

Les **Iules** ont le corps presque cylindrique et divisé en tronçons annulaires qui portent chacun deux paires de pattes.

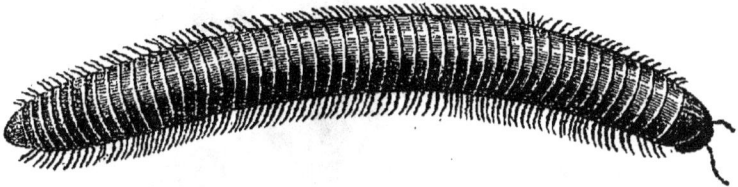

Fig. 409. — Iule.

Ces animaux vivent à terre et leurs mouvements sont très lents.

On désigne sous le nom de **Glomeris** des Myriapodes qui appartiennent à la même famille naturelle que les Iules (celle des *Chilognates*), mais dont le corps est ovalaire à peu près comme chez les crustacés terrestres appelés Cloportes.

Les **Scolopendres** et les autres *Myriapodes* du groupe désigné sous le nom de *famille des Chilopodes*, ont le corps déprimé, les téguments moins durs que chez les Iules et les pattes réparties par paires d'anneau en anneau.

CLASSE DES ARACHNIDES

§ 212. Cette classe se compose d'animaux articulés qui ont beaucoup d'analogie avec les Insectes, et qui sont également organisés pour vivre dans l'air, mais qui s'en distinguent, au premier coup d'œil, par la forme générale du corps et par le nombre des pattes, et qui diffèrent aussi de ces animaux par

plusieurs particularités importantes de leur structure intérieure. En effet, les Arachnides ont tous la tête confondue

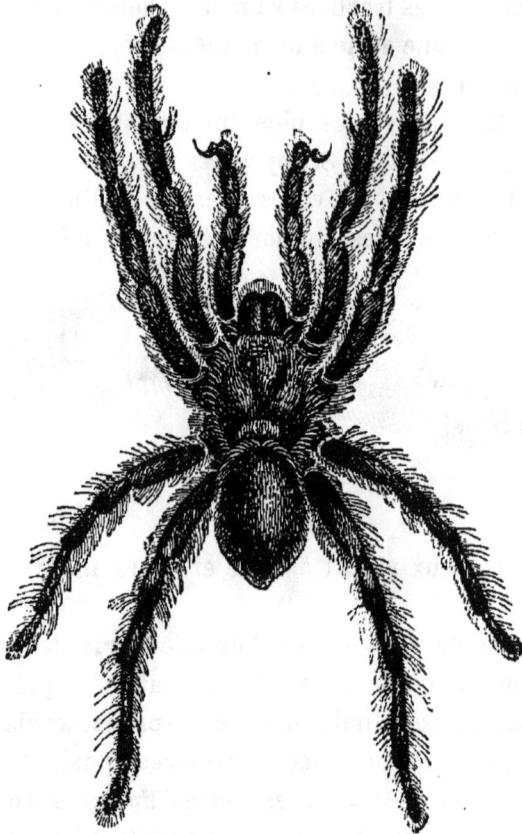

Fig. 410. — Mygale.

avec le thorax et dépourvue d'antennes proprement dites ; ils
ont quatre paires de pattes et jamais d'ailes (fig. 410).

On appelle *Céphalothorax* la portion antérieure du corps qui
porte les yeux, l'appareil buccal et les pattes ; elle n'est jamais
divisée en anneaux, mais quelquefois elle est peu distincte de
l'abdomen qui est tantôt indivisé, tantôt composé d'une série
d'anneaux dépourvus de membres. Les antennes sont remplacées par des appendices préhensiles ; les yeux sont toujours simples, mais souvent en nombre considérable. Tous

ces animaux sont carnassiers, mais presque toujours ils se bornent à sucer le sang de leurs victimes.

La conformation de leurs organes respiratoires varie ; les uns ont des trachées comme les Insectes, les autres ont des poumons et à raison de ces différences on les divise en deux ordres : les *Arachnides pulmonés* et les *Arachnides trachéens*. Les premiers sont les plus nombreux et se subdivisent en plusieurs familles, dont celle des Araignées et celle des Scorpions sont les plus importantes.

§ 213. Les ARANÉIDES ou *Araignées* sont des Arachnides fileurs, ils ont l'abdomen court, presque toujours globuleux et n'offrant en dessous que deux paires de *stigmates*, c'est-à-dire d'orifices pour l'entrée de l'air servant à la respiration.

La bouche (fig. 411) est armée antérieurement d'une paire de pinces frontales (ou *chélicères*), monodactyles et pourvues d'un crochet à l'extrémité duquel débouche un appareil vénifique ;

Fig. 411 (1).

sur les côtés se trouve une paire de grands palpes maxillaires terminés par un crochet. Enfin à l'extrémité postérieure de l'abdomen, près de l'anus existe un appareil glandulaire spécial qui produit la soie filée par ces animaux. Cette substance est expulsée à l'état d'un liquide gluant, par des orifices microscopiques situés à l'extrémité d'un groupe de 5 ou 6 petits mamelons placés au-dessus de l'anus et appelés *filières*. Cette matière plastique se consolide au contact de l'air et se colle aux corps étrangers sur lesquels l'Araignée l'applique à l'aide de ses pattes. L'animal réunit en une seule corde une multitude de ces fils ainsi produits et dispose cette corde de façon à en former une

(1) *a*, appareil buccal d'une Araignée vu en dessous ; *s*, sternum ; *l*, lèvre inférieur ; *ma*, machoires portant les palpes (*p*) ; *c*, chelicères armés d'une griffe ou crochet (*o*).

sorte de tissu à grandes mailles. Cette toile lui sert en général de demeure et de piège pour arrêter les insectes dont il fait sa proie. Certaines Araignées qui vivent dans l'eau, appelées *Argyronetes*, confectionnent avec cette toile une cloche dans laquelle de l'air se trouve emprisonné et sert à l'entretien de leur respiration. D'autres, qui appartiennent au genre *Mygale*, utilisent leur soie d'une autre façon ; elles en tapissent un long tube creusé dans le sol et en construisent, à l'entrée de cette demeure souterraine, une porte en forme de trappe qui joue sur une charnière (fig. 412). Les Mygales sont des Araignées terricoles à corps poilu, qui se distinguent des Araignées caractérisées par l'existence de deux paires de stigmates au lieu d'une seule paire comme d'ordinaire ; dans les parties chaudes de l'Amérique, elles sont de très grande taille (fig. 410) et une petite espèce de ce genre n'est pas rare dans le midi de la France, à Cannes par exemple.

Fig. 412. — Nid de la Mygale.

Les Araignées dipneumonées ou Araignées à une seule paire de poches pulmonaires sont très variées ; les unes sont sédentaires et se mettent à l'affût pour saisir au passage les insectes dont elles se repaissent, d'autres sont vagabondes. Elles sont toutes plus ou moins vénimeuses, mais en général elles ne le sont pas assez pour nuire à l'homme. Dans le midi de l'Europe il y a quelques espèces qui sont cependant réputées dangereuses, notamment le *Malmignathe* (fig. 413) qui appartient

Fig. 413. — Théridion malmignathe.

au genre Théridion et la *Tarentule* ou *Araignée-loup* du
genre *Lycose* qui se trouve dans le midi de l'Italie et qui a acquis une sorte de célébrité par suite des fables dont elle a été
le sujet. On prétendait jadis que les personnes mordues par
elle étaient en danger de mort à moins de se livrer à des dan-
ses effrenées, et qu'au son de la musique ces malades dansaient
malgré eux.

§ 214. Un autre groupe d'Arachnides pulmonés a reçu le
nom de PÉDIPALPES parce que les palpes maxillaires devenant
très grands ressemblent à des pattes préhensiles ou à des bras.
Leur abdomen est annelé et en général leur forme diffère beaucoup de celle des Araignées. Ainsi chez les SCORPIONS (fig. 414),

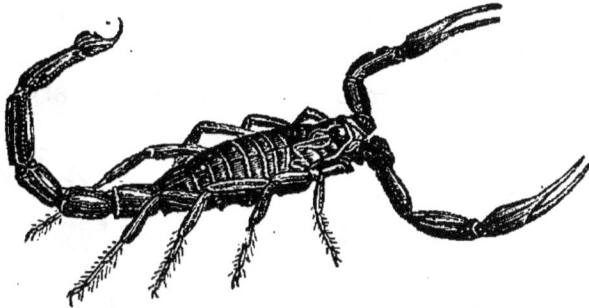

Fig. 414. — Scorpion.

cette partie du corps est très allongée et composée d'une série
d'anneaux dont les premiers sont aussi longs que le thorax et
font corps avec lui, tandis que les autres, étroits et très mobiles,
constituent une sorte de queue. Ces animaux sont très venimeux et font à l'aide du crochet terminal de leur queue des
blessures graves. Dans le midi de la France il y a une petite
espèce dont la piqûre est très douloureuse, et en Afrique
ainsi que dans les régions chaudes il y a des Scorpions de
grande taille dont la blessure est mortelle, même pour
l'homme. Il est aussi à noter que les Scorpions ont quatre
paires d'orifices respiratoires au lieu de deux seulement comme
chez les autres Arachnides précédents.

§ 215. Dans l'ordre des ARACHNIDES TRACHÉENS il y a un genre qui présente à peu près les mêmes formes extérieures que les Araignées, mais dont les pattes sont extrêmement longues, ce sont les *Faucheurs*; dans la nomenclature zoologique ils portent le nom *Phalangins*.

Les **Mites** ou **Acariens** appartiennent au même ordre. Ce sont des animaux de très petite taille, dont le céphalo-thorax n'est guère distinct de l'abdomen, et dont les uns se nourrissent de matières végétales, les autres de matières animales et dont plusieurs vivent en parasites sur le corps humain ou sur d'autres mammifères. Ainsi le *Lepte automnal*, petit animal qui en automne est très commun dans les champs de blé et qui est connu du vulgaire sous le nom de Rouget, appartient à cette famille; il s'insère souvent sous la peau de nos jambes et y cause des démangeaisons insupportables. Les **Sarcoptes** ou *Acares de la gale* (fig. 415 et 416) sont des parasites

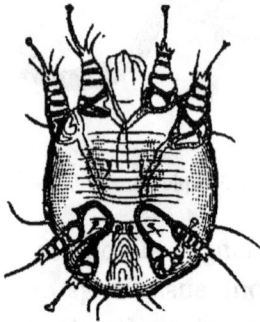

Fig. 415. — Acarus de la Gale (mâle grossi).

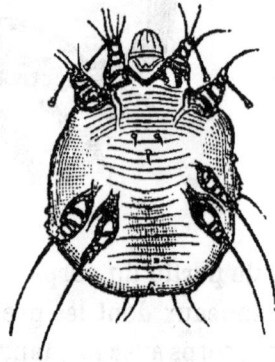

Fig. 416. — Acarus de la Gale (femelle grossie).

de la même famille qui vivent aux dépens de l'homme et divers quadrupèdes, et creusent sous la peau des espèces de clapiers dans l'intérieur desquels ils se multiplient avec une grande rapidité. La maladie appelée la *Gale* est due à leur présence et elle est très contagieuse parce que ces parasites sortent volontiers de leurs retraites pour aller chercher de nouvelles vic-

times. Pour guérir les malades infestés de la sorte on fait
usage de bains sulfureux et autres moyens analogues à l'aide
desquels on tue rapidement les Sarcoptes. Ces animaux sont
très petits, et les naturalistes les ont d'abord considérés comme
étant des Acariens de la même espèce que les mites dont le vieux
fromage est souvent couvert, mais ils en diffèrent sous beaucoup de rapports, par exemple en ce que leurs pattes des deux
dernières paires ne se développent que très imparfaitement
et ne sont représentées que par des petits tubercules portant
chacun un long poil raide.

Les Ixodes, parasites que l'on voit souvent appendus à la
peau des chiens ou même enfermés dans les chairs de divers
quadrupèdes et qui sont confondus communément avec certains Insectes suçeurs sous le nom de *Ricins*, appartiennent
aussi à la famille des Acariens.

Je citerai aussi parmi ces Arachnides parasites un animal

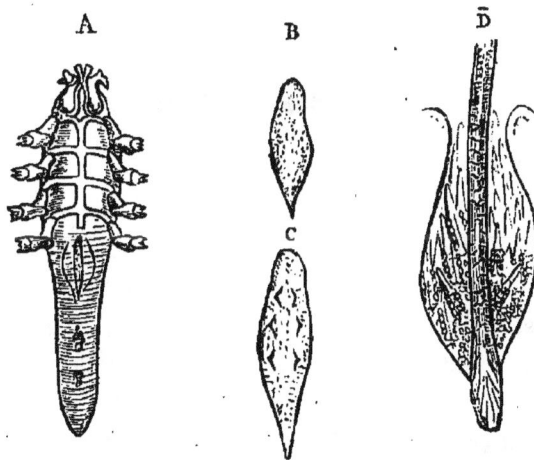

Fig. 417. — Demodex grossi (1).

presque microscopique qui vit dans l'intérieur des follicules
graisseux de la peau humaine, principalement dans ceux du nez.

(1) A, feuille adulte ; B, larve apode ; C, larve hexapode ; D, groupe
de Demodex à la base d'un poil.

Ces animalcules appelés *Demodex* (fig. 417) sont remarquables par le grand allongement de leur abdomen.

§ 216. Enfin les zoologistes rangent à côté des Arachnides certains animaux microscopiques appelés Tardigrades qni ont aussi quatre paires de pattes mais pas d'abdomen et qui sont remarquables par la manière dont ils peuvent résister aux effets de la dessiccation sans périr. On les trouve dans les gouttières, et lorsqu'ils sont dans l'eau, ils sont très actifs ; mais lorsqu'ils sont à sec et qu'ils ont perdu par évaporation presque toute l'eau contenue dans leur organisme, ils tombent dans un état de mort apparente et ressemblent à des grains d'une poussière inerte. Cependant ils sont aptes à reprendre leur forme primitive et toute leur activité lorsqu'ils se trouvent de nouveau dans de l'eau, et quoique dans les circonstances ordinaires la durée de leur existence ne soit guère que de quelques jours, ils peuvent revenir à la vie active après être restés pendant plusieurs mois ou même plusieurs années dans l'état de mort apparente déterminé par la dessiccation.

CLASSE DES CRUSTACÉS.

§ 217. Les animaux articulés dont il me reste à parler, au lieu d'être organisés pour respirer l'air atmosphérique comme le font les Insectes, les Myriapodes et les Arachnides, sont constitués pour vivre essentiellement dans l'eau en respirant l'air qui est en dissolution dans ce liquide ; et à cet effet, ils sont généralement pourvus de branchies analogues à celles des Poissons, mais situées autrement. Ce mode d'organisation existe chez les Écrevisses, les Langoustes, les Crabes et beaucoup d'autres animaux aquatiques dont la conformation est plus ou moins analogue à celle des Cloportes.

Pour étudier ce groupe zoologique on peut prendre comme premier exemple l'Écrevisse, et il est à remarquer d'abord que le squelette extérieur de cet animal au lieu d'être seulement

coriace ou de consistance cornée comme chez les Insectes, est
formé d'une substance rigide et d'apparence presque pierreuse ;
en effet, son tissu contient beaucoup de matière minérale qui
n'est pas du phosphate calcaire comme dans les os, mais du
carbonate de chaux. Pour s'en assurer il suffit de faire deux
expériences chimiques très simples : d'une part, de calciner un
fragment de cette espèce d'armure qui laisse comme cendres
une matière blanche analogue à la craie ; d'autre part, de le sou-
mettre à l'action d'un acide énergique tel que l'acide chlorhydrique ou l'eau-forte, car alors on le voit faire effervescence
comme le ferait en pareille circonstance un morceau de mar-
bre, et lorsque l'opération est terminée il reste une membrane
flexible et transparente qui ressemble complètement à la peau
de certains Insectes. C'est à raison de l'existence de cette espèce
de croûte calcaire que les Écrevisses, les Crabes et les autres
animaux de la même classe sont désignés sous le nom commun de *Crustacés*.

Le corps de l'Écrevisse, comme celui des Arachnides, est composé de deux parties principales (fig. 419) : un céphalo-thorax et
un abdomen. Cette dernière partie est subdivisée en une série
de 7 tronçons ou anneaux articulés entre eux et mobiles les uns
sur les autres, non pas dans tous les sens, mais de haut en bas.
Chez la femelle chacun de ces articles, à l'exception du dernier
où se trouve l'anus, porte une paire de membres qui ont la
forme de rames bifides, mais chez le mâle ces appendices
manquent entre le second et le pénultième anneau. La région
céphalo-thoracique est au contraire recouverte en dessus et sur
les côtés par une seule lame solide qui y constitue une sorte de
bouclier dorsal et qui est appelée *carapace ;* mais si l'on examine
cette portion du tronc en dessous on voit qu'elle est composée,
comme l'abdomen, d'une série d'anneaux qui portent chacun
une paire de membres. Seulement ces tronçons au lieu d'être
mobiles les uns sur les autres, sont soudés entre eux.

Lorsque la jeune Écrevisse commence à se constituer dans

l'intérieur de l'œuf tous ces appendices sont très simples et se ressemblent entre eux d'un bout du corps à l'autre ; mais en se développant ils acquièrent des formes différentes et se trouvent ainsi appropriés à des usages divers.

Les membres de la première paire portent les yeux à leur extrémité libre et permettent à l'Écrevisse de faire varier à volonté la direction de ces organes.Le même mode de conformation existe chez les Crevettes, les Crabes (fig. 418), et beaucoup d'autres Crustacés, tandis que chez d'autres animaux de la même classe les yeux ne sont pas portés sur des pédoncules

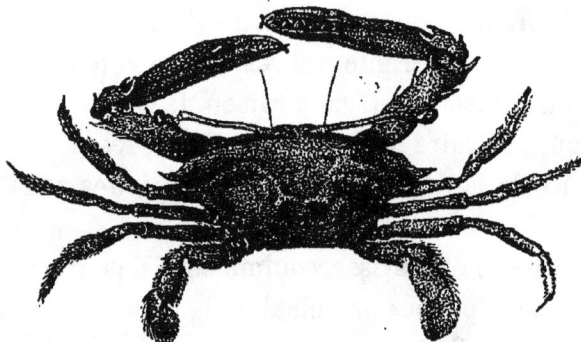

Fig. 418. — Podophthalme.

mobiles (fig. 421), et, de même que chez les Insectes, etc., sont placés à fleur de tête. Ces différences coïncident avec d'autres particularités de structure et fournissent les caractères employés par les naturalistes pour la répartition des principaux Crustacés en deux groupes appelés : les PODOPHTHALMAIRES, et les EDRIOPHTHALMAIRES.

Les membres de la seconde et de la troisième paire insérés entre le front et la bouche constituent des appendices analogues aux antennes des Insectes et désignés sous le même nom. Quelquefois une de ces paires d'antennes manque, mais cela est rare, et il est à noter que les Crustacés sont les seuls animaux articulés qui aient quatre appendices de cette nature (fig. 419).

Les membres qui font suite aux antennes et qui sont situés
sur les côtés de la bouche constituent l'appareil préhenseur des

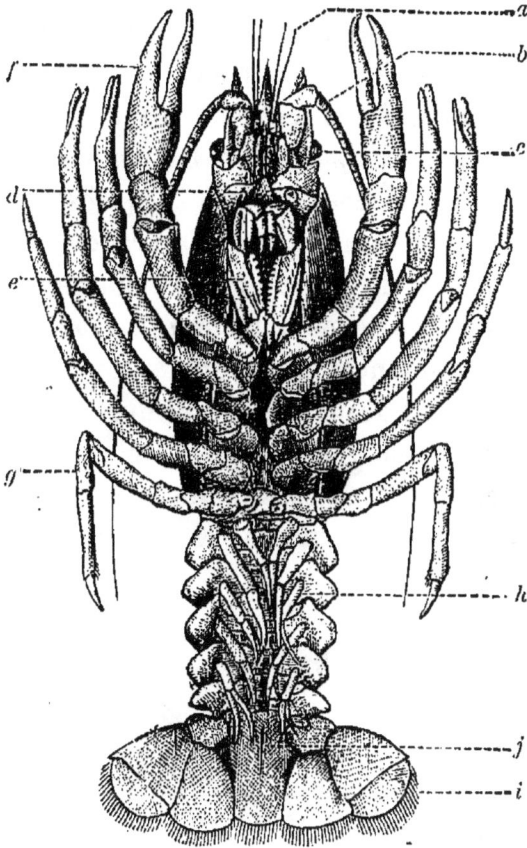

Fig. 419. — Écrevisse (1).   Fig. 420. — Appareil masticateur (2).

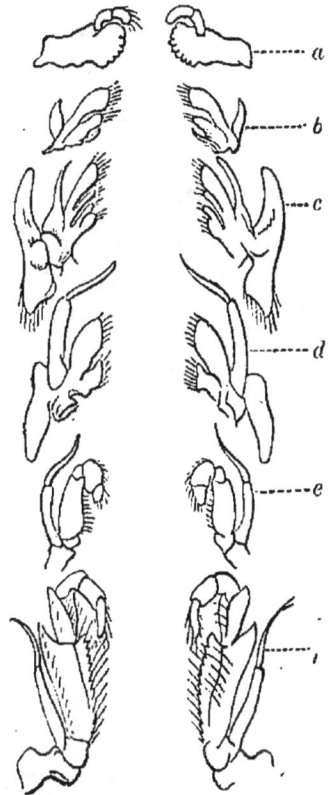

aliments et sont chez l'Écrevisse au nombre de 6 paires; ils
varient par leur forme et par leur mode de fonctionnement,

(1) L'Écrevisse vue en dessous : — a, antennes de la première
paire ; b, antennes de la deuxième paire ; c, yeux ; d, tubercule auditif ; e, pattes-mâchoires externes ; f, pattes thoraciques de la première
paire; g, pattes thoraciques de la cinquième paire ; h, fausses pattes
abdominales ; i, nageoire caudale ; j, anus.
(2) Les six paires de membres qui composent l'appareil masticateur
de l'Écrevisse isolées : a, mandibules ; b, c, première et deuxième
paires de mâchoires ; d, e, f, les trois paires de mâchoires auxiliaires
ou pattes-mâchoires.

ceux de la première paire constituent une sorte de pince broyeuse très forte et sont désignés sous le nom de mandibules ; ceux des deux paires suivantes servent principalement à soulever les aliments pendant que les mandibules les dévorent ; enfin ceux des trois dernières paires ressemblent davantage à des pattes, ils s'avancent au-dessus des précédents, ce sont des organes préhenseurs, on les appelle des *Pieds-mâchoires*. Le nombre de ces organes buccaux est le même chez les Crabes et chez presque tous les autres Podophthalmaires, mais n'est pas aussi grand chez les Edriophthalmaires ; chez ceux-ci il n'y a qu'une seule paire de pieds-mâchoires, les deux paires de membres qui chez la plupart des Podophthalmaires constituent la seconde et la troisième paire de pieds-mâchoires devenant des pattes thoraciques. Mais le nombre total des membres demeure seulement le même dans ces deux groupes de crustacés, et il en résulte que le nombre de leurs pattes varie. Chez l'Écrevisse de même que chez les Crabes et presque tous les autres Podophthalmaires on en compte

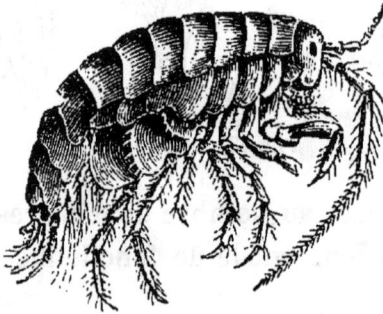

Fig. 421. — Talitre.

Fig. 422. — Anilocre.

cinq paires, et à raison de cette circonstance on a donné au groupe naturel formé par ces animaux le nom de DÉCAPODES, tandis que chez les Édriophthalmes ou *Tétradécapodes* il y en a sept paires (fig. 421). Les membres abdominaux sont ordinairement au nombre de six paires et constituent des fausses pattes, c'est-à-dire des appendices semblables à des pattes, mais ne servant pas à la locomotion, tantôt d'autres organes. Enfin chez tous les Crustacés dont je viens de parler les pattes thoraciques sont susceptibles de servir à la marche, mais chez d'autres Crustacés moins bien organisés que les précédents et désignés sous le nom commun d'Entromostracés il n'y a que des pattes natatoires ou des pattes ancreuses impropres à la marche.

§ 218. Les **Décapodes** constituent deux groupes principaux savoir : 1° Les Crabes ou *Décapodes brachyures*, dont l'abdomen

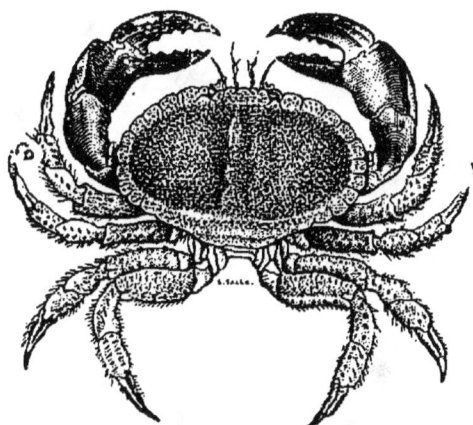

Fig. 423. — Crabe tourteau.

petit et mince se trouve reployé sous le thorax et ne sert pas à la locomotion (fig. 423) ; 2° les Écrevisses, les Langoustes et les Crevettes ou Salicoques dont l'abdomen, très grand, est terminé par une nageoire en éventail qui est un organe de natation très puissant appelé à tort la queue de ces animaux, ce sont les *Décapodes macroures* (fig. 424). Enfin il y a un groupe intermédiaire, le groupe des *Décapodes anomoures* caractérisé par un mode exceptionnel d'organisation de cette partie postérieure du corps et dont une des familles, celle des *Pagures* ou *Bernards-l'hermite*, à abdomen mou, établit sa demeure dans des coquilles vides que ces animaux transportent partout avec eux.

Chez les Décapodes les branchies dépendantes du thorax

sont cachées sous la carapace, mais il y a aussi des Podophthalmaires qui respirent à l'aide de branchies en panaches

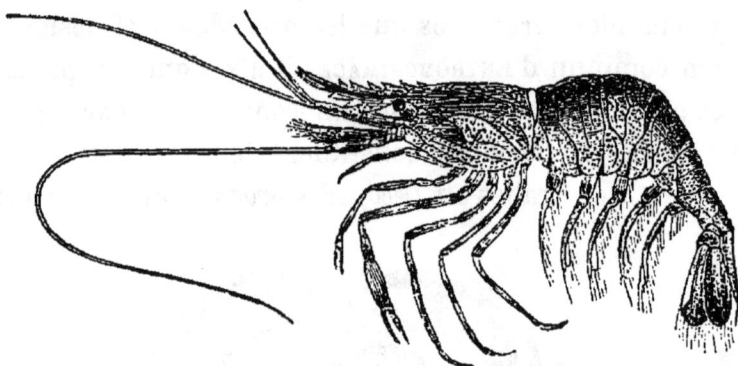

Fig. 424. — Palémon ou Crevette.

suspendues extérieurement sous l'abdomen ; ce sont les Squilles
dont deux espèces se trouvent dans la Méditerranée près de

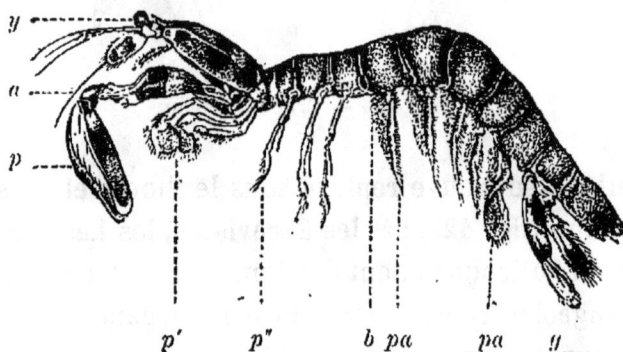

Fig. 425. — Squille (1).

nos côtes (fig. 425). Chez les Edriophthalmes et chez les Entomostracés les organes de la respiration sont également exté-

(1) *y*, yeux; *a*, antennes ; *p*, pattes de la première paire; *p'*, pattes
des trois paires suivantes; *p''*, pattes thoraciques des trois dernières
paires; *pa*, fausses pattes abdominales; *b*, branchies; *g*, nageoire
caudale.

rieurs, mais souvent ils font défaut et la peau en tient lieu.

Les Crustacés sont donc des animaux articulés dont le mode général d'organisation est approprié essentiellement à la vie aquatique. Cependant quelques-uns d'entre eux habitent à terre

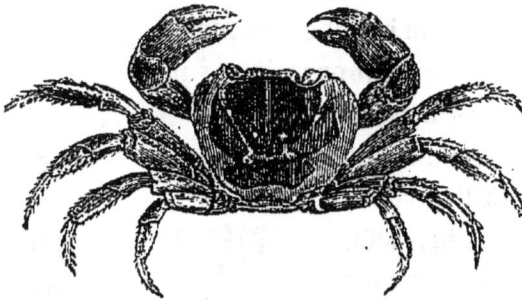

Fig. 426. — Gécarcin ou Crabe de terre.

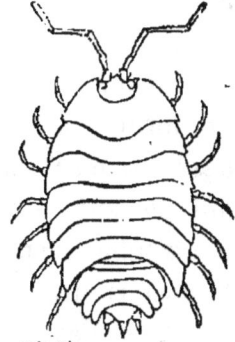

Fig. 427. — Cloporte.

dans des lieux humides ; ainsi, aux Antilles, au Brésil et dans quelques autres contrées il y a des Crabes terrestres appelés *Gécarcins* ou *Tourlourous* (fig. 426), et certains Edriophthalmes ont des habitudes analogues, notamment les *Cloportes* (fig. 427), qui par leur conformation extérieure ressemblent beaucoup à des Insectes.

§ 219. La plupart des **Entomostracés** sont de très petite taille. Dans nos eaux douces il en existe beaucoup qui sont désignés communément sous le nom de *Puces aquatiques* et appelés *Mo-*

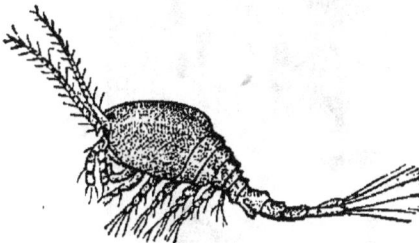

Fig. 428. — Cyclope.

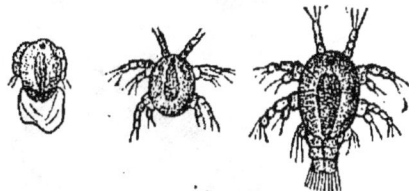

Fig. 429. — Larves de Cyclope.

nocles par les naturalistes parce que leurs deux yeux sont confondus entre eux de façon à ne constituer qu'un petit organe oculiforme unique, situé au milieu du front, disposition qui a valu à l'une des espèces de ce genre le nom de *Cyclope* (fig. 426).

D'autres Entomostracés ont la carapace replayée en forme de coquille bivalve, les *Cypris*, par exemple, et un grand nombre de petits Crustacés de cette division dont la conformation est parfois très bizarre, ont la bouche organisée en forme de suçoir et vivent en parasites sur des Poissons ; tels sont les *Lernées* qui portent leurs œufs dans de longs tubes suspendus à l'extrémité postérieure du corps (fig. 430).

§ 220. Les Crustacés sont tous ovipares et plusieurs de ces animaux ont au moment de l'éclosion à peu près leurs formes définitives ; mais beaucoup d'autres subissent

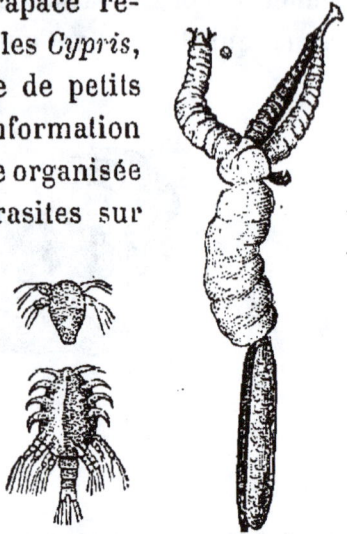

Fig. 430 — Larve de Lernée.

Fig. 431. — Lernée.

dans le jeune âge des métamorphoses si considérables que pendant très longtemps les naturalistes ont considéré les larves et

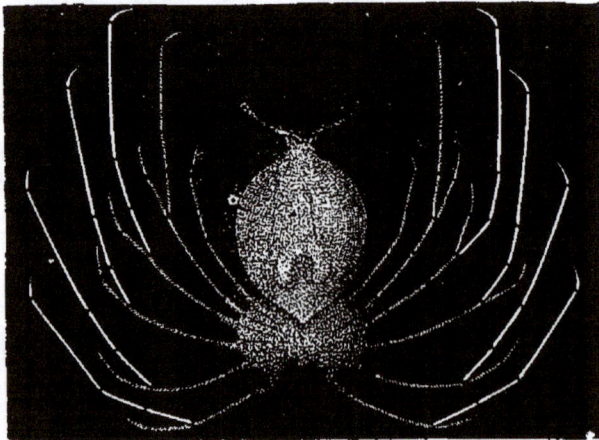

Fig. 432. — Larve de Langouste.

les individus adultes comme étant des animaux d'espèces différentes. Ainsi les Langoustes en naissant ont le corps de forme

lamelleuse, l'abdomen extrêmement petit et les yeux très
longs ; on les décrivait sous le nom de *Phyllosomes* (fig. 432)
sans soupçonner les liens de parenté qui les unissaient à ces
gros Macroures ; les Crabes, avant d'acquérir le mode d'organisation caractéristique des Brachyures, ont l'abdomen
conformé à peu près comme celui des Macroures et la carapace armée de grands prolongements spiniformes, on les
appelle alors des *Zoés* (fig. 433). Enfin les *Lernées* et les autres petits Crustacés parasites, dont les individus femelles

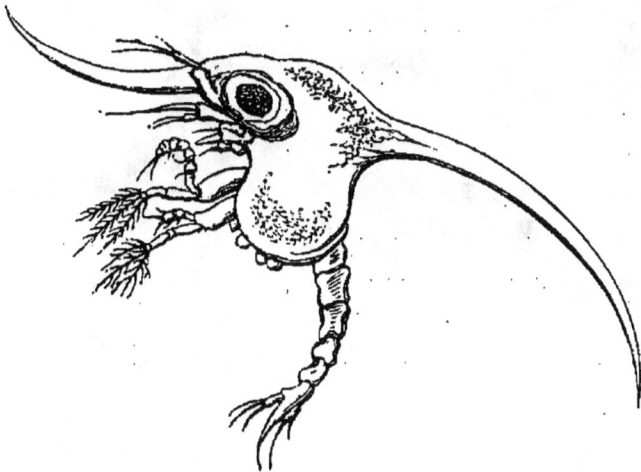

Fig. 433. — Larve d'un Crabe.

ont à l'état adulte des formes très singulières, n'ont en naissant rien qui les distingue notablement, ni des individus
mâles de leur espèce, ni des autres Entomostracés de même
âge (fig. 430).

§ 221. Les animaux appelés **Cirripèdes** ressemblent aussi
complètement aux Entomostracés ordinaires pendant qu'ils
sont à l'état de larves, et alors ils mènent en mer une vie errante ; mais plus tard ils se fixent à quelques corps étrangers
par la partie frontale de leur tête et subissent des transformations telles que pendant longtemps les zoologistes ont cru

qu'ils appartenaient à l'embranchement des Mollusques. En
effet, les uns appelés *Balanes* (fig. 434), après s'être fixés sur
des rochers, s'entourent d'une sorte de co-
quille qui a la forme d'un cone tronqué, et
les autres, appelés *Anatifes* (fig. 435), se revêtent d'une coquille bivalve dont chaque valve
est formée de plusieurs pièces et située à
l'extrémité d'un long pédoncule cylindrique.

Fig. 434. — Balane.

Fig. 435. — Anatifes suspendus à un morceau de bois flottant dans l'eau.

§ 222. Les Xyphosures ou Limules étaient rangés jadis dans
la classe des Crustacés; mais des recherches anatomiques très
récentes ont montré que ces singuliers animaux marins constituent un groupe spécial intermédiaire aux Arachnides et aux
Crustacés ordinaires (fig. 436).

Leurs membres céphalo-thoraciques entourent la bouche et

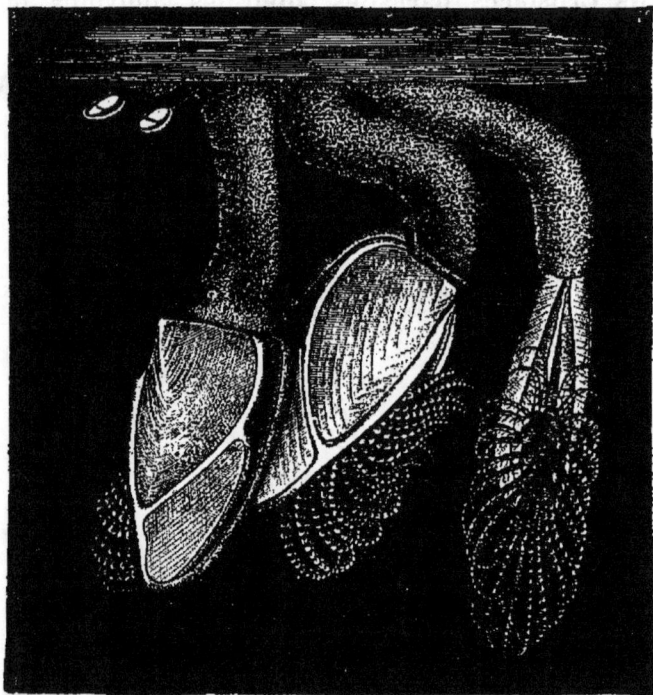

servent à la fois comme mâchoires, comme pinces et comme pattes ambulatoires (fig. 437). Ils habitent la côte est des

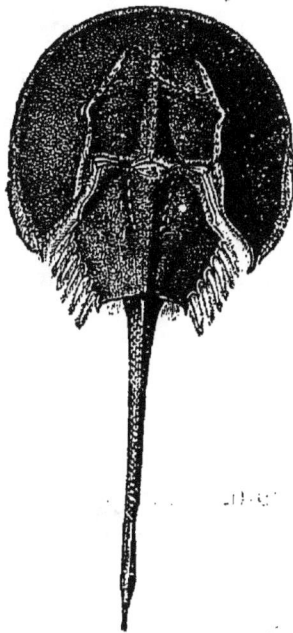

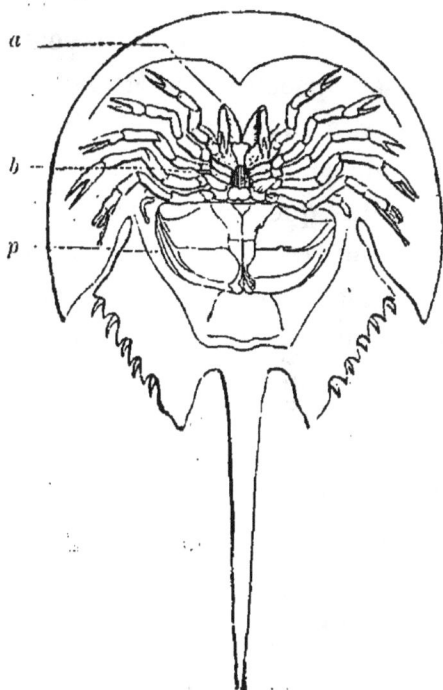

Fig. 436. — Limule.   Fig. 437. — Limule vue en dessous (1).

États-Unis et de l'Amérique septentrionale et les mers de la Chine.

SOUS-EMBRANCHEMENT DES VERS OU ANNELÉS

§ 223. Les Vers sont des animaux beaucoup moins bien organisés que les animaux articulés, mais dont le corps est en général conformé d'une manière analogue c'est-à-dire allongé, symétrique, ayant à ses extrémités opposées la bouche et l'anus et étant divisé par des sillons transversaux en une série de tronçons ou anneaux mobiles les uns sur les autres. Chez

(1) L'animal est vu en dessous : b, bouche ; p, pattes dont la base fait office de mâchoires ; a, appendices abdominaux portant les branchies ; q, stylet caudal.

les Vers les plus parfaits chacun de ces anneaux est muni d'une paire de pattes qui ressemblent beaucoup à celles des Chenilles, mais qui ne sont jamais constituées par une série de pièces solides articulées entre elles comme cela se voit chez les Insectes, les Myriapodes, les Arachnides et les Crustacés. Ces organes ne consistent qu'en un tubercule charnu armé de soies ou poils raides ; parfois même ils ne sont représentés que par des poils de ce genre, chez le *Lombric terrestre* (ou *ver de terre*), mais chez un très grand nombre de ces animaux annelés, il n'y a ni membres ni organes de locomotion, et c'est dans l'intérieur du corps d'autres animaux que ces vers vivent en parasites.

ANNÉLIDES.

§ 224. Les Annelés qui sont pourvus d'organes locomoteurs constituent la classe des ANNÉLIDES, et, ainsi que je le ferai voir dans une autre partie de ce cours, ils ont un système nerveux disposé à peu près comme celui des Insectes et des Myriapodes ; ils ont des vaisseaux sanguins et presque toujours du sang rouge, chose extrêmement rare chez les Invertébrés ; enfin ils n'habitent jamais dans l'intérieur d'autres animaux, et à quelques rares exceptions près ils vivent dans l'eau.

Les Annélides forment deux groupes naturels très distincts ; les uns sont pourvus de soies servant à la locomotion et insérées en général sur des pieds charnus en forme de mamelons, ce sont les *Annélides chétopodes* ; les autres n'ont rien de semblable, ils sont apodes mais ils se meuvent à l'aide de deux organes charnus en forme de cupules et faisant fonctions de ventouses, ce sont les Hirudinées ou *Sangsues*.

§ 225. La plupart des Annélides sétigères ou Chétopodes vivent dans la mer ; quelques espèces habitent les eaux douces, notamment les animaux filiformes appelés *Naïs* ; d'autres, les *Lombrics terrestres*, se tiennent enfouis dans la terre hu-

mide et comme les Naïs ils sont dépourvus de pieds charnus. De même que les Naïs, ces Vers de terre ont une faculté singulière lorsque leur corps a été coupé en deux ou en
plusieurs morceaux. Chaque tronçon isolé de la sorte peut
continuer à vivre et reproduire les parties qui lui manquent,
de manière à reconstituer un individu semblable à celui dont
il faisait partie ; c'est un mode de multiplication dont on connaît beaucoup d'autres exemples chez les Zoophytes.

§ 226. Les *Annélides apodes* qui sont dépourvus de soies et
dont la bouche ainsi que l'extrémité anale sont
conformées en manière de ventouses, sont quelquefois munis d'appendices membraneux servant
à la respiration, mais presque tous ne respirent
que par l'intermédiaire de la peau et constituent
une famille naturelle, celle des **Hirudinées**, dont
les *Sangsues* employées en médecine sont les principaux représentants (fig. 438). Ces Vers ont le
corps très contractile et nagent en le fléchissant
alternativement dans divers sens ; mais lorsqu'ils
veulent se mouvoir sur un corps solide ils se servent de leurs ventouses : ils se fixent d'abord par
leur extrémité puis s'étendent de manière à pouvoir prendre au loin un nouveau point d'appui au
moyen de leur ventouse antérieure ; cela fait ils
détachent de son point d'appui leur ventouse postérieure, se ramassent sur eux-mêmes et fixent
de nouveau cet organe sur la surface où ils se
meuvent ; les mêmes manœuvres se répètent, et
c'est en arpentant de la sorte qu'ils progressent.

Fig. 438.

Toutes les Hirudinées sont des animaux suceurs,
mais la plupart de ces vers n'ont pas la bouche armée de façon
à pouvoir entamer facilement la peau des animaux dont ils veulent sucer les humeurs et par conséquent ne peuvent pas être
employés en médecine pour déterminer des émissions sangui-

nes. Chez quelques espèces dont les zoologistes forment le genre *Hirudo* ou Sangsue proprement dite, la Sangsue médicinale par exemple, il en est autrement : un petit appareil sécateur situé au fond de la ventouse antérieure autour de l'orifice buccal est disposé de façon à pouvoir pratiquer à la peau humaine des incisions assez profondes pour laisser couler du sang avec facilité, et l'animal en exécutant ensuite des mouvements de déglutition pompe ce liquide de façon à déterminer une hémorrhagie souvent très abondante. Cet appareil consiste en trois petites mâchoires en forme de crête dont le bord est denticulé (fig. 439).

Les Sangsues vivent dans l'eau des marais, et elles étaient jadis très communes en France, particulièrement en Bretagne; mais par suite du grand emploi que les médecins en ont fait, elles ont presque complètement disparu chez nous, et pour s'en procurer un nombre suffisant, le commerce va les chercher en Hongrie ou même en Asie Mineure ; on en trouve aussi en Algérie, et depuis quelques années l'élevage de ces Hirudinées est

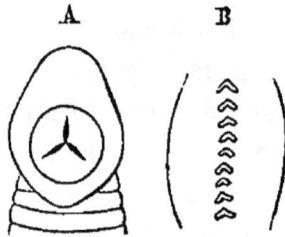

Fig. 439 (1).

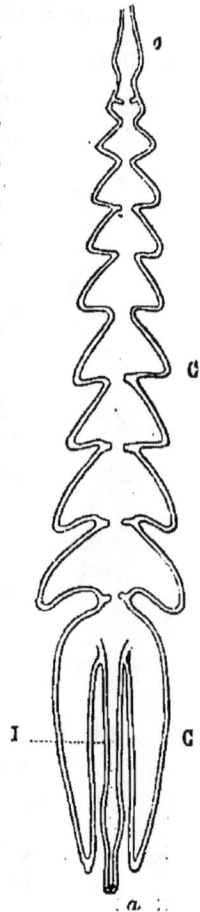

Fig. 440 (2).

devenu une branche spéciale d'industrie. Les Sangsues pondent des œufs qu'elles enveloppent ensuite dans une sorte de cocon et qu'elles enfouissent dans la vase ; les petites Sangsues qui en naissent ne sont pas difficiles à nourrir pendant les premiers

(1) A, ventouse orale de la Sangsue; B, denticules d'une mâchoire.
(2) Tube digestif de la Sangsue. *o*, Œsophage ; *c*, poches stomacales ; *i*, intestin; *a*, anus.

temps de leur vie, mais en grandissant elles ont besoin de beaucoup de sang et pour leur en fournir les éleveurs font souvent
entrer dans les étangs où elles habitent des chevaux trop
vieux pour pouvoir travailler, qu'elles saignent à outrance. A
cette pratique cruelle d'autres Hirudiculteurs ont substitué l'emploi de sacs en toile remplis de sang provenant des abattoirs,
et, aux environs de Bordeaux, cette industrie a acquis une certaine importance. Les Sangsues ne digèrent que très lentement
le sang dont elles remplissent leur estomac formé d'une série
de poches latérales (fig. 440), et afin de pouvoir utiliser plusieurs
fois les mêmes individus, on les fait dégorger dans de l'eau ;
mais il faut les y faire vivre pendant fort longtemps avant de
pouvoir s'en servir une seconde fois.

§ 227. On peut classer à la suite des Annélides le groupe
des ROTATEURS animalcules microscopiques que l'on confondait
jadis avec les Infusoires, mais qui ont les principaux caractères des animaux annelés. Ils doivent leur nom à des organes

protractiles situés
de chaque côté de
la tête et terminés
par un disque mem-
braneux , dont le

Fig. 441. — Rotifère.

bord est garni de cils vibratiles, filaments qui en battant
l'eau produisent l'apparence d'une roue en mouvement. L'un
de ces animalcules le *Rotifère des toits* (fig. 441), présente des
phénomènes de reviviscence analogues à ceux dont j'ai parlé
précédemment en traitant des Tardigrades.

VERS INTESTINAUX.

§ 228. Beaucoup de Vers vivent dans l'intérieur du corps d'autres animaux, soit dans la cavité digestive, soit dans la profondeur de diverses parties de l'organisme, et communément on les
désigne collectivement sous le nom de VERS INTESTINAUX ; mais

ces parasites diffèrent beaucoup entre eux par leur structure
intérieure, ainsi que par leur conformation générale, et les zoologistes les répartissent en plusieurs classes. On peut cependant
les rapporter à deux types principaux : les *Vers ronds* qui ressemblent à des Annélides chétopodes dépourvus de soies et dégradés
sous beaucoup d'autres rapports, et les *Vers plats* qui peuvent
être rattachés au type réalisé d'une manière plus parfaite par
les Hirudinées.

§ 229. Les Vers ronds constituent la classe des NÉMATOÏDES, et ex-

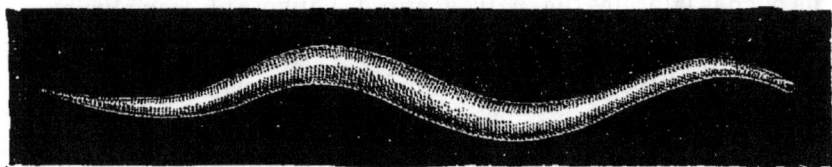

Fig. 442. — Ascaride.

térieurement ils ressemblent beaucoup aux vers de terre ; ils sont
à peu près cylindri-
ques, atténués aux deux
bouts, souvent très dis-
tinctements annelés et
pourvus d'un tube di-
gestif à deux orifices situés l'un à l'extrémité
antérieure, l'autre à
l'extrémité postérieure
du corps. Le *Strongle
géant* qui habite le rein
du cheval, le *Lombric in-*

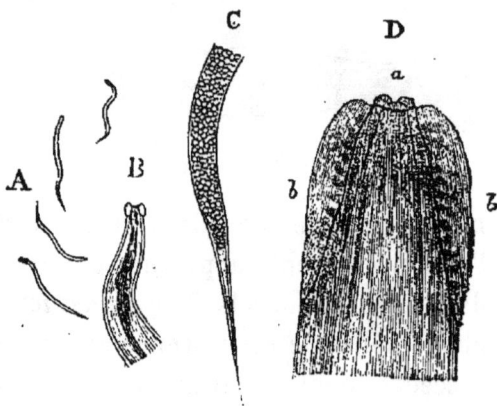

Fig. 443 (1).

testinal ou *Ascaride lombricoïde* (fig. 442) qui infeste le canal digestif
de l'Homme, les *Oxyures* qui pullulent parfois dans la partie inférieure de l'intestin des enfants et de certains animaux (fig. 443).

(1) *Oxyure vermiculaire.* A, l'animal représenté de grandeur naturelle ;
B, extrémité antérieure grossie ; C, extrémité postérieure grossie ; D,
tête très grossie ; *a*, les trois lobes buccaux ; *b*, renflements latéraux.

Il y a des petits Nématoïdes appelés *Filaires* qui passent la plus grande partie de leur existence dans l'intérieur du corps de divers Insectes, mais qui ne peuvent s'y reproduire et qui en sortent pour aller se cacher en terre ou pour vivre dans l'eau avant de devenir aptes à se multiplier. D'autres Vers filiformes sont au contraire aquatiques dans le jeune âge

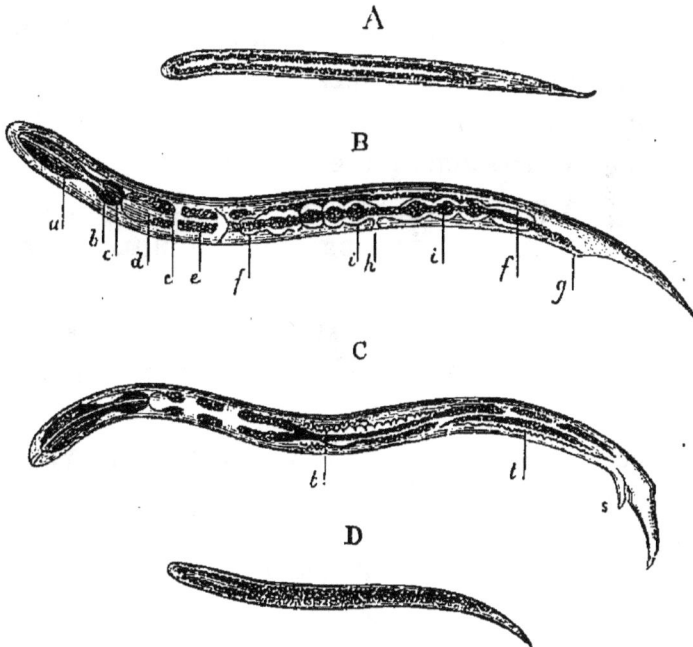

Fig. 444 (1).

et ne se reproduisent qu'après avoir pénétré dans le canal alimentaire de l'Homme où ils se multiplient avec une rapidité prodigieuse et déterminent par le seul fait de leur présence des maladies souvent mortelles. Un de ces parasites presque microscopique, l'*Anguillula stercoralis* (fig. 444), est très commun en Cochinchine, et il est la cause d'une espèce particulière de diarrhée à laquelle nos colons succombent souvent. Sa fécondité

(1) *Anguillula Stercoralis*. A, premier âge; B, femelle adulte; C, mâle adulte; D, embryon; *a*, *b*, *c*, œsophage; *d*, estomac; *e*, foie; *f*, *i*, œufs; *g*, anus; *s*, spicule.

est si grande que chez un malade observé récemment par un médecin de Saïgon, le nombre d'individus évacués dans l'espace de 24 heures a été évalué à cent mille. Les germes de ce parasite se trouvent dans l'eau employée comme boisson, et pour s'en préserver il est fort utile de la faire bien bouillir, car, en opérant, ainsi on tue tous les êtres vivants dont ce liquide peut être chargé.

Le *Dragonneau*, appelé aussi *Ver de Médine* ou *Ver de Guinée*, qui est commun dans quelques parties de l'Arabie et de l'Afrique, appartient à la même famille de Vers intestinaux. Il naît dans les eaux saumâtres et va se loger dans le corps humain, sous la peau ; là il se développe de façon à atteindre 60 ou 80 centimètres de long. Une multitude incalculable d'embryons se forment dans son intérieur, et lorsque ses petits sont prêts à naître ; il se fraie un chemin au dehors de façon que sa progéniture puisse se trouver dans le milieu qui lui convient.

Je citerai également ici une autre espèce de Ver filiforme appelée *Trichine* qui se loge souvent dans la chair des Cochons (fig. 445) et y reste sans s'y reproduire enfermé dans un petit sac membraneux ou kyste. Mais quand cette viande ainsi infestée est mangée par l'homme ou par un animal sans avoir été bien complètement cuite, les Trichines parvenues dans l'estomac sortent de leur kyste et bientôt pondent des myriades d'œufs d'où sortent de jeunes Trichines qui passent à travers

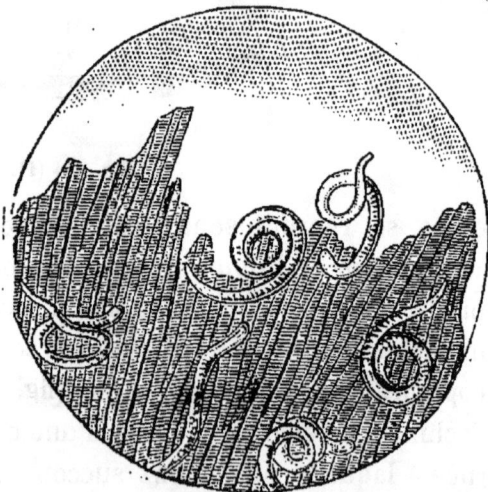

Fig. 445. — Trichines dans la chair (très grossies.)

les parois du tube digestif et vont se loger dans les muscles.
Quand ces Vers sont nombreux ils déterminent des accidents

graves et parfois la mort, bien qu'ils soient de
très petite taille et qu'ils ne puissent se voir
qu'avec une forte loupe ou un microscope
(fig. 446).

Enfin j'ajouterai que certaines *Anguil-
lules* attaquent d'une manière analogue
des plantes : ainsi le blé niellé est du

Fig. 446.

blé ordinaire altéré par la présence des parasites de ce
genre que la dessiccation ne tue pas et que l'addition d'un
peu d'eau ramène à la vie active même après qu'ils sont restés ainsi pendant plusieurs mois dans un état de mort apparente.

§ 230. Les Vers plats sont plus nombreux et plus variés ;
ils constituent même plusieurs classes bien distinctes, dont
deux se composent de parasites fort semblables aux Nématoïdes par leur manière de vivre ; mais très différents par leur
structure intérieure.

L'un de ces groupes est la classe des Vers intestinaux appelés Trématodes. Ce sont des animaux pourvus de ventouses
comme les sangsues, mais dont un seul de ces organes est
en relation avec l'appareil digestif et dont le nombre varie.
Leur intestin se termine en cul-de-sac et leurs ventouses, à
l'exception de celle au fond de laquelle se trouve la bouche,
sont seulement des organes de fixation.

Les *Trématodes polycotylés*, c'est-à-dire les Vers qui ont à la
partie postérieure de leur corps, une, deux ou plusieurs ventouses, ne subissent pas de métamorphoses et sont bisexués.
Ceux chez lesquels il n'y a qu'une seule ventouse postérieure,
laquelle est située vers le milieu de la face inférieure du
corps, sont hermaphrodites, et constituent la famille des
Distomaires ; après leur sortie de l'œuf, ils subissent des changements très remarquables.

Un des animaux de cette famille est la *Douve* (fig. 447) ou Fasciole (*Distoma hepaticum*) qui vit en parasite dans le foie du Mouton et même parfois dans le foie de l'Homme. Son histoire naturelle n'est pas encore complètement connue. Mais une autre espèce de la même famille, le *Monostome variable*, a été le sujet d'observations très curieuses.

Ce Ver vit dans l'intestin du Canard et de plusieurs autres oiseaux d'eau et il pond des œufs dont naissent des animalcules microscopiques qui ont le corps couvert de cils vibratiles et nagent librement dans l'eau d'alentour ; ils ont été pris d'abord pour des Infusoires (fig. 448, *b*). Bientôt ces petits êtres

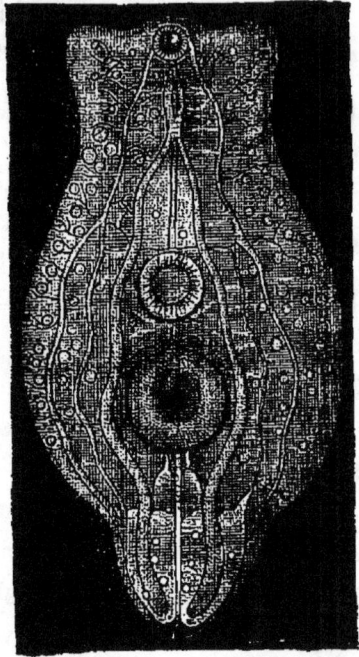

Fig. 447. — Douve.

appelés des *Proscolex* produisent dans l'intérieur de leur corps un nouvel individu ayant la forme d'un sac et rempli de petits organismes qui sont autant d'embryons. Ce produit désigné sous le nom de *Scolex*, sort du corps où il a pris naissance et va se loger dans la cavité respiratoire d'un Mollusque d'eau douce telle qu'une Lymnée ou un Planorbe. Là le Scolex passe l'hiver et donne naissance à beaucoup d'animalcules qui ne lui ressemblent pas, qui sont pourvus d'une longue queue natatoire et sont connus depuis longtemps sous le nom de *Cercaires*. Ces Cercaires devenus libres se mettent à nager, puis s'attaquent au Mollusque qui les héberge en perforant sa peau, vont se loger dans la profondeur de ses organes et là s'enkystent, c'est-à-dire se renferment dans un sac membraneux comparable à une coque. Dans son nouveau gîte, le Cer-

caire reste longtemps immobile et subit des métamorphoses ;
son appareil digestif se dévoloppe et sa queue disparaît, mais
il n'y arrive jamais à l'état parfait et ne devient apte à se reproduire qu'après avoir changé encore une fois de résidence ;
ce . qui arrive seulement lorsque le Mollusque dans lequel

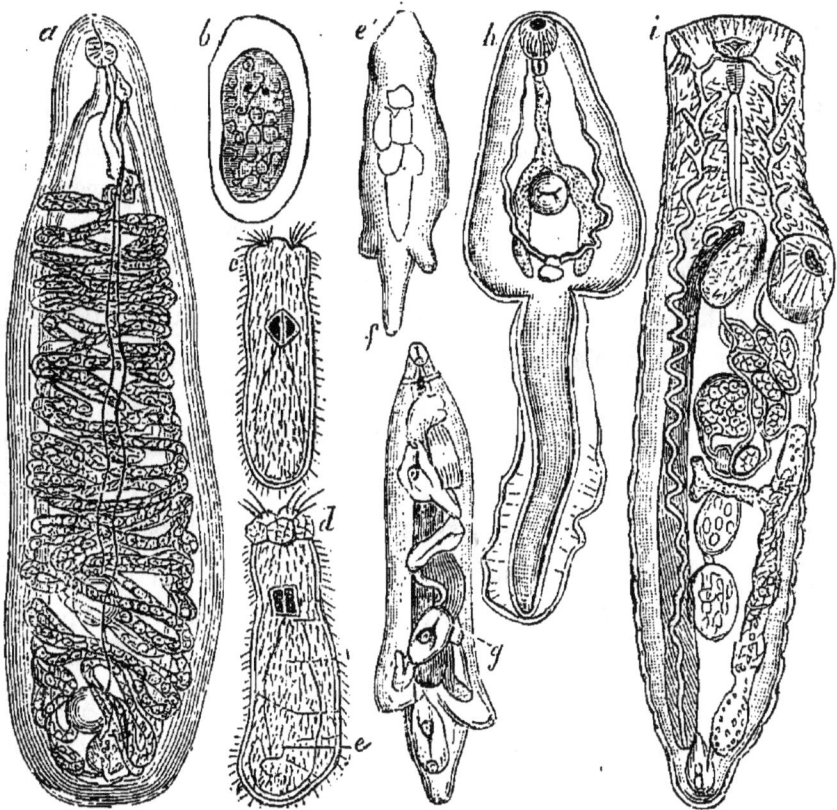

Fig. 448. — Distomiens (1).

il se trouve a été avalé par un Canard ou quelqu'autre oiseau
aquatique et digéré dans l'estomac de cet animal vertébré. Le

(1) Distomiens à différents états. *a*, un Monostome à l'état parfait;
b, un des œufs du même ; *c*, proscolex de l'œuf ; *d*, le même renfermant un scolex (*e*) en voie de développement ; *e'*, scolex libre ; *f*, scolex de Distome renfermant des Cercaires (*g*) en voie de développement; *h*, un Cercaire libre ; *i*, le même après sa transformation en
Distome.

parasite mis ainsi en liberté est un Monostome semblable par sa forme au Trématode dont il descend, mais encore inapte à se multiplier, et c'est seulement après avoir vécu un certain temps dans l'intestin de l'oiseau qu'il achève son développement. Ainsi les générations qui se suivent ne se ressemblent pas, et le type propre à l'individu-souche n'est réalisé de nouveau que par les descendants des descendants de celui-ci. On appelle *générations alternantes* ces séries d'êtres de formes différentes qui sont engendrés les uns par les autres et qui font retour au type primitif après avoir passé par des modes d'organisation différente. Le changement subi par le Cercaire en devenant Monostome est une métamorphose analogue à celle qu'éprouvent les Têtards et les Chenilles avant de devenir Grenouilles ou Papillons, mais la production d'une foule de Cercaires par le Scolex est un phénomène d'un autre ordre qui a tous les caractères d'une véritable reproduction.

Les Douves ne sont pas les seuls animaux à générations alternantes ; ce mode de propagation existe non seulement chez beaucoup d'autres Vers, mais aussi chez certains Molluscoïdes et chez quelques Zoophytes dont j'aurai bientôt à parler (Voyez p. 373 et 374). C'est un phénomène dont les naturalistes n'avaient pas connaissance au commencement du siècle actuel et dont la découverte est d'une grande importance pour la physiologie générale.

§ 231. La classe des Cestoïdes ou Vers rubannés se compose de parasites qui, dans le jeune âge, sont constitués par une vésicule membraneuse remplie d'eau et portant un petit tubercule céphalique armé de crochets et de ventouses. Dans cet état les Cestoïdes sont désignés sous le nom de *Cysticerques* (fig. 449) et ils sont très communs dans l'intérieur du corps des Lapins, des Souris et de quelques autres animaux, mais tant qu'ils restent dans des stations de ce genre ils ne se multiplient pas et, pour arriver à l'état parfait, il faut qu'ils changent de résidence, ainsi que cela arrive lorsque leur hôte vient à être dévoré par un autre animal. Parvenus dans l'estomac de celui-ci et mis là en liberté par la digestion de la substance alimentaire dans laquelle ils sont enfouis, ils s'accrochent aux parois du tube intes-

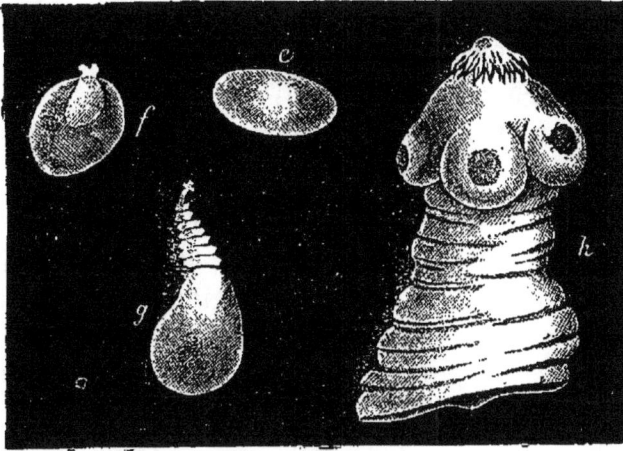

Fig. 449. — Cysticerques (1).

tinal; leur vessie disparaît et l'espèce de pédoncule qui unissait

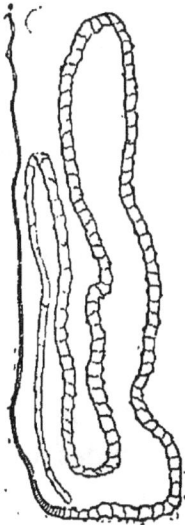

Fig. 450. — Tænia.

ce sac à la tête du parasite s'allonge rapidement en produisant par une sorte de bourgeonnement une série nombreuse de tronçons plats, qui repoussent successivement en arrière leurs aînés auxquels ils restent unis pendant fort longtemps. Le Cysticerque se transforme ainsi en un long ruban annelé appelé *Tænia* (fig. 450) et chaque segment de ce Ver plat, organisé à peu près comme le sont les Trémadodes, peut être considéré comme un individu zoologique né du Cysticerque, car il se remplit d'œufs et, arrivé à maturité, se détache sans avoir de relations avec le Cysticerque dont il descend et dont le travail reproducteur continue. Ces articles ovifères appelés *Cucurbitains* sont expulsés au dehors par l'anus et tombent à terre ; les œufs contenus

(1) *e*, vésicule du Cysticerque ; *f*, tête sortant de la vésicule ; *g*, Cysticerque complétement développé; *h*, tête du même grossie.

dans leur intérieur se développent alors et donnent naissance
à une nouvelle génération de petits vers qui vivent d'abord sur
l'herbe et pénètrent ensuite dans le tube digestif de divers quadrupèdes lorsque ceux-ci broutent les plantes infestées de la
sorte et là, en se développant, deviennent des Cysticerques
semblables aux Vers vésiculaires dont j'ai parlé ci-dessus.

Les Tænias qui habitent très communément l'intestin des
Chiens sont produits de la sorte, et un autre Cestoïde du même
genre, le *Ver solitaire* (*Tænia solium*), qui se développe parfois
dans l'intestin de l'Homme, a une origine analogue ; car à l'état

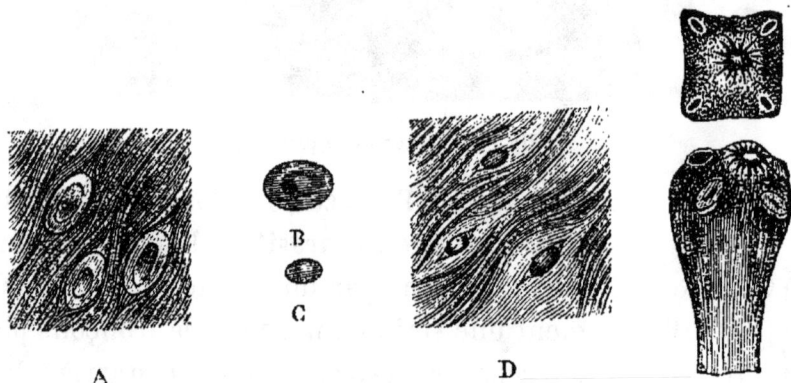

Fig. 451 (1). Fig. 452 (2).

de Cysticerque il infeste la chair du Cochon (fig. 451), et lorsque
de la viande ainsi peuplée est introduite dans notre estomac les
parasites logés dans sa substance s'en dégagent, s'accrochent
aux parois de l'intestin au moyen d'une couronne de petits crochets aigus et de quatre ventouses (fig. 452) et se transforment
en un Tænia dont la longueur peut être de plusieurs mètres.

Les *Bothriocéphales* ressemblent beaucoup aux Tænias, mais
leur tête est plus allongée, elle manque de crochets et elle est
pourvue de quatre sillons longitudinaux ; enfin l'orifice de sor-

(1) A, viande fraîche de porc farcie de Cysticerques ; B, Cysticerque
isolé ; D, viande salée et séchée ; C, Cysticerque isolé.
(2) Tête de Ver solitaire grossie, montrant les ventouses et la couronne de crochets.

tie des œufs est placé sur la ligne médiane du corps (fig. 453) au lieu d'être percé sur le côté comme chez les Tænias. Le Bothriocéphale habite souvent l'intestin de l'Homme.

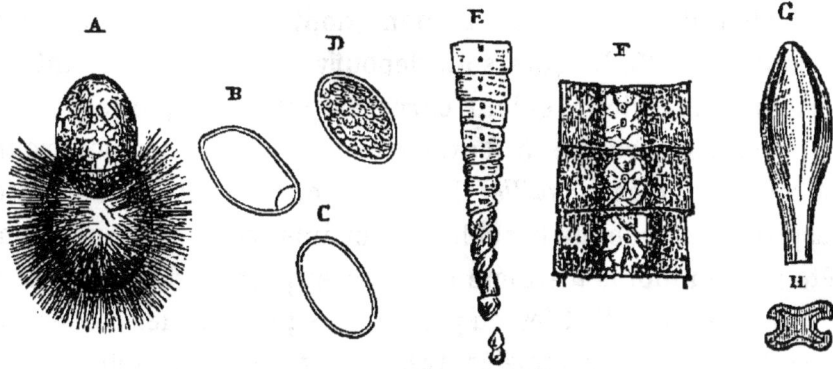

Fig. 453. — Bothriocéphale (1).

Beaucoup d'autres Vers intestinaux effectuent des migrations et passent, par exemple, du corps d'un Poisson dans celui d'un Oiseau, d'un Quadrupède ou d'un Homme. Mais chacune des espèces de parasites de cette classe de même que celles appartenant à d'autres groupes de Vers intestinaux ne peuvent prospérer que dans l'organisme des animaux d'une certaine sorte, de façon que ceux-ci ont des parasites qui leur sont propres.

Je dois ajouter qu'il y a aussi des Vers plats qui, au lieu d'habiter dans l'intérieur du corps des animaux, vivent dans l'eau et qui présentent dans leur mode d'organisation des particularités à raison desquelles les naturalistes les rangent dans une autre classe. Les *Planaires*, qui sont très communs dans les eaux douces, sont de ce nombre ; mais leur histoire naturelle ne présente pas assez d'importance pour être exposée ici.

EMBRANCHEMENT DES MOLLUSQUES

§ 232. Cette grande division du règne animal se compose

(1) A, embryon ; B, C, D, œufs ; E, fragment terminal du corps ; F, trois anneaux ; G, tête ; H, coupe de la tête.

d'Invertébrés dont le corps n'est pas divisé en une série de tronçons comme chez les Annelés et dont la bouche et l'ouverture de l'anus sont en général fort rapprochées entre elles, au lieu d'être situées aux extrémités opposées du corps, ainsi que cela a lieu dans l'embranchement dont l'étude vient de nous occuper. Les Mollusques sont dépourvus de squelette, tant intérieur qu'extérieur, et leur corps est mou quoique le plus ordinairement protégé à l'extérieur par une sorte de croûte calcaire appelée *coquille*. Presque tous vivent dans l'eau et respirent à l'aide de branchies. Les uns sont pourvus d'une tête plus ou moins distincte du tronc et portant des yeux ainsi que des organes tactiles ou préhensiles ; ce sont les *Mollusques céphalés*, les autres, appelés *Acéphales*, n'ont pas de tête et n'ont pas d'organes spéciaux pour la locomotion.

Les Mollusques céphalés se divisent en deux classes principales d'après le mode de constitution de leur appareil locomoteur : la classe des *Céphalopodes* et la classe des *Gastéropodes*.

§ 233. Les CÉPHALOPODES sont de tous les Mollusques les plus parfaits et, ainsi que leur nom l'indique, leur tête est munie d'organes moteurs qui tiennent lieu de pieds ; mais ces appendices servent aussi pour l'exercice du toucher et pour la préhension des corps étrangers, de sorte qu'on les appelle indifféremment des pieds, des bras ou des tentacules.

Les principaux représentants de cette classe sont les Poulpes, les Seiches et les Calmars, animaux marins qui ne sont pas rares sur nos côtes et chez lesquels les bras ou tentacules, très allongés et très contractiles, sont munis de ventouses à l'aide desquelles ils peuvent adhérer fortement aux corps sur lesquels ils s'appliquent. Ces appendices charnus sont disposés en couronne autour de la bouche et par conséquent lorsque le Mollusque s'en sert pour ramper, c'est sur sa tête qu'il marche.

Les Céphalopodes dont les tentacules sont organisés de la sorte ont été désignés sous le nom de *Céphalopodes acétabulifères* à cause des ventouses dont ils sont pourvus, et on les appelle aussi les *Céphalopodes di-branchiaux* parce qu'ils n'ont qu'une paire de branchies, tandis que chez d'autres Mollusques de la même classe ces organes respiratoires sont au nombre de quatre. Leur tête est pourvue d'yeux fort grands et d'une structure analogue à celle de l'œil humain ; leur bouche est armée d'une paire de mâchoires cornées dont la forme rappelle celle d'un bec de Perroquet ; leur corps est contenu dans une espèce de sac charnu constitué par un prolongement de la peau du dos appelée *manteau*. Ce sac est ouvert en avant sous la gorge et communique là avec un entonnoir par lequel sort l'eau qui a servi à la respiration ; enfin ces animaux produisent en grande abondance une matière noirâtre appelée *encre* qu'ils rejettent au dehors par l'organe tubulaire dont je viens de parler. En général ils n'ont pas de coquille, mais un des animaux de ce groupe appelé l'*Argonaute* est pourvu d'une enveloppe calcaire de ce genre qui n'adhère pas à son corps et qu'il retient à l'aide de deux de ces disques dont l'extrémité est élargie en forme de pavillon.

§ 234. Les **Poulpes**, appelés quelquefois par les pêcheurs des *Pieuvres*, ont huit bras très puissants ; leur corps est trapu et arrondi postérieurement, et quelques-uns d'entre eux sont de très grande taille.

Les Seiches et les **Calmars** (fig. 454) ont une paire de tentacules surnuméraires (par conséquent cinq paires de ces organes) et leur corps plus allongé est garni latéralement d'une paire de nageoires situées

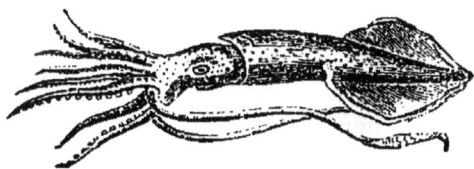

Fig. 454. — Calmar commun.

à l'arrière. Enfin ces Céphalopodes à dix bras sont pourvus d'une sorte de coquille intérieure située sur le dos, appelée *plume* chez les Calmars où elle est de consistance cornée, et *os* chez les Seiches où elle est plus développée et composée principalement de chaux carbonatée.

L'encre de la Seiche est employée dans la peinture et constitue la substance appelée *Sépia*. L'encre de Chine de bonne
qualité est une matière de provenance analogue ; mais les Chinois en fabriquent beaucoup avec du noir de fumée.

La plupart des Céphalopodes, mais surtout les *Calmars*, ont la
peau ornée de petites taches diversement colorées qui s'étalent
ou disparaissent alternativement suivant que les vésicules
contenant la matière colorante se dilatent ou se contractent.

§ 235. Les **Nautiles** sont des Céphalopodes tétrabranchiaux

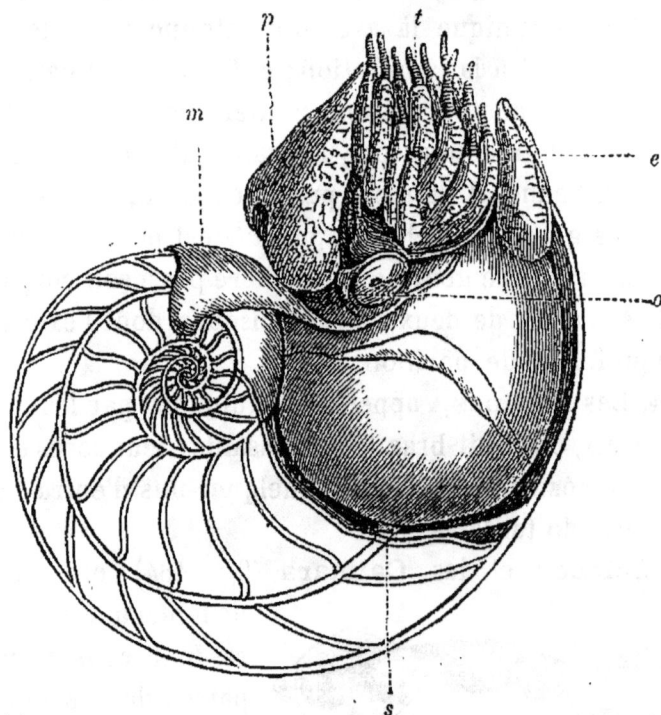

Fig. 455. — Nautile (1).

dont les tentacules sont dépourvus de ventouses et multidigités.
Ils sont logés dans une coquille enroulée sur elle-même et divisée en une série de chambres, dont la dernière seulement renferme le corps du Mollusque (fig. 455). Ces animaux étaient très

(1) Dans cette figure on a représenté la coquille ouverte : *t*, les tentacules ; *c*, l'entonnoir ; *p*, le pied ; *m*, portion du manteau ; *o*, œil ;
s, siphon.

abondants à de certaines époques géologiques, mais ils ne vivent aujourd'hui que dans les grandes profondeurs de l'Océan Pacifique.

§ 236. Les GASTÉROPODES ont pour organe locomoteur un disque appelé *pied*, situé sous le ventre, en général étendu horizontalement et approprié à la reptation (fig. 456), mais chez quelques-uns de ces Mollusques qui sont essentiellement nageurs, ce disque est dirigé verticalement en

Fig. 456. — Limace des étangs (Limnée).

forme de rame. La tête porte les yeux qui sont très petits, deux ou plusieurs tentacules contractiles et l'appareil buccal. Le dos est couvert par un manteau cutané qui très souvent se prolonge en haut et en arrière en forme de sac conique contourné en spirale ; les viscères sont logés dans ce sac et en général la surface extérieure est recouverte par une coquille calcaire simple, en forme de bouclier ou de cornet. La coquille fait défaut

Fig. 457. — Testacelle (Gastéropode de la famille de Limaces).

chez quelques-uns de ces Mollusques et chez d'autres, où elle est très petite, elle est plus ou moins complètement cachée sous la peau (fig. 457), mais en général elle est assez grande pour que l'animal puisse s'y cacher en entier, et chez plusieurs Mollusques de cette classe un disque calcaire qui est situé sur la partie postérieure du pied est disposé de façon à clore complètement l'entrée de la coquille quand l'animal se contracte, on l'appelle l'*opercule*.

La plupart des Gastéropodes vivent dans l'eau et respirent à l'aide de branchies qui tantôt sont extérieures (fig. 458) et fixées sur le côté du corps entre le pied et le bord du manteau, tantôt sont cachées dans une cavité située sur la partie antérieure du dos de l'animal sous un prolongement du manteau. Mais quelques-uns de ces Mollusques sont terrestres et respirent au moyen d'un poumon placé de la même manière ; les *Limaçons* ou Escargots et les *Limaces*, par exemple. L'air pénètre dans leur poche pulmonaire par un orifice situé sur le côté droit du cou, sous le bord du manteau, et le tube digestif disposé en forme d'anse dans la cavité abdominale vient déboucher dans cet appareil respiratoire ainsi que l'appareil urinaire et l'appareil producteur des œufs ; ce poumon n'a aucune relation avec la bouche et peut être comparé au cloaque de la plupart des Vertébrés ovipares.

§ 237. Les MOLLUSQUES ACÉPHALES, les *Huîtres*, par exemple, ont un manteau qui est fixé sur la face dorsale de leur corps, qui descend de chaque côté en manière de voile et qui produit la coquille. Celle-ci, au lieu d'être formée d'une seule

Fig. 458. — Éolide.

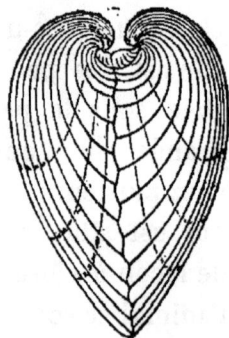

pièce comme chez la plupart des Gastéropodes, constitue deux boucliers ou *Valves* (fig. 459) réunis entre eux par une charnière dorsale et disposés de manière à s'écarter l'un de l'autre lorsqu'ils sont abandonnés à eux-mêmes, ou à se rapprocher lorsque les muscles qui les réunissent se contractent. Il faut donc que l'animal fasse un effort pour fermer la boîte formée par les deux Valves de sa coquille, et, lorsqu'il meurt, celle-ci reste bâillante. Chez l'Huître, la portion abdominale du corps est

Fig. 459.

petite et ne constitue pas un organe musculaire susceptible de servir à la locomotion (fig. 460), mais chez la plupart des Acé-

phales elle est très charnue inférieurement et forme une
espèce de pied protractile au moyen des mouvements duquel
l'animal peut, en poussant contre le sol, se déplacer un peu ;
mais c'est seulement pendant les premiers temps de la vie
qu'il peut aller au loin en nageant. L'Huître, à l'état de larve,
peut de même que les autres Mollusques changer ainsi de lieu
de résidence en battant l'eau avec les cils vibratiles dont sont
garnies les expansions cutanées de son corps ; mais bientôt
ces rames microscopiques cessent d'exister ou ne peuvent

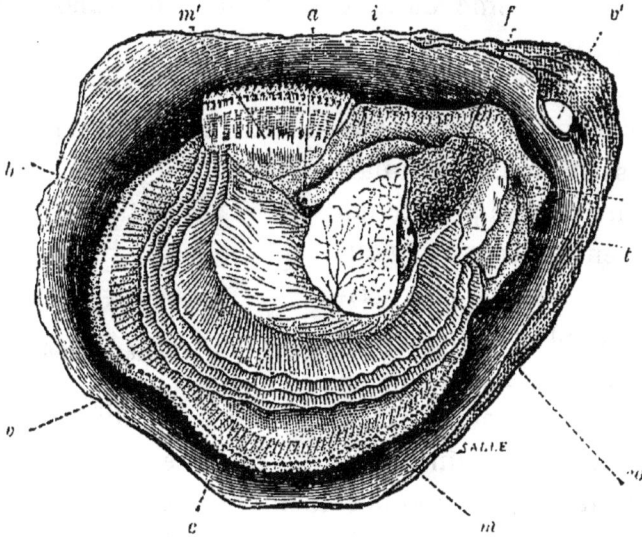

Fig. 460. — Anatomie de l'Huître [1].

servir qu'à établir des courants à la surface du corps, et les
Acéphales deviennent tous sédentaires. L'Huître de nos côtes
fournit un aliment sain et agréable. Aussi a-t-on cherché à
favoriser sa multiplication. La culture des huîtres constitue
une véritable industrie à laquelle on donne le nom d'Ostréi-
culture et qui a pris depuis quelques années un grand développement. Autrefois on se bornait à aller arracher sur les

(1) v, l'une des valves de la coquille ; v', charnière ; mm', manteau ;
c, muscles de la coquille ; br, branchies ; b, bouche ; t, tentacules labiaux ; f, foie ; i, intestins ; a, anus ; co, cœur.

rochers les Huîtres qui y vivaient naturellement ; aujourd'hui
on transporte ces animaux dans des bassins appelés *parcs* et
disposés de façon à assurer leur conservation et leur engraissement. On recueille avec soin les jeunes larves d'Huître en
leur fournissant des retraites ou des surfaces sur lesquelles
elles puissent se fixer. Aussi grâce à ces précautions le nombre des huîtres augmente-t-il toujours malgré l'énorme consommation que l'on en fait.

Beaucoup d'Acéphales vivent dans des trous creusés dans
le sable ou même dans des roches sous-marines, et certains d'entre eux ont une partie du bord de leur manteau
prolongée en forme de tubes qui leur permettent de puiser
au dehors l'eau nécessaire à leur existence (fig. 461). Ils se
nourrissent tous d'animal-
cules microscopiques tenus
en suspension dans l'eau qui
les entoure, et ils font arriver ce liquide à leur bouche
ainsi qu'à leurs branchies à

Fig. 461. — Telline.

l'aide de mouvements exécutés par des cils filiformes et microscopiques dont la surface de ces organes est garnie. Les branchies sont de grands voiles membraneux situés entre la face
intérieure du manteau et la portion abdominale du corps.

Comme exemple de Mollusques de cette classe, je citerai
non seulement les Huîtres, mais aussi les Anodontes qui vivent dans les eaux douces, les Moules, les Pholades, les Tarets
et beaucoup d'autres Mollusques marins.

Les *Moules* vivent aussi sur nos côtes, mais au lieu de se
fixer directement sur les rochers au moyen de leur coquille
comme les Huîtres, elles s'attachent au corps sous-marins à
l'aide de filaments brunâtres et très solides que l'on appelle le
Byssus. Les pêcheurs vont arracher les moules quand la marée
est basse, mais, prises dans cet état, elles ne sont jamais très
estimées ; il faut, pour favoriser leur développement, les trans-

porter dans des espèces de parcs appelés *Bouchots*, formés par
des palissades à claire voie, que l'eau de la mer baigne facilement. Ces mollusques se fixent sur les clayonnages et y deviennent très gras. C'est principalement sur les côtes de la
Charente-Inférieure que l'on cultive ainsi les Moules. Ces animaux déterminent parfois, quand on les mange, des accidents
qui simulent un empoisonnement. Ces accidents sont probablement dus à des substances que contenait l'estomac de la
Moule et qui sont ingérées avec elle.

Les *Pholades* vivent sédentaires dans des trous qu'elles percent ordinairement dans des pierres tendres, et les *Tarets*
taraudent d'une manière analogue le bois. Parfois ils perfo-
rent de la sorte la coque des navires, et en Hollande ils ont
plus d'une fois causé des inondations désastreuses en détruisant les portes d'écluses, la charpente des barrages et des di-
gues marines que les habitants des Pays-Bas sont obligés
d'élever pour s'opposer aux envahissements de la mer.

La coquille des Acéphales ainsi que celle des autres Mollusques est produite par le manteau et
se développe par couches superpo-
sées. La substance en est constituée
presque uniquement par du carbonate de chaux, et sa face interne est
souvent revêtue d'une couche dont
la structure est différente de celle de
ses parties superficielles et dont l'é-
clat est remarquable ; on l'appelle
nacre, et les perles naturelles ne sont
que de petits tubercules constitués

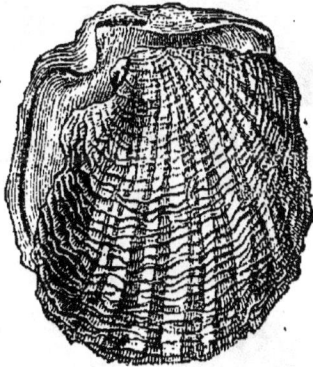
Fig. 462. — Aronde perlière.

par cette matière et développés entre le manteau et la coquille (1).
On en trouve souvent chez les Anodontes, mais elles ne sont
abondantes et grosses que chez des Mollusques de la famille des
Huîtres appelés *Arondes perlières* ou *Pintadines* (fig. 462). Ces ani-

(1) Nous avons indiqué (p. 248) quelle était la nature des perles fausses.

maux vivent au fond de la mer dans divers parages, notamment
sur les côtes de Ceylan et près du littoral ouest du Mexique où
ils sont l'objet d'une pêche active pratiquée par des plongeurs.

Certains Gastéropodes qui vivent sur des rochers sous-marins et qui sont connus sous le
nom d'*Haliotides* ou *Ormiers* et
qui sont univalves (fig. 463), ont
la surface intérieure de leur
coquille tapissée d'une couche
épaisse de nacre qui est souvent irisée d'une manière ma-

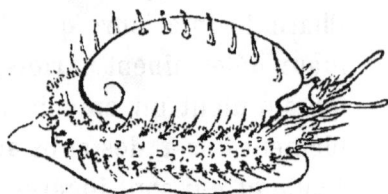

Fig. 463. — Ormier.

gnifique. Sur nos côtes rocheuses, il y a beaucoup d'Haliotides,
mais leur coquille n'est pas richement nacrée, comme celle
des espèces du même genre provenant des mers tropicales.

§ 238. D'autres animaux d'une structure plus simple se rat-

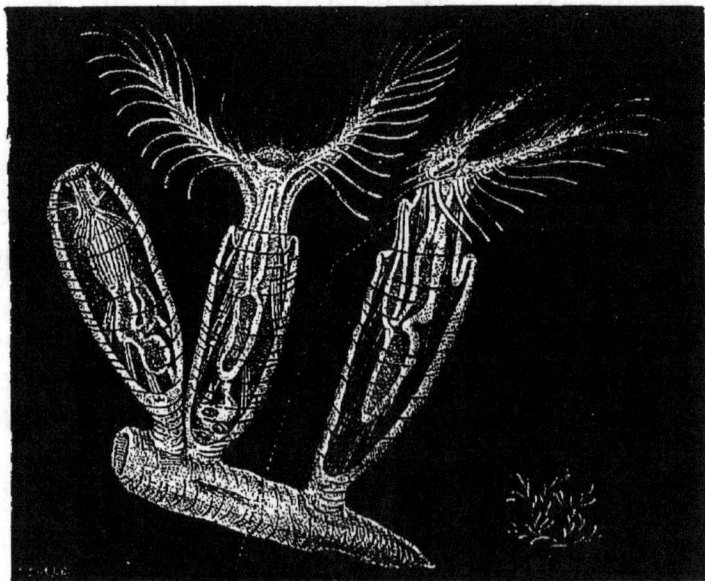

Fig. 464. — Plumatelles.

tachent à la classe des Acéphales et ont été désignés sous le
nom de MOLLUSCOÏDES ; ce sont d'une part les **Tuniciers**, d'au-

tre part les **Bryozoaires**. Les premiers comprennent les *Salpas* ou Biphores, animaux pélagiques chez lesquels le premier exemple des générations alternantes a été constaté, et les *Ascidies* qui vivent réunies en colonie sur les varechs et autres corps sous-marins et y forment souvent par leur réunion des rosaces d'une grande élégance. Les *Bryozoaires* sont également de petits animaux aquatiques qui vivent fixés de la même manière et qui ont la bouche entourée d'une couronne de tentacules filiformes à bords ciliés. On en trouve dans les eaux douces aussi bien que dans la mer, et, pour distinguer leur mode de conformation, l'emploi du microscope est nécessaire.

EMBRANCHEMENT DES RAYONNÉS

§ 239. Tous les animaux que j'ai passés en revue jusqu'ici sont formés principalement de parties paires disposées d'une manière plus ou moins symétrique des deux côtés d'une ligne médiane, longitudinale, droite ou courbe. Mais il y en a d'autres dont les différents organes sont disposés circulairement autour d'un axe central à l'un des pôles duquel se trouve la bouche et dont la structure est de la sorte radiaire, par exemple les Étoiles de mer et les Anémones de mer (Voy. fig. 14 et 15).

Ces animaux sont désignés aussi sous le nom de **Zoophytes**, parce que beaucoup d'entre eux ressemblent à des plantes couvertes de fleurs et que jadis on croyait qu'ils étaient seulement des végétaux.

Cet embranchement se compose de deux groupes principaux ; celui des *Échinodermes* et celui des *Cœlentérés*, mais on y rattache ordinairement des êtres dont la structure est encore moins parfaite, les *Animalcules infusoires* et les *Spongiaires*.

GROUPE DES ÉCHINODERMES.

§ 340. Les **Échinodermes** ont des téguments très résistants, coriaces ou d'une consistance presque pierreuse qui circonscrivent une grande cavité dans laquelle se trouvent suspendus le tube digestif, le sac qui parfois en tient lieu et les autres viscères. Cette enveloppe est perforée par des pores sanguins en séries radiaires et donnent passage à de petits appendices tubulaires terminés par une ventouse et servant à la locomotion. Enfin la surface est en général hérissée d'épines, de baguettes calcaires ou de prolongements coriaces de forme conique.

Les *Astéries* ou *Étoiles de mer*, les *Holothuries*, et les *Oursins* ou *Échinides* appartiennent à cette classe.

§ 241. Les **Holothuries** sont de forme à peu près cylindrique

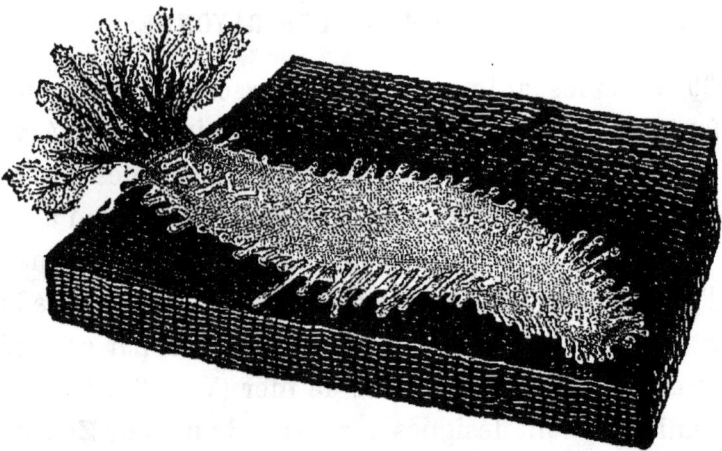

Fig. 465. — Holothurie.

(fig. 465); les parois de leur corps sont coriaces et garnies d'un bout à l'autre par cinq rangées de tentacules ambulatoires ; la bouche en occupe l'extrémité antérieure, l'anus est à l'extrémité opposée. Le premier de ces orifices est entouré d'une couronne de tentacules branchus et rétractiles qui servent à la respiration, mais, chez la plupart de ces animaux, la plus grande partie du travail respiratoire s'effectue au moyen d'un appareil tubulaire et arborescent qui reçoit l'eau dans son intérieur par l'intermédiaire de l'anus et qui est souvent rejeté au dehors ainsi que l'intestin lorsque la Holothurie se contracte violemment. Une petite espèce de Holothurie blanchâtre se trouve dans la Manche, et d'autres espèces de couleur noirâtre sont communes dans la Méditerranée. Une autre espèce propre aux mers de l'extrême Orient et appelée *Trépang* est très recherchée par les Chinois comme aliment.

Enfin des animaux très voisins des Holothuries, mais dépourvus de l'appareil aquifère dont je viens de parler, sont remarquables à raison de l'existence d'une multitude de crochets mobiles en forme d'ancres qui garnissent la surface de leur corps ; on les désigne sous le nom de *Synaptes*.

§ 242. La famille des Échinides ou *Oursins* se compose d'ani-

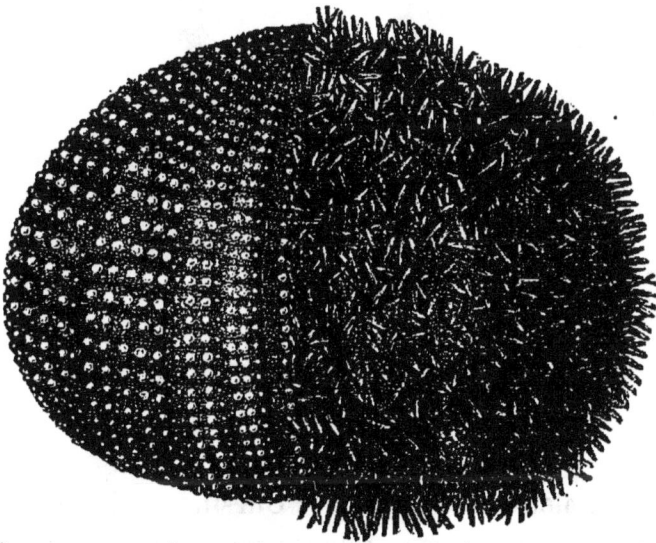

Fig. 466. — Oursin.

maux plus ou moins globuleux (fig. 466), dont le système tégumentaire est formé de plaques calcaires réunies entre elles par leurs bords de façon à constituer une sorte de coque dont la surface extérieure est hérissée d'une multitude d'épines ou de baguettes calcaires articulées sur autant de tubercules et mobiles. Cette coque, comme la peau des Holothuries, est traversée par des tentacules ambulatoires rétractiles, très extensibles et terminés chacun par une petite ventouse. La bouche occupe le centre de la surface inférieure du corps, et chez beaucoup de ces animaux cet orifice est muni d'un appareil maxillaire très complexe. L'anus est situé tantôt au pôle opposé du corps de l'animal, au centre de l'espèce de rosace formée par l'appareil ambulacraire dont je viens de parler, tantôt à un point plus rapproché de la bouche et dont la position varie dans les différents genres.

§ 243. La famille des STÉLLÉRIDES a pour principaux représentants les ASTÉRIES ou *Étoiles de mer* (fig. 467), animaux rayonnés dont le corps est revêtu d'une espèce de squelette calcaire

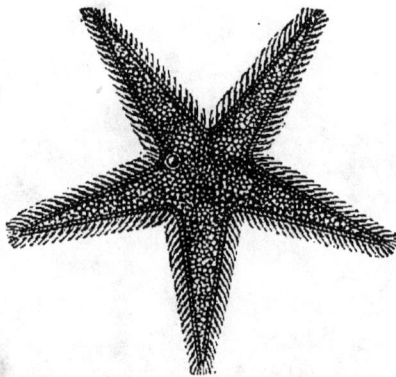

Fig. 467. — Astérie.

moins complet que la coque des Oursins, mais constitué d'une manière analogue, et se prolonge périphériquement en rayons au nombre de cinq ou davantage. Ces rayons sont tantôt simples, tantôt rameux et varient quant à leur structure. En général il n'y a pas d'anus.

Chez quelques-uns de ces animaux radiaires une longue tige en connexion avec le pôle opposé à la bouche et fixée au sol par son extrémité opposée leur sert de support. Dans le genre *Comatule*, ce pédoncule n'existe que pendant le jeune âge, mais chez les *Encrines* il est persistant et se compose d'une série de disques calcaires empilés en colonne (fig. 468). Une espèce de ce dernier genre habite les parties très profondes de la mer

des Antilles et était représentée très abondamment à une époque géologique fort reculée.

Les Astéries ont à la face inférieure de chaque rayon un

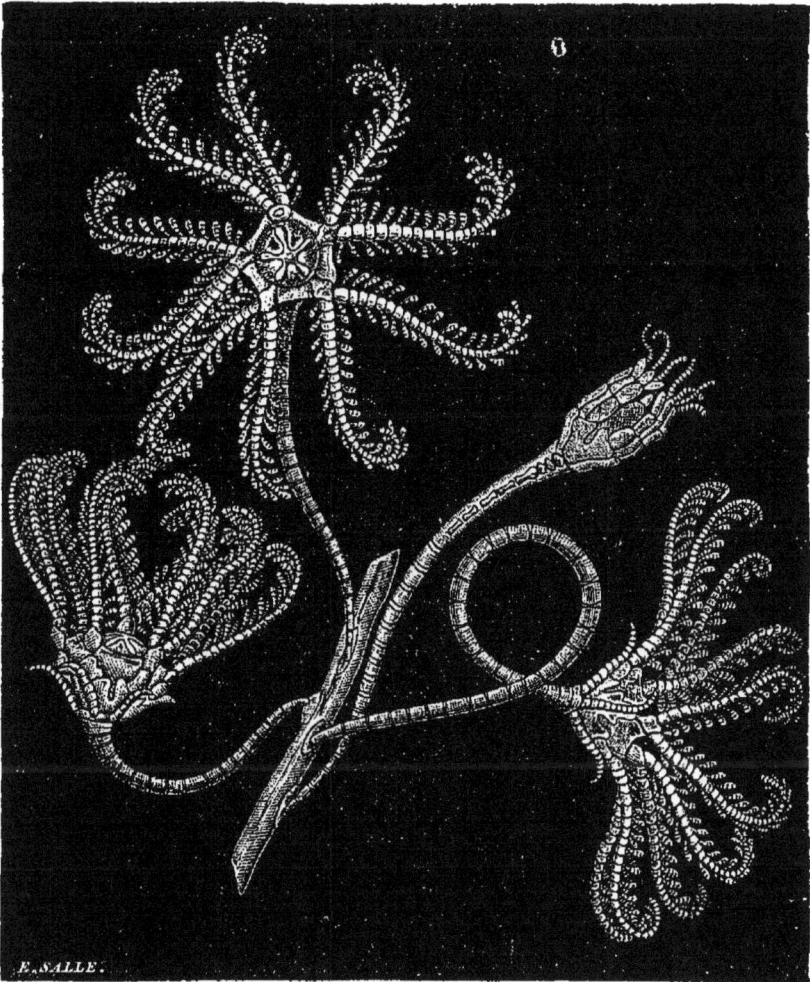

Fig. 468. — Encrines.

sillon longitudinal contenant une multitude de tentacules
ambulacraires semblables à ceux des Échinides. Chez les Stellé-
rides du groupe des Ophiures, ces rayons sont serpentiformes
et dépourvus de tentacules ; chez les Comatules et les Encrines,
ils sont rameux.

Il est aussi à noter que les rayons de la plupart de Stellé-
rides sont très fragiles, mais se reproduisent facilement. Les
Étoiles de mer, qui sont extrêmement communes sur nos côtes,
sont souvent mutilées de la sorte et en voie de réparation.

GROUPE DES COELENTÉRÉS.

§ 244. Les animaux radiaires dont cette division se compose
n'ont pas de cavité viscérale, et leur estomac ainsi que ses
dépendances est creusé directement dans la substance de leur
corps. La bouche occupe l'une des extrémités de l'axe de ce
corps et il n'y a pas d'anus ; la cavité stomacale se termine en
cul-de-sac et est, en général, subdivisée radiairement en loges
ou en un système de canaux souvent ramifiés. Il est aussi à
noter que la plupart de ces animaux marins déterminent sur
notre peau une sensation analogue à celle résultant du contact
d'une ortie, et que l'urtication est produite par des petites vésicules microscopiques contenant un fil enroulé en spirale et
susceptible de se dérouler en dehors, ces capsules ont reçu le
nom de *Nématocystes*, et c'est leur filament qui, en s'attachant
à la peau, détermine l'urtication. Ces animaux constituent deux
sections : celle des *Acalèphes* et celle des *Coralliaires*.

SOUS-CLASSE DES ACALÈPHES.

§ 245. Les **Acalèphes** sont des animaux dimorphes (ou à
générations alternantes de formes différentes) à l'état parfait,
ils se reproduisent au moyen d'œufs et sont conformés pour
la natation. Leur corps est alors de consistance presque gélatineuse et la peau extérieure est entièrement membraniforme.

Les plus importants à connaître sont les Méduses ; elles ont à
peu près la forme d'un champignon, étant arrondies en dessus et
concaves en dessous comme une cloche ; leur bouche occupe le
centre de la concavité formée par leur face inférieure et est en

général entourée de tentacules. La cloche ou *Ombrelle* est contractile et constitue un organe de natation dont le bord est souvent frangé ou garni de longs appendices filiformes (fig. 469).

L'espèce la plus connue sur nos côtes présente une anoma-
lie singulière ; l'ouverture buccale, qui chez les Méduses ordinaires se trouve au centre du faisceau formé par les grands

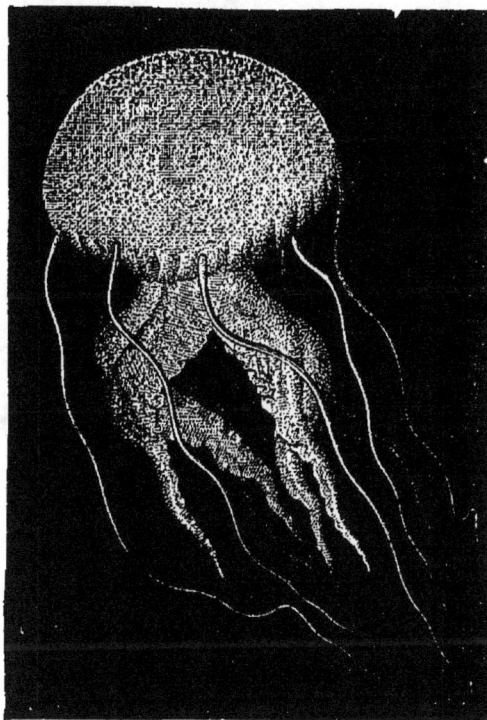

Fig. 469. — Méduse (Pélagie).

Fig. 470. — Méduse (Rhizostome).

tentacules ou bras, fait complètement défaut, et l'estomac
communique avec l'extérieur au moyen de pores situés sur
les bords de ces appendices ; disposition qui a valu à ces animaux le nom de *Rhizostomes* (fig. 470).

Les œufs pondus par quelques-uns de ces singuliers animaux nageurs donnent naissance à des animalcules ovoïdes,
dont le corps est cilié pendant la première période de leur vie,
et qui nagent avec agilité au moyen de leurs appendices fili-

formes, mais qui ne tardent pas à se fixer sur quelques corps sous-marins et à se développer de façon à prendre la forme d'une coupe pédonculée et à bord frangé (fig. 471), puis cet être se subdivise en une série de disques superposés dont les bords se garnissent de filaments tentaculaires. Un peu plus tard, ces

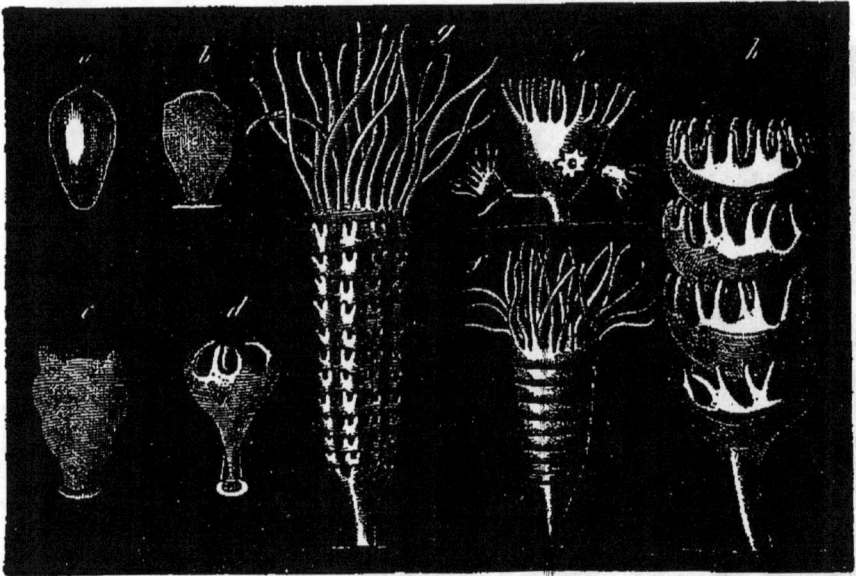

Fig. 471 (1).

rondelles se séparent entre elles et chacun des tronçons ainsi constitués, en se développant, devient une jeune Méduse.

D'autres Médusaires se multiplient d'une manière un peu différente, lorsqu'elles sont à l'état campanuliforme. Au lieu de se multiplier en se divisant en tranches, le jeune animal, après s'être revêtu d'une gaine épidermique de consistance cornée, produit sur divers points de sa surface des bourgeons qui, en se développant, deviennent autant de clochettes à bords tentaculifères, et, en se détachant, se transforment en Méduses.

(1) Développement d'une Méduse discophore. a, larve; b, c, états successifs de la larve quand elle s'est fixée; d, larve passant à l'état de Scyphistome; e, f, g, états successifs du Scyphistome jusqu'au moment où il se segmente pour constituer (h) les Méduses.

Sous sa première forme il constitue les Zoophytes marins
désignés sous le nom de *Sertulariens* (fig. 472), animaux dont
les relations de parenté avec les Acalèphes étaient inconnues il
y a un demi-siècle et dont le mode de conformation ne diffère

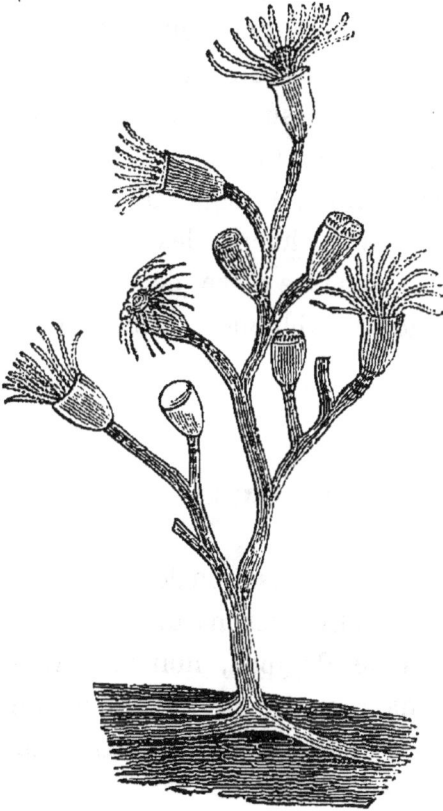

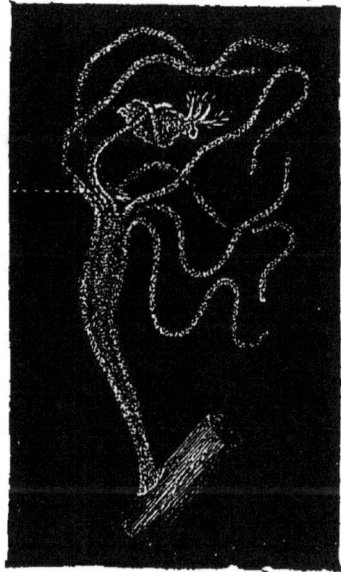

Fig. 472.   Fig. 473. — Hydre (1).

que peu de celui d'un animalcule d'eau douce appelé *Polype à*
bras ou *Hydre*, mais dont la progéniture ne change pas de forme.

L'histoire physiologique de ce petit être est des plus curieuses ;
sa structure est très simple, il a la forme d'un doigt de gant
dont l'extrémité tronquée serait garnie de tentacules très contractiles disposés en couronne autour de l'orifice buccal (fig. 473).

(1) Hydre se tenant suspendue à une plante aquatique et s'emparant
d'un animalcule microscopique pour l'ingérer dans son estomac.

L'estomac terminé en cul-de-sac occupe toute la longueur
du corps et le Polype y introduit les animalcules dont il fait
sa proie ; ils y sont promptement digérés, et le résidu qu'ils
laissent est expulsé au dehors par l'ouverture unique qui
remplit les fonctions d'un anus aussi bien que d'une bouche ;
mais, chose plus singulière, cet estomac peut être retourné
sans que l'Hydre cesse de digérer sa proie, car la nouvelle
cavité limitée par la peau ainsi renversée digère aussi bien
que l'estomac naturel. Enfin ce Polype présente une autre
particularité encore plus remarquable ; lorsqu'il a été coupé
en deux ou en plusieurs morceaux, chacun des fragments
ainsi séparés entre eux continue à vivre et se développe de
manière à constituer un individu semblable à celui dont il
faisait primitivement partie.

SOUS-CLASSE DES CORALLIAIRES.

§ 246. Avant de connaître le mode d'organisation des Zoophytes
aussi bien qu'on le connaît aujourd'hui, les naturalistes con-
fondaient sous le nom commun de Polypes, non seulement
les Sertulariens et les Hydres, mais aussi les Actinies ou Anémones de mer, les Madréporaires et tous les autres animaux
dont se compose la sous-classe des *Coralliaires*.

Ceux-ci n'ont pas une structure aussi simple, leur estomac
n'est pas un sac à parois lisses, c'est une cavité dont la péri-
phérie est garnie d'un nombre plus ou moins considérable de
cloisons verticales au bord intérieur desquelles sont attachés des tubes où naissent les œufs ; la bouche n'est pas une
ouverture seulement, ses bords se prolongent intérieurement de manière à constituer un tube vestibulaire dont
l'extrémité inférieure débouche dans la cavité générale,
qui fait office d'estomac ; enfin les tentacules circumbuccaux,
au lieu d'être des filaments, sont creusés d'un canal en com-

munication avec l'espèce d'estomac dont je viens de parler.

Chez beaucoup de ces Zoophytes les cloisons membraneuses qui font saillie dans l'intérieur de la cavité stomacale et qui sont visibles au dehors par la transparence des parties adjacentes du corps de l'animal, ne sont qu'au nombre de huit ; il en est de même des tentacules, et ces appendices circumbuccaux sont frangés sur les bords. Le groupe ainsi caractérisé constitue l'ordre des *Alcyonaires*.

Chez les autres Coralliaires appelés *Zoanthaires* les tentacules sont simples ou rameux et en nombre très considérable ainsi que les cloisons circumgastriques.

§ 247. Je prendrai comme premiers exemples du groupe des Zoanthaires, les **Actinies** ou *Anémones de mer*, dont plusieurs espèces abondent sur nos côtes (fig. 15). Ces animaux, dont la couche tégumentaire est plus ou moins coriace, mais pas rigide, ont la forme d'un cylindre dont la base s'attache aux rochers ou s'enfonce dans le sable, et dont les disques supérieurs percés au centre par la bouche sont bordés par plusieurs cercles de tentacules contractiles. Ces animaux, désignés collectivement sous le nom de *Zoanthaires malacodermes*, sont colorés en général très brillamment en vert, en rouge ou jaune, et ressemblent beaucoup à des fleurs lorsqu'ils sont épanouis.

Chez d'autres Zoophytes de la même section, au contraire, les parois du corps se solidifient dans toute leur portion basilaire de façon à constituer une gaine de consistance pierreuse appelée *polypier* (fig. 474), dans l'intérieur de laquelle

Fig. 474.

l'animal peut, lorsqu'il se contracte, rentrer tout entier. On désigne ordinairement sous le nom de *Polypes* la portion supérieure du corps du Zoophyte qui n'est pas consolidée de la sorte et qui ressemble à une fleur lorsqu'elle se déploie au dehors (fig. 475), mais c'est à tort que jadis on considérait cette partie comme un animal distinct habitant dans l'intérieur

Fig. 475. — Polypes du genre Astroïde.

du polypier ; les deux choses font partie d'un même organisme.

Ces *Zoanthaires sclérodermes* constituent le groupe des MADRÉPORAIRES et jouent un rôle considérable dans la nature, car ils construisent souvent au sein de la mer des récifs ou des îles.

Les Coralliaires à polypier se multiplient de deux manières : d'abord au moyen d'œufs dont naissent des larves nageuses qui peuvent aller au loin fonder de nouvelles colonies, puis au moyen de bourgeons qui ne se détachent pas du corps de l'individu-souche, mais vivent et se reproduisent sur place de façon à constituer des polypiers agrégés, tantôt arborescents, tantôt massifs, dont la valeur augmente de génération en génération. Les agrégats ainsi formés meurent par la base à mesure qu'ils s'accroissent par leur partie supérieure, et leur substance est composée essentiellement de chaux carbonatée.

Les Madréporaires sont rares dans nos mers, mais ils abondent dans diverses parties de la zone intertropicale et y forment des agrégats immenses, qui tantôt bordent les côtes, d'autres fois s'élèvent en forme de coupe au sein de l'Océan (fig. 476). Lorsque les colonies formées par ces zoophytes sont arrivées à la surface de la mer, elles cessent de s'élever et leur surface battue par les vagues se transforme en un terrain calcaire sur lequel germent et se développent bientôt les graines des plantes apportées par les vents et par les flots, ou contenues dans les fientes des

Fig. 476. — Ile de corail.

oiseaux granivores. Les récifs d'abord stériles se couvrent ainsi d'une végétation souvent fort riche, et c'est de la sorte que la plupart des îles basses de l'océan Pacifique ont pris naissance.

Les polypiers produits par les Madréporaires ont des formes

Fig. 477.

très variées, mais presque toujours chacune des loges ainsi constituées se termine par une sorte de coupe radiée intérieurement et contenant souvent un très grand nombre de cloisons verticales qui partent de sa muraille ou paroi externe en se dirigeant vers son axe où la plupart de ces lames calcaires s'unissent entre elles (fig. 474 et 477).

§ 248. Presque tous les ALCYONAIRES se multiplient de la même manière par bourgeonnement et élèvent également des constructions pierreuses, mais d'une manière différente ; la portion basilaire du Zoophyte qui est le siège de ce genre de multiplication s'épaissit beaucoup et produit dans l'épaisseur de sa substance une multitude de corpuscules calcaires (appelés *Spicules* ou *Sclérites*), mais elle ne constitue qu'un polypier co-

riace appelé *Sarcosome*. En général cependant ce Sarcosome
forme à sa surface basilaire une sorte d'encroûtement calcaire
ou de consistance cornée compa-
rable aux tissus épidermiques des
animaux ordinaires, et cette subs·
tance solide qui s'accroît par couches constitue une sorte de tige intérieure commune à toute la colonie.
Lorsque cette colonie ou (*Zoantho-
dème*) est libre ou implantée seulement dans de la vase, cette tige
sclérobasique ou *polypier axile* est
simple et atténuée à ses deux extrémités, chez les *Pennatules* par
exemple (fig. 478) ; mais lorsque la
colonie est fixée à la surface d'un
rocher et s'y étale avant de s'élever
en forme d'arbrisseau, le polypier
axile se comporte autrement, il s'é-
pate et se soude à ce corps étranger, puis, en s'élevant, se ramifie et
constitue une sorte d'arbuscule pier-
reux ou de consistance cornée dont
le sarcosome représente l'écorce.
Chez les Zoanthaires dont se compose la famille des *Gorgones*, le polypier axile est flexible et d'appa-

Fig. 478.

rence cornée, mais chez le *Corail* proprement dit, il est rigide
et composé presque uniquement de chaux carbonatée. C'est
ce polypier calcaire et arborescent (fig. 479) qui constitue la
substance appelée Corail dans le commerce, et employée
pour la fabrication de divers bijoux ; en général, elle est
d'un rouge intense, quelquefois elle est rose ou blanche, sans
que cette différence corresponde à aucune diversité spécifique

chez les Zoophytes qui la produisent. L'espèce d'écorce vivante qui la recouvre est les sarcoderme, et les fleurs dont cette écorce est parsemée, sont autant de Polypes (fig. 480).

Le Corail vit dans les parties profondes et rocheuses de la Méditerranée, mais c'est seulement

Fig. 479. Tige de Corail.

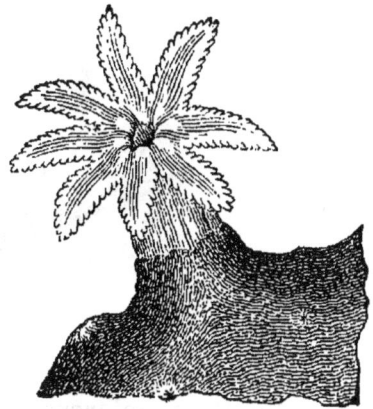

Fig. 480. Polype du Corail.

sur quelques points du littoral algérien, notamment à la Calle, près de Bône et à Oran, qu'il donne lieu à une pêche importante.

EMBRANCHEMENT DES SARCODAIRES.

§ 249. On peut réunir sous le nom commun de Sarcodaires un nombre considérable de corps vivants d'une structure très simple, qui paraissent ne pas avoir dans leur intérieur des organes ou instruments physiologiques bien distincts et qui sont souvent constitués, en apparence au moins, par une cellule unique ou par une substance sans structure visible, mais douée de mouvements, que l'on appelle *Sarcode* ou *Protoplasme*. Il est

cependant probable que, lorsque les zoologistes seront pourvus
de moyens d'observations plus puissants que ceux dont ils
disposent aujourd'hui, beaucoup d'êtres microscopiques trop
petits pour être bien étudiés maintenant seront reconnus
comme appartenant à d'autres types.

Quoi qu'il en soit à cet égard, dans l'état actuel de nos con-
naissances, on distribue ces êtres en deux groupes principaux,
celui des Infusoires et celui des Éponges ou Spongiaires.

§ 250. Les **Infusoires**, qui appartiennent au règne animal
(et je fais cette réserve parce qu'on donne souvent ce nom à

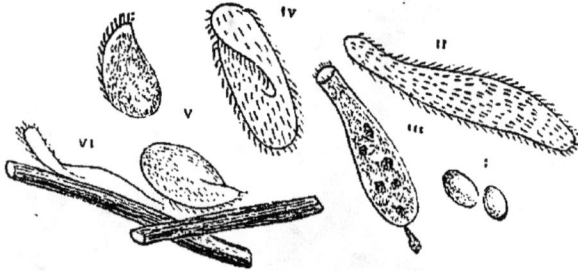

Fig. 481. — Infusoires (1).

certains corps vivants de nature végétale), sont en général des
animalcules microscopiques de forme arrondie et dont la surface est garnie de cils vibratiles à l'aide desquels ils nagent
avec agilité (fig. 481).

Leur découverte date de 1675 et elle est due à un observateur
hollandais, Leeuwenhoek. On les a appelés infusoires parce
que, pour les obtenir, il suffit d'exposer pendant quelques
jours à l'air libre de l'eau dans laquelle on fait infuser diverses
substances organisées, et parce que jadis on supposait qu'ils
naissaient spontanément de ces matières en décomposition.
Mais de nos jours on a constaté expérimentalement qu'ils ne
peuvent naître sans avoir des parents et que ce sont des

(1) Divers infusoires ciliés vus au microscope : I, Monades ; II, Trachélie anas ; III, Enchélyde représenté dans le moment où il rejette
des matières fécales ; IV, Paramécie ; V, Kolpode ; VI, Trachélie fascio-
laire marchant sur des végétaux microscopiques.

germes provenant d'infusoires préexistants et charriés par l'atmosphère qui les produisent dans les infusions dont je viens de parler. Leurs formes sont très variées, et c'est à la présence d'une multitude innombrable de ces animalcules à la surface de la mer que celle-ci doit souvent la lumière phosphorescente dont elle brille parfois pendant les belles nuits d'été; mais le même phénomène peut être produit par beaucoup d'autres animaux marins, tels que certains Crustacés microscopiques et des Acalèphes ou même par la putréfaction de diverses matières organiques.

§ 251. Les **Éponges** et les autres corps de nature analogue

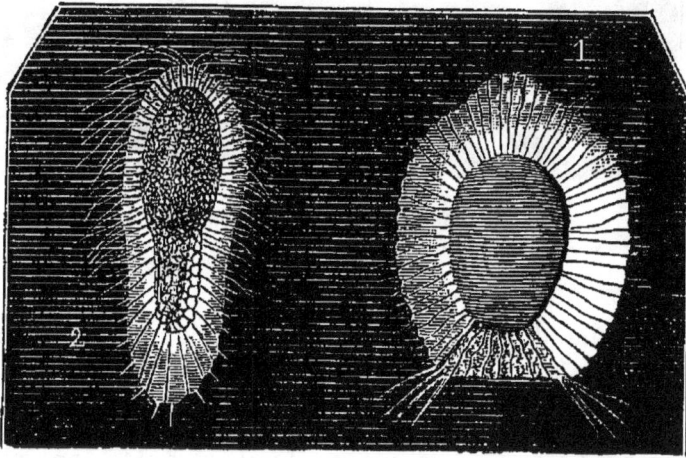

Fig. 482. — 1, Larve d'Éponge fibreuse ; 2, larve d'Éponge gélatineuse.

qui vivent dans l'eau, principalement dans la mer, ressemblent

Fig. 48?. — Éponge.

tout à fait à des Infusoires pendant les premiers temps de leur existence (fig. 482) mais après avoir mené pendant quelques jours une vie errante, ces animalcules microscopiques de consistance gélatineuse se fixent sur quelque corps étranger, s'accroissent rapidement, se creusent des canaux nombreux et développent dans la profondeur de leur sub-

stance une multitude de spicules ou de filaments solides (fig. 484),
dont la réunion constitue une sorte de charpente intérieure
(fig. 483). Ces filaments sont composés principalement tantôt
de carbonate de chaux, tantôt de silice, et d'autres fois d'une

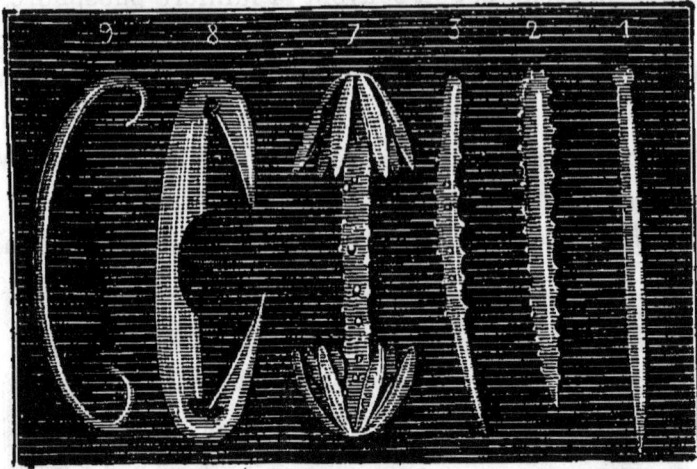

Fig. 484. — Spicules d'Éponges.

substance animale élastique et comparable à de la corne. L'é-
ponge usuelle dont on fait grand usage dans l'économie domestique n'est autre chose que la charpente intérieure de
quelques-unes de ces spongiaires à filaments cornés, dépouillée de l'espèce d'écorce molle et vivante dont elle était
recouverte (fig. 483).

Les filaments constitutifs de la charpente intérieure des
Spongiaires siliceux ressemblent souvent à du cristal filé et
forment parfois par leur assemblage des aigrettes ou des cor-
beilles à claire-voie d'une grande élégance. On en trouve partout dans les grandes profondeurs de la mer, mais c'est
surtout dans le voisinage du Japon et des îles Philippines qu'ils
sont communs.

§ 252. Comme exemple des Sarcodaires les plus simples je citerai les *Amibes* (ou *Amœba*) que l'on désigne aussi sous le nom
de *Protées* parce qu'ils changent sans cesse de forme en envoyant

dans diverses directions des expansions lobulaires ou en les

Fig. 485. -- Amibes.

rétractant de manière à les faire disparaître complètement
(fig. 485).

D'autres animaux microscopiques appelés Rhizopodes pro-
jettent lentement autour d'eux des expansions filiformes qui se

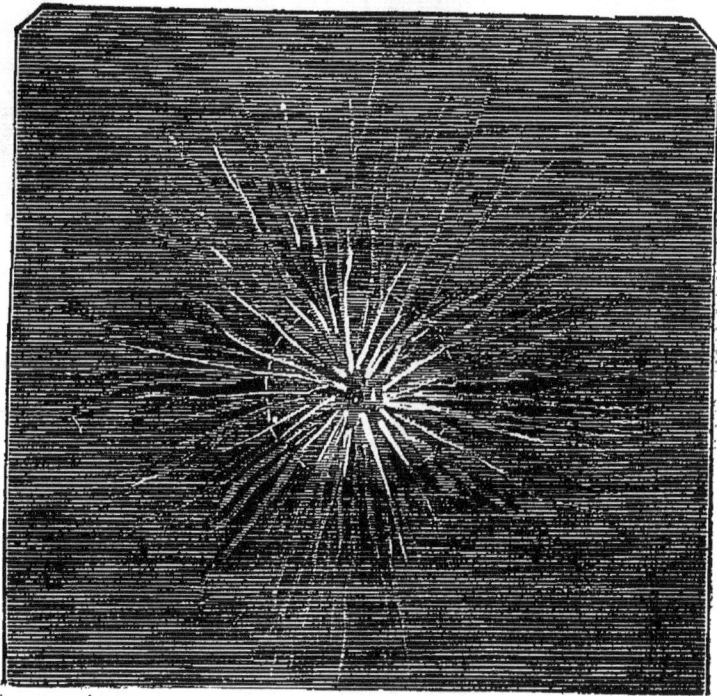

Fig. 486. — Rhizopode.

ramifient de façon à ressembler à des racines et qui n'ont aussi
qu'une existence temporaire (fig. 486).

Enfin beaucoup de ces Sarcodaires à expansions radiciformes se revêtent d'une coque poreuse ou d'une série de coques qui présentent souvent l'aspect de coquilles multiloculaires. Ces

Fig. 487. — Foraminifères.

singuliers animalcules sont très nombreux et constituent la famille naturelle des Foraminifères (fig. 847)

§ 253. En résumé, nous voyons que le règne animal se compose d'êtres beaucoup plus variés qu'on ne pourrait le supposer au premier abord, et que les animaux, tout en ayant en com-

(1) 1, *Miliola* ; 2, *Rotalia* ; 3, *Cornuspira*.

A. Edwards. — Zoologie, 5ᵉ.

22

mun certains caractères anatomiques et physiologiques, sont
constitués d'après un certain nombre de types très différents.
Les classifications zoologiques sont destinées en partie à
mettre en évidence les différences et les analogies de cet
ordre. Mais ces particularités ne peuvent être bien appréciées
lorsqu'on se borne à considérer superficiellement les êtres
animés, ainsi que nous l'avons fait jusqu'ici, et, pour les faire
bien connaître, il est nécessaire de prendre en considération
les faits fournis par l'anatomie et par la physiologie, branches
des sciences naturelles dont nous aurons à nous occuper ultérieurement. Ce sera donc après avoir étudié les animaux à ce
double point de vue que je traiterai ce sujet.

TABLE DES MATIÈRES

PROGRAMME
DU COURS DE ZOOLOGIE
POUR LA CLASSE DE CINQUIÈME

(Arrêté ministériel du 2 Août 1880)

Avec l'indication des pages où sont traités dans ce volume les divers articles du programme.

FIN DE LA TABLE DES MATIÈRES.

2851-81. — Corbeil. Typ. et Stér. Crété.

13 Mars 04

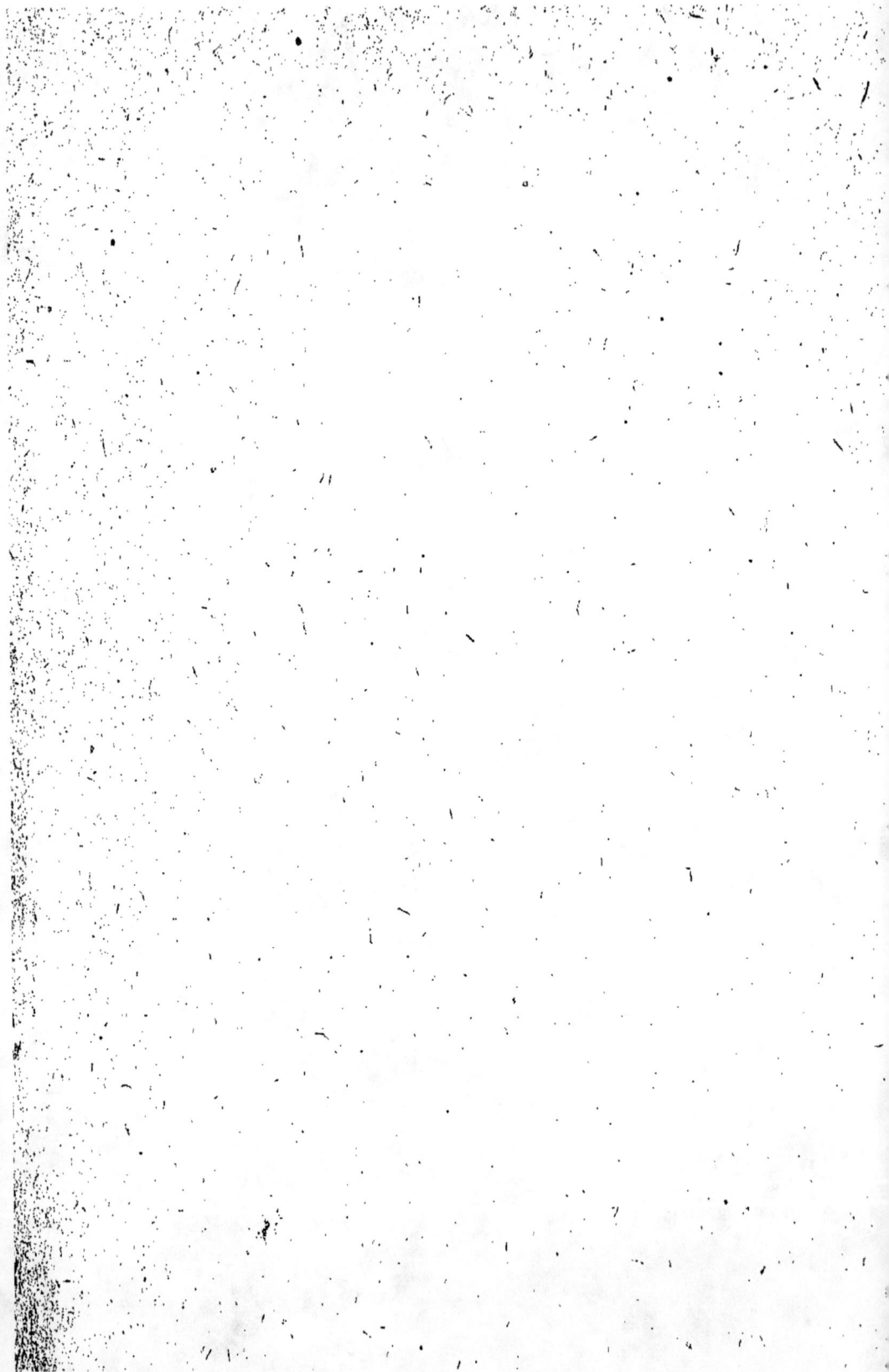

www.ingramcontent.com/pod-product-compliance
Lightning Source LLC
Chambersburg PA
CBHW061103220326
41599CB00024B/3898